废弃电器电子产品处理产业专利导航研究报告

中国循环经济协会
国家知识产权局专利局专利审查协作广东中心　组织编写

图书在版编目（CIP）数据

废弃电器电子产品处理产业专利导航研究报告/中国循环经济协会，国家知识产权局专利局专利审查协作广东中心组织编写. —北京：知识产权出版社，2018.1
ISBN 978-7-5130-5077-7

Ⅰ.①废… Ⅱ.①中…②国… Ⅲ.①日用电气器具—废物处理—专利—研究报告—中国②电子产品—废物处理—专利—研究报告—中国 Ⅳ.①G306.71②X76

中国版本图书馆 CIP 数据核字（2017）第 199942 号

责任编辑：石陇辉　　　　　　　　　　责任校对：谷　洋
封面设计：刘　伟　　　　　　　　　　责任出版：刘译文

废弃电器电子产品处理产业专利导航研究报告

中国循环经济协会
国家知识产权局专利局专利审查协作广东中心　　组织编写

出版发行：知识产权出版社有限责任公司	网　　址：http://www.ipph.cn
社　　址：北京市海淀区气象路 50 号院	邮　　编：100081
责编电话：010-82000860 转 8175	责编邮箱：shilonghui@cnipr.com
发行电话：010-82000860 转 8101/8102	发行传真：010-82000893/82005070/82000270
印　　刷：北京科信印刷有限公司	经　　销：各大网上书店、新华书店及相关专业书店
开　　本：787mm×1092mm　1/16	印　　张：13.25
版　　次：2018 年 1 月第 1 版	印　　次：2018 年 1 月第 1 次印刷
字　　数：300 千字	定　　价：48.00 元

ISBN 978-7-5130-5077-7

出版权专有　侵权必究
如有印装质量问题，本社负责调换。

编 委 会

编委会主任： 曾志华

编委会副主任： 王启北　邱绛雯　马维晨　郭占强

编　委：

曲新兴　（负责整体框架设计，主要执笔第 4 章 4.4 节，第 5 章 5.1 节、5.2 节，参与执笔第 1 章）

贺　隽　（参与整体框架设计，主要执笔第 3 章 3.1 节、3.2 节，第 4 章 4.3 节，摘要，参与执笔第 5 章）

林中君　（主要执笔第 1 章 1.1 节，第 3 章 3.3 节，参与执笔第 4 章）

武　剑　（主要执笔第 1 章 1.2 节，第 2 章第 2.3 节，参与执笔第 4 章）

郑　森　（主要执笔第 2 章 2.4 节，第 4 章 4.1 节、4.2 节，附录，参与执笔第 3 章）

聂萍萍　（主要执笔第 2 章 2.1 节、2.2 节，参与执笔第 3 章）

郭　鑫　（主要执笔第 2 章 2.5 节，第 3 章 3.4 节，参与执笔第 4 章）

序 一

为实施创新驱动发展战略和知识产权战略，有效运用专利制度提升产业创新驱动发展能力，促进我国产业迈向全球价值链中高端，国家知识产权局于2013年启动实施专利导航试点工程，面向企业、行业协会、产业聚集区开展了"点线面"结合的试点。节能环保产业是我国大力培育和发展的战略性新兴产业，以节能环保产业和资源综合利用行业为特色的中国循环经济协会纳入了首批试点单位。废弃电器电子产品回收处理是发展循环经济的重点领域，是节能环保产业的重要组成部分，具有广阔的发展前景。2008年以来，国务院和有关主管部门相继颁布实施了鼓励、规范废弃电器电子产品回收处理产业发展的一系列政策措施，产业发展态势良好，取得了良好的经济、环境和社会效益。

专利导航是产业决策的新方法，是运用专利制度信息功能和专利分析技术系统导引产业发展的有效工具。通过深入挖掘和综合分析专利承载的技术、法律、市场等信息，可以揭示相关产业领域市场竞争、产业竞争、技术竞争等的格局和动态。国家知识产权局专利局专利审查协作广东中心是国家知识产权局最早建立的京外审查中心之一，具有丰富的专利信息资源和研究人才基础。中国循环经济协会联合国家知识产权局专利局专利审查协作广东中心，面向废弃电器电子产品处理领域开展专利导航研究，意义重大，成果丰硕。

本书通过系统分析梳理废弃电器电子产品处理产业的专利现状、技术沿革和发展趋势，找出技术空白点和创新热点，深入剖析影响产业发展的重要专利技术，甄别业内主要技术的优劣，明确提出国内企业，尤其是政府性基金补贴的企业在各技术分支上的优劣势以及所面临的专利风险，为主管部门精准施策，为企业开展技术研发、专利布局和运营，提出了针对性的有价值的措施建议。

《中华人民共和国国民经济和社会发展第十三个五年规划纲要》对实施创新驱动发展战略、建设知识产权强国和大力发展循环经济作出总体部署。十九大报告明确提出："建立健全绿色低碳循环发展的经济体系。构建市场导向的绿色技术创新体系。"本书的出版，是循环经济领域深入实施知识产权战略、开展专利导航试点的重要成果。我相信，本书的出版对推动我国废弃电器电子产品处理产业创新发展，在全球范围内抢占竞争优势具有较强的实战性指导意义，为促进产业提质增效升级，助推生态文明和美丽中国建设贡献力量。

雷筱云

序 二

随着经济的快速发展，源自生产和生活中的废弃电器电子产品的种类和数量急剧增加。根据国家发展改革委员会 2014 年发布的数据，我国废弃电器电子产品年产生量约为 1.1 亿台，但回收处理率仅达到 40%，远低于发达国家 90% 以上的回收处理率。大量得不到有效回收处理的废弃电器电子产品，既会造成极大的资源浪费，又会导致严重的环境问题。

我国于 2009 年颁布了《废弃电器电子产品回收处理管理条例》等一系列政策法规文件，旨在规范废弃电器电子产品处理产业的有序发展。2016 年发布的《中华人民共和国国民经济和社会发展第十三个五年规划纲要》第四十三章中强调大力发展循环经济，落实多项资源循环利用重大工程。可以预见，废弃电器电子产品处理产业将迎来巨大的发展机遇。

为促进废弃电器电子产品处理产业更好更快地发展，非常有必要通过专利信息分析来掌握产业发展的整体态势，尤其是国内外专利竞争情报，发挥好专利导航作用。本书对二十余年来废弃电器电子产品处理产业的全球专利态势进行分析，解析各主要发达国家在全球及我国的专利布局，梳理排查了我国企业在各技术分支上的优劣势及所面临的专利风险，为我国该产业的发展提供了产业政策完善、技术研发、专利布局与预警等方面的导航及初步建议。

衷心希望本书的出版，能够对废弃电器电子产品处理产业的发展发挥积极的作用，并祝愿专利信息分析与导航工作能够为废弃电器电子产品处理方面的技术创新和产业转型升级做出新的贡献！

曾志华

前　言

　　随着经济社会的发展，循环利用资源和发展循环经济将是转变我国经济发展模式和建设资源节约型社会的重要途径。从产业发展上看，废弃资源再生循环利用是新兴的朝阳行业，其中具有极大发展潜力的行业之一是废弃电器电子产品处理。据统计，仅2014年我国就生产"四机一脑"达8.3亿台，而这五种主要废弃电器电子产品的回收量为13583万台，约合31万吨。我国每年产生数以亿计的废弃电器电子产品，如果处置不当将造成严重的环境污染和资源浪费。"十三五"时期，我国可持续发展的紧迫性将进一步凸显，大力推进绿色革命、打造"升级版"绿色经济是时代的要求。

　　节能环保科技及产业是"十三五"规划战略性新兴产业的重点关注领域。废弃电器电子产品处理行业是节能环保产业中重要的一环，既包括对环境的保护，也包括资源的再生利用。目前我国相关产业仍存在一些亟待解决的问题：规模型企业较少，产业整体竞争力不强；研发、创新能力有待提高，具有自主知识产权的原创性技术较少；相关企业对现有技术掌握不全面，未能有效进行专利布局；大量高校专利申请主要处于实验室阶段，没有产业化实施等。为适应我国战略性新兴产业发展的需求，亟须发挥专利信息对废弃电器电子产品处理行业发展的导航和推动作用，促进废弃电器电子产品处理行业更好更快地发展。

　　本书全面分析了二十余年来废弃电器电子产品处理行业的专利现状、技术发展趋势；解析了代表性的技术创新方向和专利布局意图；剖析了影响行业发展的重要专利技术；明确国内相关企业，尤其是基金补贴企业在各技术分支上的优劣势以及面临的专利风险，为政府制定产业政策提供参考，为企业技术研发提供方向导航和发展建议。

　　从整体上看，全球在废弃电器电子产品处理行业总共有5557件专利申请，中国申请人的申请量最多，达2145件，占总量的39%，在国际上处于优势地位；紧随其后的是日本申请人的申请量，占36%；其后为美国、欧洲和韩国。日美欧等发达国家在这一领域技术发展较早，主导了2005年之前的全球申请趋势，目前产业处于成熟期，研发不活跃；而2005年后中国的专利申请迅速增长，中国的技术和市场在全球范围内的地位越来越重要。申请量排名前11位的申请人被日本（8位）和中国（3位）主导，松下、丰田、日立分列前3位，中国申请人的排名靠后，但近年来国外主要申请人均减少了研发的投入。全球主要申请人都非常重视在美国、欧洲、日本布局，中国是除发达国家外的首选市场。

　　在国家知识产权局申请的专利共有2339件，申请量和申请人数量增长趋势明显，目前产业仍处于成长期，显示国内在这一领域研发投入逐渐加强。申请人以企业为主导，占52%；而个人申请也占14%，说明领域的技术起点低。有125件专利发生专利转让、许可或质押，占总量的5.8%，建立专利交易平台时机成熟。但是国内有效专利占申请量的比例只有26.7%，远落后于发达国家，说明我国申请人在专利运营方面缺乏长期有效的策略；多边专利也远少于发达国家，表明在关键技术和开发深度上还需要加大投入；国内专利平均维持年限不到5年，明显低于发达国家10年以上维持年限的水平，在技术开发上要注重与产业需求结合。

按省市分析，申请量最多的省市依次为广东、北京、江苏、浙江、上海和湖南。按照活跃程度可将全国的专利申请情况分为沿海、中部，以及西、北部三个区域，活跃程度依次降低，这与产业集聚程度基本符合。以有效专利数量计，广东省（98件）排在首位，以授权率计，浙江省（78.4%）排在首位，可见各省市专利发展方向各有千秋，都展现了较好的专利策略、申请质量和研发实力。

国外的研发处于稳定状态，申请量随时间呈波浪式变化，而中国仍保持快速增长，2011年中国申请量超过当年其他国家申请量总和；申请的技术主题主要集中于废弃电池和废弃线路板处理分支，其中稀贵金属的提取代表了向深处理和高附加值转化的趋势；全球主要专利申请人分别为日立、松下、夏普、索尼、住友、东芝和丰田，均为日本企业；各主要申请人从2004年开始放弃了制冷剂处理技术的投入，这主要与制冷剂的更新换代有关。

中国专利以中国申请人为主，国外在华的申请总共只占8%；但我国专利申请中仅有9%涉及稀贵金属提取的深处理，绝大部分申请仅涉及简单的物理拆解。国内主要申请人为万荣、格林美、邦普、中南大学、清华大学、松下等。从总体上看，国内这一领域在进行产业化时相对容易规避国外专利的保护，但废弃电池处理方面国外在华有较多专利布局，尤其需要重点关注日本申请人，如松下、住友等。

废弃电池和线路板处理是我国关注的重点，与各国技术发展方向相同，在稀贵金属提取方面可以继续投入；根据政策要求，也应当适当发展整机拆解、液晶处理、阴极射线管处理等分支技术。虽然科研机构申请占28%且关注领域也是废弃电池和废弃线路板分支，但企业-科研机构合作申请仅有4%，在产学研结合方面还有较大的提升空间。

总体而言，我国在废弃电器电子产品处理行业发展中要注意以下问题：①在政府层面，应鼓励和扶持符合资源化要求和全球技术发展趋势的企业，目前专利技术主要集中于废弃电池和废弃线路板的处理，废弃电池和线路板处理技术主要涉及深处理技术，也即金属等成分的提取技术。要吸收国外废弃资源再生循环利用产业的政策法规和经验，完善相关法规，强化法规建设；建立产业信息平台，提供产学研合作、产品供求、技术交易、技术分析、风险评估等方面的信息。引导中小企业建立产业联盟，以增强资源整合和优化配置；建立废弃电器电子产品处理产业知识产权交易中心，促进知识产权的实际运用；加大对中小企业的扶持力度，通过专利质押融资促进中小企业将专利技术产业化；建立废弃电器电子产品处理行业准入制度，提高从业门槛，淘汰环保落后的产能；加强全民垃圾分类教育，提高公众环保意识；改善财税政策，促进资源再生循环利用产业健康发展；发挥政府等行政部门主导作用，引领产业健康发展。②在企业层面，要提高创新能力，对现有专利技术的外围技术或空白点进行二次开发，积极主动寻求产学研合作。对于有研发基础的技术领域，要充分发挥自身优势，积极开展全球专利保护网络建设；对于不占优势的技术领域，企业应及时调整研发方向，跟踪技术发展趋势，集中力量力求重点突破；切实增强知识产权意识，提高专利申请撰写质量，延长专利维持年限；建立长期稳定的专利运营策略，密切跟踪国内外竞争对手的专利布局，防范知识产权风险；提高企业自身经营管理能力，转变发展模式，提高企业自身技术创新能力，建立企业专利技术互助联盟。

目 录

第1章 概 况 ········· 1
1.1 本书研究背景 ········· 1
1.1.1 专利导航释义 ········· 1
1.1.2 产业概况 ········· 5
1.1.3 预期研究成果 ········· 8
1.2 本书研究方法 ········· 8
1.2.1 研究内容 ········· 8
1.2.2 研究思路 ········· 9
1.2.3 研究方法 ········· 10
1.2.4 相关事项说明 ········· 13

第2章 废弃电器电子产品处理产业发展现状和定位 ········· 17
2.1 产业链分析 ········· 17
2.1.1 循环经济释义 ········· 17
2.1.2 产业链分析理论 ········· 18
2.2 企业链分析 ········· 19
2.2.1 回收企业现状 ········· 19
2.2.2 加工利用企业现状 ········· 19
2.3 技术链分析 ········· 19
2.3.1 废弃线路板处理技术 ········· 20
2.3.2 废弃CRT处理技术 ········· 26
2.3.3 废弃制冷系统处理技术 ········· 28
2.3.4 废弃电池处理技术 ········· 28
2.4 市场竞争力分析 ········· 30
2.5 明确专利分析的重点 ········· 31

第3章 废弃电器电子产品处理产业专利分析 ········· 32
3.1 全球专利分析 ········· 32
3.1.1 专利申请发展趋势 ········· 32

- 3.1.2 专利申请区域布局 …… 34
- 3.1.3 技术主题分析 …… 34
- 3.1.4 专利流向分析 …… 38
- 3.1.5 技术生命周期分析 …… 40
- 3.1.6 专利申请主要申请人分析 …… 42
- 3.2 中国专利分析 …… 46
  - 3.2.1 专利申请整体发展趋势 …… 46
  - 3.2.2 各国在华专利申请技术主题及申请质量分析 …… 49
  - 3.2.3 专利维持年限分析 …… 56
  - 3.2.4 各省市专利分布 …… 58
  - 3.2.5 主要专利申请人及其技术分析 …… 64
  - 3.2.6 专利交易活跃情况 …… 69
  - 3.2.7 专利与产业的关联度 …… 70
- 3.3 废弃电器电子产品处理基金补贴企业专利分析 …… 75
  - 3.3.1 总体分析 …… 75
  - 3.3.2 主要申请人及其技术分析 …… 87
- 3.4 本章小结 …… 99

第4章 专利导航产业发展路线 …… 102

- 4.1 技术发展方向定位 …… 102
- 4.2 产学研合作分析 …… 108
  - 4.2.1 国外主要国家产学研合作情况 …… 108
  - 4.2.2 中国产学研合作情况 …… 113
  - 4.2.3 补贴企业产学研合作情况 …… 118
- 4.3 产业专利风险分析 …… 119
  - 4.3.1 技术发展方向 …… 119
  - 4.3.2 重要专利分析 …… 122
- 4.4 废弃电器电子产品处理基金补贴企业专利导航建议 …… 126
  - 4.4.1 技术空白点分析与研发导航 …… 126
  - 4.4.2 重要专利技术演进路线 …… 148
  - 4.4.3 重点企业核心专利分布 …… 150
  - 4.4.4 技术演进与核心专利成果 …… 152
  - 4.4.5 产业发展优选技术路线建议 …… 154
  - 4.4.6 产业自主创新与自主可控建议 …… 156
  - 4.4.7 产业创新能力与专利适配度建议 …… 158
- 4.5 本章小结 …… 169

第5章 废弃电器电子产品处理行业专利导航结论及建议 …… 172
5.1 废弃电器电子产品处理产业专利导航结论 …… 172
5.1.1 专利统计分析结论 …… 172
5.1.2 专利导航分析结论 …… 174
5.2 "十三五"废弃电器电子产品处理产业发展对策建议 …… 177
5.2.1 政府层面 …… 177
5.2.2 产业层面 …… 184
附 录 …… 187

第1章 概　　况

1.1 本书研究背景

1.1.1 专利导航释义

本书主要运用"专利导航"的思想来对废弃电器电子产品处理行业进行研究，那么首先要明确"专利导航"这一概念的相关含义。

1. "专利导航"的政策背景

为贯彻落实党的"十八大"精神，实施创新驱动发展战略和知识产权战略，有效运用专利制度提升产业创新驱动发展能力，加快调整产业结构，提高产业整体素质和竞争力，2013年4月，国家知识产权局印发《关于实施专利导航试点工程的通知》，标志着专利导航试点工程正式启动。这也是"专利导航"这一概念首次在官方文件中被正式提出。

该通知中指出，试点工程是以专利信息资源利用和专利分析为基础，把专利运用嵌入产业技术创新、产品创新、组织创新和商业模式创新，引导和支撑产业科学发展的探索性工作。其主要目的是探索建立专利信息分析与产业运行决策深度融合、专利创造与产业创新能力高度匹配、专利布局对产业竞争地位保障有力、专利价值实现对产业运行效益支撑有效的工作机制，推动重点产业的专利协同运用，培育形成专利导航产业发展新模式。总体目标是力争利用5年左右时间，初步形成专利导航产业发展有效模式。❶

随后，国家知识产权局陆续出台了《关于确定国家专利导航产业发展实验区、国家专利协同运用试点单位、国家专利运营试点企业的通知》《关于组织申报国家专利导航产业发展实验区的通知》《关于组织申报国家专利协同运用试点单位的通知》《关于组织申报国家专利运营试点企业的通知》《2015年专利导航试点工程实施工作要点》等文件，为专利导航试点工程的推进奠定了政策基础，专利导航工作也开始有条不紊地开展。

---

❶ 国家知识产权局关于实施专利导航试点工程的通知（国知发管字〔2013〕27号），2013年4月。

2. "专利导航"的基本内涵[1]

国家知识产权局副局长贺化对专利导航的基本内涵作了进一步阐释：专利导航以专利密集型产业为主要对象，以专利数据为信息获取主体，综合运用专利信息分析和市场价值分析手段，结合经济数据以及龙头企业知识产权战略等信息的分析和挖掘，准确把握专利在整个产业发展中体现的内在规律及影响程度，深刻揭示产业竞争格局、科学凝练技术创新方向、有效防范产业发展风险、稳步提升专利运用水平。

专利导航旨在围绕创新驱动发展战略，以专利为纽带，以创新为核心，以市场为导向，引导科技创新，促进管理创新，增强我国创新主体运用专利提升核心竞争力的能力，最终提高国家整体科技竞争实力。

专利导航不仅包括对产业技术发展规划的前端引导，而且涵盖产业发展和项目实施过程中的专利护航，其实质是以"导航为主，护航为辅"的模式来实现专利导航与经济发展、产业转型升级的有机融合。

形象地说，假如把创新驱动发展战略比作一辆汽车，专利导航就是给这辆汽车建立了一套 GPS 系统，引导它更平稳地驶向目的地。

3. "专利导航"的现状

近 20 年来，全球专利申请量呈现爆发式增长，从 1985 年的 88.4 万件到 2010 年的 198 万件，再到 2014 年的 270 万件，这些专利文献正形成一个容纳海量数据的数据库。专利文献中又同时包含技术、法律、市场、经济等多方面的信息。如何对这些海量的信息进行深入的挖掘和分析，一直没有得到太多的关注。近年来，随着"大数据时代"的兴起，各国政府、企业开始意识到隐藏在大数据背后的"金矿"。专利导航正是对专利大数据利用的一种尝试，试图在浩瀚的专利大数据中，找出指引企业发展的导航仪、指南针。

2013 年 10 月，全国最先确定了 8 个专利导航实验区，包括北京中关村科技园区、苏州工业园区、上海张江高科技园区、杭州高新技术产业开发区、郑州新材料产业集聚区、武汉东湖新技术开发区、长春高新技术产业开发区和宝鸡高新技术产业开发区。这些单位、企业的专利导航试点工程均取得了一系列进展，专利导航试点工程在推动产业转型升级方面效益显著。

其中，苏州工业园区在物联网、通信电子、石墨烯等关键领域已实现有效专利托管、收储 1000 件以上，专利转让或许可达到 40%，经济效益突破 500 万元。以生物医药产业见长的上海张江高科技园区，2014 年共提交专利申请 8000 余件，有 2000 余件获得授权。其中，中信国健药业股份有限公司是我国抗体药专利申请量排名前十的申请人中唯一的一家企业，已提交了 100 多件专利申请。2014 年年底，上海张江高科技园区以抗体药物专利导航规划项目组提供的专利数据为基础，建设了抗体药物专题数据库。[2] 在北京中关村科技园区，由北京国之专利预警咨询中心经过调研、检索、分析

---

[1] 贺化. 科学开展专利导航 有效服务产业转型升级 [N]. 知识产权报，2013 – 10 – 24.
[2] 孙迪. 专利导航：引领企业发展新方向 [N]. 知识产权报，2015 – 4 – 22.

后完成的《专利导航中关村移动互联网产业创新发展规划项目第一阶段研究报告》已于 2014 年年底完成。截至目前，知识产权运营机构已帮助企业挖掘并提交了 228 件国内发明专利申请、34 件 PCT 国际专利申请，收购了 7 个国家和地区的 129 件国内外专利，有效提升了相关企业的专利运用能力。[1] 杭州高新技术产业开发区专利导航项目第一阶段报告于 2014 年 12 月经过了专家审议。[2]

同时，更多的企业也开始加入专利导航项目中。广东省知识产权局于 2014 年确定由深圳、佛山、东莞和中山四市知识产权局牵头承担"珠江三角洲地区重点产业转型升级专利导航工程"项目，在生物医学工程、高端制造装备、工业机器人以及海洋工程装备四个产业领域运用专利导航加快产业转型升级，提升区域产业整体竞争力。[3] 在广东省知识产权局的支持下，东莞已经启动了第三代半导体（LED）、云计算、工业机器人三大新兴产业的专利导航项目，通过 1~2 年的时间建立这些行业的专利信息库、专利分析评价体系，并依托其制定产业专利战略规划和技术路线图。[4] 2015 年 12 月，福建省也正式启动全省专利导航试点工作，确定新大陆科技集团有限公司等 8 家企业为导航试点企业。

当然，专利导航也不是包治百病。正如国家知识产权局副局长贺化所指出的，专利导航并不意味着仅仅依靠专利来解决产业发展面临的所有问题，也不意味着仅仅依靠专利就可以形成支撑产业发展的核心动力，而是强调要站在产业发展的高度，深刻理解专利在产业发展中的影响力和作用方向，深度结合产业发展规律和市场发展趋势，充分发挥专利在技术创新中的促进作用，以技术创新带动企业和产业整体能力提升，充分发挥专利在市场竞争中的资源配置作用，以专利运营带动企业和产业的国际化水平，增强市场竞争力，最终实现可持续发展。[5]

专利导航在实施过程中也还存在一些问题，如怎样对产业进行领域细分、如何让企业和园区具体实施、专利导航政策和理论方面的研究还不完善等。[6] 专利数据量庞大且信息冗杂、专利信息整理处于低效阶段，以及人才的匮乏等都是制约专利导航发挥作用的因素。[7]

4. "专利导航"的具体内容

专利导航试点工作开展已经有近 4 年，目前还是一种崭新的产业理念，许多工作还处于起步探索阶段，尚未形成固定标准的研究模式。根据国家知识产权局编制的《专利导航试点工程工作手册》，专利导航工作由产业情报分析、产业专利分析和产业规划设计三部分组成，核心内容是产业专利分析。本书也将主要从上述三个方面内容展开。

---

[1] 许景，赵竹青. 专利导航：指引移动互联网发展方向 [N]. 知识产权报，2015 - 7 - 30.
[2] 郭姝梅. 专利导航项目第一阶段报告接受专家审议 [N]. 天堂硅谷报，2014 - 12 - 4.
[3][7] 黄佩芬. 创新驱动发展背景下广东省专利导航产业的发展路径 [J]. 广东科技，2015（18）：20 - 25.
[4] 东莞专利导航项目启动探路 研发避做无用功 [EB/OL]. 东莞时间网，2014 - 11 - 22.
[5] 贺化. 科学开展专利导航 有效服务产业转型升级 [N]. 知识产权报，2013 - 10 - 24.
[6] 向利. 专利导航：拨开产业转型迷雾 [N]. 知识产权报，2013 - 8 - 19.

（1）产业情报分析

针对废弃电器电子产品处理行业目前普遍存在的切实问题和发展瓶颈，从国内外产业发展动向、核心技术链、龙头企业链和市场竞争环境入手，进行目标产业的发展定位，从而准确地发现专利分析需求以及专利政策重点支持方向。

1）产业链。产业链环节重点从产业链、供应链和价值链以及产业发展动向上，了解产业发展历史，以技术生命周期来推测产业演进，从萌芽期、成长期、成熟期和衰退期的发展过程预测产业发展变化。了解产业竞争者框架，能够对竞争对手的现行战略、未来目标以及拥有能力进行初步掌握。了解市场信号变化趋势，能够从市场信号中得到竞争者意图、动机或目标在内的潜在行动。

2）企业链。企业链环节重点了解产业内所有企业的基本状况，清楚区分技术引领者、市场主导者、产业跟随者和新进入者。找准目标产业龙头企业在国内和国际上的定位，确定主要竞争对手和发展目标，研究竞争者的市场策略。

3）技术链。技术链环节重点了解产业内主流技术的演变情况，初步掌握热点技术、关键技术、技术壁垒、空白技术和前瞻或先导技术的发展脉络，以及技术持有者的类型、产业影响力和市场控制力。对技术交易、技术转移、技术许可等技术流向和形成因素有初步了解。

4）市场竞争。市场环境方面，通过充分的市场调研，了解市场竞争要素，以及市场对产业发展的反馈影响。总结现有企业间的竞争、替代技术或替代品的威胁、新进入者的威胁，成本、人才、技术、资源等要素在市场竞争中的平衡点和交叉点，找到促使市场出现拐点的主要因素，对目标产业在市场中的战略定位进行初步规划。

5）专利影响力。通过产业链、企业链、技术链和市场竞争的研究，对目标产业在技术和经济层面有充分了解，可以确认产业中专利附加值的分布，以及在价值链中各类企业所处的位置、每个企业拥有的技术状况等，为开展专利分析提供翔实的背景依据。通过国内外产业现状和专利焦点的比较，可以为实验区产业发展圈定重点关注的专利问题，进行深入分析。通过定量分析与定性分析相结合的方法，形成与产业密切结合的专利分析成果。

（2）产业专利分析

产业专利分析是专利导航工作的核心内容。围绕废弃电器电子产品处理行业发展目标、所处阶段、特点和专利分析需求，找准专利分析的切入点，订单式选择专利分析模块等，构建专利分析框架，形成围绕产业实际需求且涵盖技术路线、企业发展、产业规划和市场竞争的专利分析报告，为支撑产业技术创新发展提供翔实的专利信息情报。

专利分析可以首先从基础专利态势分析展开：主要采取定量分析的手段，从全球、中国和基金补贴企业三个维度，对专利技术发展趋势、专利区域分布、专利主要申请人和专利技术主题进行全面研究，同时还可以围绕各项指标，结合废弃电器电子产品处理行业发展特点，着重选择某些指标进行综合分析。

在此基础上，可以根据需要进一步开展专利价值和运用分析。主要采取定性分析的手段，结合专利态势分析的成果，从专利创造、运用、保护和管理等环节入手，针对废弃电器电子产品处理行业实际情况，着重在专利与标准化、专利联盟与专利池、专利诉讼、专利并购、专利融资以及专利预警和维权等方面展开，突出专利在废弃电器电子产品处理行业中的引导和支撑作用。

（3）完善产业发展规划的建议

综合提炼前述分析成果，着重从废弃电器电子产品处理行业技术路线的优选方案、现有产业转型升级途径、专利风险分析和评估、重大项目知识产权评议等方面，就废弃电器电子产品处理行业发展规划的顶层设计和改进完善提出意见建议。

1.1.2 产业概况

从20世纪90年代开始，在利益的驱动下，我国自发形成了废弃电器电子产品的回收大军，并构成了多种渠道的回收网络，主要包括传统的供销社/物资回收企业回收、个体回收者、家电销售商以旧换新回收、搬家公司回收、售后服务站或维修站回收等回收渠道。其中，个体回收者是废弃电器电子产品回收的主力军。

2009年6月，为进一步扩大内需、提高能源资源利用效率，国家实施家电以旧换新政策，在北京、上海、天津、江苏、浙江、山东、广东和福州、长沙开展电视机、电冰箱、洗衣机、空调和计算机5类家电产品以旧换新试点。2010年6月，在原来9个试点省市的基础上，结合各地区旧家电拆解处理能力等条件，将家电以旧换新实施范围逐步扩大到全国。

随着废弃电器电子产品的增多，从20世纪90年代开始，我国在广东贵屿、浙江台州、山东临沂等地自发形成了废弃电器电子产品拆解处理集散地。为了谋求最大的利润，处理者不惜以牺牲环境为代价换取有价值的材料，造成严重的环境污染，同时对人体健康产生极大的危害。2001年，我国启动废弃电器电子产品回收处理管理立法工作。2005年，国家发改委先后批准青岛海尔、杭州大地、北京华星、天津和昌为废家电回收处理示范企业，确立了我国第一批废弃电器电子产品正规的处理企业。其后，国家工信部也在天津、上海等地批准了废电器电子产品处理示范企业。但是由于鼓励政策不落实、规范处理成本高，示范企业的经营状况并不理想。

2009年6月，我国开展家电以旧换新活动，规定试点省市建立1~2个废弃电器电子产品拆解处理企业，从2010年6月开始对拆解处理进行补贴。家电以旧换新活动大大促进了我国正规废弃电器电子产品处理企业的建立。到2010年12月，我国已经备案的电子废物拆解利用处置单位名录及家电以旧换新定点拆解处理企业已经达到56家。家电以旧换新统计数据显示，截至2010年12月9日，家电以旧换新活动中全国家电拆解处理企业已实际拆解处理废旧家电2212.8万台，拆解率为71.7%。规模化的处理使得回收材料综合利用技术的应用成为可能。一些优秀的处理企业，如长虹、格林美等，除了对废弃电器电子产品进行拆解处理，还将处理的产业链进一步延伸：长虹对回收的电视机废塑料外壳进行改性，重新用于新电视机外壳的生产，建立了材料的闭环循环体系；格林美针对回收的电器塑料进行改性，作为制造塑木材料的原料，生产塑木型材。2010 年，在政策的推动下，我国废弃电器电子产品处理及综合利用行业发展迅速，优秀企业不断涌现，行业正在向规范化、规模化和产业化发展。

党的"十八大"报告提出，大力推进生态文明建设，坚持节约资源和保护环境的基本国策。2013 年，国家家电以旧换新政策完全退出，废弃电器电子产品处理基金深入实施。财政部 2014 年中央政府性基金收入和支出预算表显示，2013 年基金收入 28.11 亿元，基金支出 7.53 亿元，其中补贴处理企业 6.29 亿元、信息系统建设 0.30 亿元、基金征管经费 0.89 亿元、其他 0.05 亿元。经过 2012 年调整，我国废弃电器电子产品回收处理行业在 2013 年得到了快速的发展，行业规模不断扩大，处理技术水平和管理水平大幅提升，体现出以下特点：

1）处理企业布局全面铺开，处理规模继续扩大。2012 年，我国纳入处理基金补贴的处理企业为 43 家。2013 年，我国纳入处理基金补贴的处理企业为 91 家，覆盖 27 个省和直辖市。企业的年处理能力超过 1 亿台，与 2012 年相比增加约 25%。沿海和中部地区处理企业数量和处理规模较大。处理企业数量的快速增加和全面覆盖为我国废弃电器电子产品回收处理行业的稳步和均衡发展奠定了基础。同时，处理企业的竞争将日趋激烈。

2）回收处理量大幅增加，不同种类产品实施效果差异较大。2013 年，进入获得资质处理企业的废弃电器电子产品的回收处理量超过 4000 万台，较 2012 年大幅提高。处理行业的规模化发展也拉动了废弃电器电子产品回收行业的发展，行业的环保效益和资源效益显著。同时，首批目录产品的实施效果差异较大。废空调器处理量约占总处理量的 0.01%，废电视机处理量约占 94%，实施效果最佳。

3）网络信息技术在回收体系中的应用逐渐加强。2013 年是网络信息技术应用大发展的一年，网络信息技术进入废弃电器电子产品的回收处理行业。上海新金桥的物联网回收体系建设已经发展到第四代技术的应用，针对小家电的网络回收体系"E 环 365"已经开始规模化的回收，四川格润建立的 O2O 回收网络开始显现回收优势。

4）拆解处理技术水平不断提升。在规模化处理和基金补贴政策的带动下，处理企业对拆解处理技术和处理效率的需求不断提高。越来越多的企业面对拆解数量的压力，开始改造拆解线、升级处理设备，以提高拆解处理效率。随着处理企业的运营和发展，我国拆解处理技术也在不断提升，并向资源综合利用方向发展。

5）管理制度不断完善和深入推进。2013 年 12 月 2 日，财政部、环保部、发改委、工信部联合发布《关于完善废弃电器电子产品处理基金等政策的通知》。该通知建立了处理企业的退出机制和信息公开制度。通过提高废弃电器电子产品处理信息透明度，使处理企业更好地接受社会公众监督，营造公平市场环境，增强行业发展的自律性，促进行业持续健康发展。2013 年，发改委联合财政部开展废弃电器电子产品首批处理目录实施情况评估和目录调整工作研究，并于 2013 年 12 月 24 日在发改委网站公布目录调整重点产品（征求意见稿）。2015 年 2 月有 9 日，发改委联合相关主管部门共同发布《废弃电器电子产品处理目录（2014 年版）》，自 2016 年 3 月 1 日起实施，新版目录进一步增加了吸油烟机、打印机等 9 种产品。目录调整重点产品（征求意见稿）涉及 6

大类、13 亚类、28 种产品。目录调整范围的大规模扩大将为废弃电器电子产品回收处理行业的进一步发展提供动力。截至目前，获得废弃电器电子产品处理基金补贴资质的企业累计 110 家，主要分布在珠三角、长三角和河南、湖北一带。

2013 年，获得资质的废弃电器电子产品处理企业拆解处理首批目录产品超过 4000 多万台，总处理量达到 88 万吨，处理行业的资源效益和环境效益日益显现。根据中国家用电器研究院测算，2013 年，处理企业共回收铁 9.63 万吨、铜 1.98 万吨、铝 0.52 万吨、塑料 14.81 万吨。同时，废弃电器电子产品的规范拆解处理减少了对环境的危害。含铅玻璃、印刷线路板均交售给有资质的下游企业进行综合利用，大大减少了不规范处理带来的铅污染。根据中国家用电器研究院测算，2013 年，废电冰箱累计拆解处理 71.12 万台，以 200L 电冰箱制冷剂平均重量 160g 计算，可理论减少 113.8t 电冰箱制冷剂排放，相当于减少 96.7 万吨 CO_2 的排放量，与 2012 年持平；废房间空调器拆解处理 0.54 万台。以 1.5 匹家用空调器制冷剂平均重量为 1kg 计算，可以理论减少 5.4t 房间空调器制冷剂排放，相当于减少 0.9 万吨 CO_2 的排放量，仅为 2012 年的 7%。

随着我国废弃电器电子产品回收处理向规范化、规模化和专业化发展（见图 1-1），处理企业对拆解处理技术的需求不断提高，越来越多优化物流的高效整机拆解线得到推广和应用。例如，北京华新绿源设计的立体式作业双平面物流电视机拆解线、成都金鑫泰研发的四工位旋转 CRT 切割台，大大提高 CRT 切割效率，并在行业得到快速应

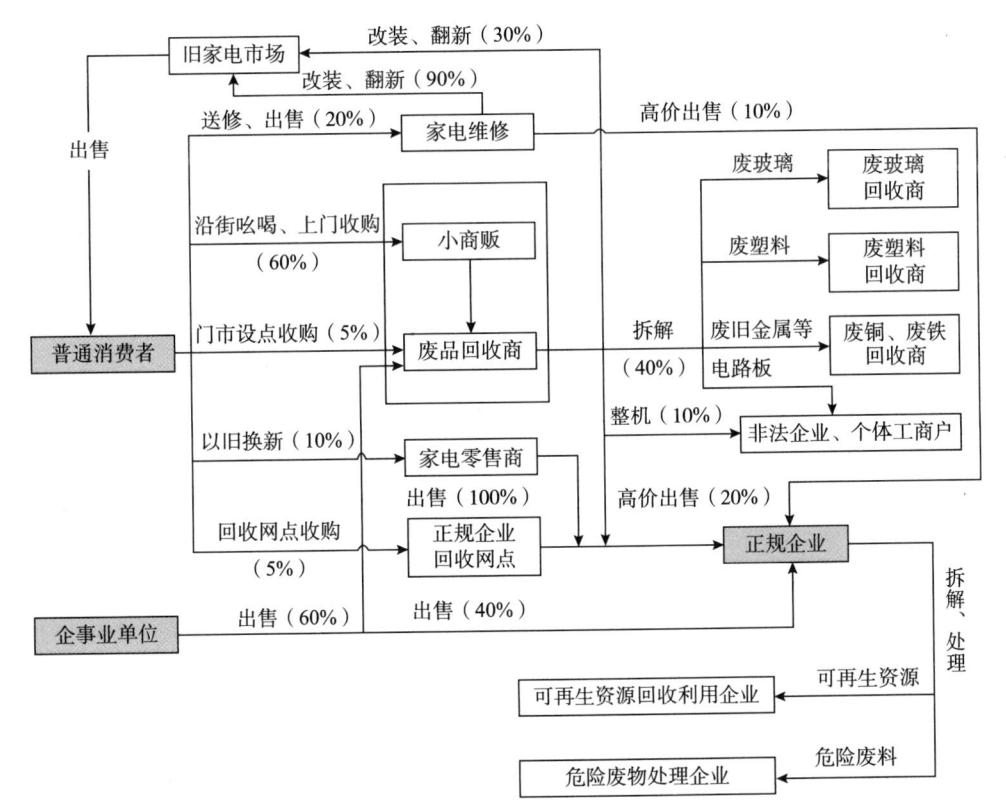

图 1-1 我国废弃电器电子产品回收处理体系

用；四川仁新在行业高效处理电视机的需求下，研发出以金刚石切割为原理的 CRT 屏锥分离设备，并在行业内得到应用。此外，随着人工成本的提高，对自动分选的需求也在不断增加。清华大学、机械科学研究院等科研机构研发的印制线路板零部件自动分选设备得到了越来越多处理企业的关注。随着网络信息技术应用的发展，由第三方建立的基于互联网的回收体系蓬勃发展。例如，香港俐通集团为生产者履行 EPR 提供了高效低成本的逆向物流服务。

为改善废旧家电供给大于需求的局面，国家发展改革委于 2003 年 12 月批复浙江杭州大地环保有限公司、青岛新天地固体废物综合处理公司、北京华星集团环保产业发展有限公司、天津合昌环保技术有限公司四家企业为第一批废旧家电处理试点企业。在此之后，上海、江苏、广东、福建、湖南等地也建起电子废弃物处理工厂。不过在众多处理企业中，真正以电子废弃物处理为主营业务的企业并不多，规模较大的电子废弃物处理企业只有 30 家左右，主要有深圳市格林美高新技术股份有限公司、北京华新绿源环保产业发展有限公司、TCL 奥博（天津）环保发展有限公司、上海新金桥环保有限公司、青岛新天地固体废弃物综合处理有限公司、惠州市鼎晨实业发展有限公司等，年处理规模都在 200 万台左右。行业中，除了处理企业外，还存在着少数电子废弃物设备制造企业，其中湖南万荣科技有限公司一枝独秀，提供各类电子废弃物处理设备，并具有较强的技术研发能力。

1.1.3 预期研究成果

通过开展本课题研究，以专利数据为信息获取主体，综合运用专利信息分析和市场价值分析手段，结合全球专利数据以及相关龙头企业知识产权战略等信息的分析和挖掘，聚焦五批废弃电器电子产品处理基金补贴企业的技术路线等信息，准确把握专利在整个行业发展中所体现的内在规律及影响程度，揭示废弃电器电子产品处理行业的竞争格局，凝练技术创新方向，有效防范发展风险，稳步提升专利运用水平。

本课题预期成果：
1）形成专利导航废弃电器电子产品拆解处理行业发展研究报告。
2）形成废弃电器电子产品拆解处理行业重点专利文献汇编。
3）形成"十三五"废弃电器电子产品处理行业发展导航建议。
4）形成废弃电器电子补贴企业发展专利分析报告及导航建议。

1.2 本书研究方法

1.2.1 研究内容

废弃电器电子产品处理产业对于我国循环经济的发展和环境污染的防控有巨大的经济社会价值。目前我国相关产业仍存在一些亟待解决的问题：规模型企业较少，产业整体竞争力不强；研发、创新能力有待提高，专利授权率较低，具有自主知识产权的原创性技术较少；相关企业对现有技术掌握不全面，未能有效进行专利分析，重复投入研发情况普遍；专利申请量多的高校申请主要处于实验室阶段，没有产业化实施。为适应我国战略性新兴产业发展的需求，通过专利分析来深入研究电器电子产品处理行业的发展状况，发挥专利信息对废弃电器电子产品处理产业发展的导航和推动作用迫在眉睫。

本书通过分析梳理废弃电器电子产品处理产业的专利现状、技术沿革和发展趋势，找到技术热点和创新活跃点，解析全球代表性国家的技术创新能力，剖析影响行业发展的重要专利技术，甄别业内主要技术的优劣，明确国内自主企业，尤其是基金补贴企业在各具体技术分支上的优劣势所在以及所面临的专利风险，为政府制定产业政策提供参考，为企业技术研发提供方向导航和发展建议。

本书的研究内容主要包括：

1）建立结构科学、专业性强、方便使用的产业专利信息数据库。

2）开展专利分析工作，多角度多层次分析产业发展、专利布局情况及技术发展趋势，形成专利技术简报。

3）针对基金补贴专利技术进行分析总结，提出适合这些企业的产业发展方向建议，为政府相关部门的决策提供参考意见，形成专利分析报告。

4）开展专利预警工作，重点分析基金补贴企业在各主要国家或地区可能面临的侵权风险，探讨规避风险的途径，并寻找创新路径及突破口，形成专利预警报告。

5）开展专利战略和导航研究，形成产业专利战略研究报告，为"十三五"废弃电器电子产品处理行业发展提出可行性对策建议。

1.2.2 研究思路

1. 确定研究对象

为了全面、客观、准确地确定本书的研究对象，课题组通过各种途径对相关企业、技术专家进行了前期调研和座谈，充分了解了废弃电器电子产品处理行业的产业政策和产业发展目标。同时，各国专利制度法定的发明专利保护期限均为20年，1992年之前的专利技术到2012年以后都将成为公知公用的现有技术，因此将研究对象的时间范围限定于1992年以后。

2. 制定检索策略

专利技术的分析与预警必须基于国内外所有相关专利申请。根据行业特点，为了确保检索获得的专利数据准确、完整，尽量避免系统偏差和人为误差，本书的检索策略主要为：①选用 VEN 数据库和 CNABS 数据库为原始数据库；②采用"分类号+关键词+CPY"检索；③采用计算机辅助标引；④采用人工浏览去噪；⑤新建废弃电器电子产品处理专利数据库；⑥人工辅助完善标引字段。

3. 确定研究方法

鉴于本书内容特点，基本研究方法主要采用数理统计法和定性分析法。在专利技术分析部分，采用基于数理统计法的各种专利分析工具进行专利统计分析，并且在分析过程中注意结合当时的经济环境、产业发展、国际合作、知识产权政策等有关信息，以求客观认识专利技术发展现状，准确把握专利技术发展趋势；在专利风险研究部分，采用定性分析法进行权利要求或技术方案的对比分析，以研究我国在相关技术领域的专利风险。

4. 提出应对策略

专利导航的目的在于全面深入地分析相关领域的国内外专利技术发展现状和趋势，确定产业在哪里；深入剖析、进而发现国内企业尤其是基金补贴企业的核心技术或关键技术存在专利风险的可能性，为产业的发展指明方向。本书基于课题研究的主要结论并结合废弃电器电子产品处理产业发展目标，从政府层面和企业层面分别提出应对策略。

1.2.3 研究方法

1. 调查研究

课题组通过对广东省主要废弃资源回收处理企业广州金发科技股份有限公司、主要废弃电器电子产品回收处理企业广东赢家环保科技有限公司实地调研，了解废弃电器电子产品处理行业的政策、产业、技术和装备的发展现状、制造、建设、营运各个环节的关键技术，确定课题研究方向和研究重点。

2. 检索策略

本书的基本检索思路是根据废弃电器电子产品处理行业的技术特点，结合前期调研所了解的行业划分习惯，主要按照回收的产品和/或回收产品使用的技术进行划分。

将废弃电器电子产品处理行业划分为废弃整机拆分、废弃线路板、废弃阴极射线管、废弃制冷系统、废弃电池和废弃液晶处理 6 个部分，各部分根据专业分工共选定 18 个二级技术分支进行研究。在检索时，首先检索涵盖 6 个部分的相关废弃电器电子产品处理行业专利，然后在总的检索结果的基础上再进一步检索和标引技术分支。

具体的项目一级分支和二级分支的分解情况如表 1-1 所示。

表 1-1 废弃电器电子产品再生循环利用项目分解

一级分支	二级分支	一级分支	二级分支
废弃整机拆分	电视机拆分	废弃阴极射线管	玻屏处理
	计算机拆分		荧光物质回收
	冰箱拆分		铅金属回收
	空调拆分	废弃制冷系统	制冷机回收
	洗衣机拆分		发泡材料回收
	显示器		
废弃线路板	破粉处理	废弃电池	破碎处理
	分选		金属回收
	热处理	废弃液晶	液晶处理
	金属回收		

根据不同检索系统的特点，并结合本课题的专业特点，中文专利数据库和外文专利数据库采取了不同的检索策略。CNABS 数据库检索时间为 1992 年 1 月 1 日至 2016 年 1 月 18 日；VEN 数据库检索时间为 1992 年 1 月 1 日至 2016 年 1 月 20 日。

（1）中文专利数据检索

在 CNABS 数据库中，涉及废弃电器电子产品处理领域的专利申请主要针对 IPC 分类中的 A62D、B01D、B02C、B03、B07、B08B、C08L、B09B、B22F、B23P、B23Q、B23K、B25H、B26D、B26F、B65G、C01B、C01D、C01F、C01G、C02F、C03B、C07C、C08J、C09K、C10B、C10G、C22B、F23G、C25C、F25B、H01J9 及其细分进行检索。其中 B09B 的技术主题是固体废弃物的处理，在检索时直接用相关分类号检索；其他分类号代表具体的废弃电器电子产品，在检索时将分类号和所要检索技术内容的关键词进行"与""或"等逻辑运算；个别技术用关键词补充检索。

以上检索过程中，对不符合检索时间范围（申请日早于 1992 年 1 月 1 日）的专利申请用"非"逻辑运算排除，获得初步检索结果，再进行计算机辅助标引和人工筛选，获得最终检索结果。

（2）外文专利数据检索

在 VEN 数据库中进行检索，并将分类号由 IPC 扩展到 EC、MC 和 FT，涉及废弃电器电子产品处理领域的专利申请主要针对 IPC 和 EC 分类中的 A62D、B01D、B02C、B03、B07、B08B、C08L、B09B、B22F、B23P、B23Q、B23K、B25H、B26D、B26F、B65G、C01B、C01D、C01F、C01G、C02F、C03B、C07C、C08J、C09K、C10B、C10G、C22B、F23G、C25C、F25B、H01J9 及其细分进行检索，针对 MC 分类中的 X16 – M、L03 – E06、L03 – J01、V05 – L07E6、X25 – W04、V05 – L07E6、E11 – Q01、L03 – J01、U11 – C15Q 进行检索，针对 FT 分类中的 4D004、5H031、4F401/AD09、4F401/BB13、4F401/CA14、4F401/AA26 及其细分进行检索。其中 B09B 的技术主题是固体废弃物的处理，在检索时直接用相关分类号检索；上述其他分类号代表具体的废弃电器电子产品，在检索时，将分类号和所要检索技术内容的关键词进行"与""或"等逻辑运算。

以上检索过程中，对不符合检索时间范围（由于数据库特点所限，对具有最早优先权日的申请用最早优先权日进行限制，对不具有最早优先权日而具有优先权日的申请用优先权日进行限制，其余用申请日进行限制，时间早于 1992 年 1 月 1 日的申请均去除）的专利申请用"非"逻辑运算排除，获得初步检索结果，再进行计算机辅助标引和人工筛选，获得最终检索结果。

（3）数据标引

通过专利系统检索得到的检索结果还不是本书需要的最终数据。一方面需要排除检索过程中各种原因引入的噪声，另一方面需要对检索数据按照本书的系统划分重新进行标引，以确定每项专利技术在本课题所处的技术分支。本书使用了人工标引和批量标引两种数据标引方式。

人工标引是课题组成员通过阅读专利文献来标注标引信息，批量标引是对检索得到的原始数据通过使用相对严格的检索式直接大批量标注标引信息，在某些情况下批量标引与人工标引结合使用。根据本课题的技术分解，标引信息取类似国际分类号的字母+数字方式，如A1、B2、C3等，分别对应不同的技术分支。

（4）中英文检索结果

在CNABS数据库中共检索到中文4057件专利申请，去除噪声后为2339件专利申请。在VEN数据库中共检索到6705件专利申请，去除噪声后为3218件利申请。具体情况如表1-2所示。

表1-2 废弃电器电子产品再生循环利用各技术分支的检索结果❶   单位：件

系统划分	技术分支	中文	外文
废弃整机拆分	电视机拆分	30	55
	计算机拆分	12	26
	冰箱拆分	63	32
	空调拆分	9	28
	洗衣机拆分	14	26
	显示器	64	168
废弃线路板	破粉处理	234	134
	分选	74	58
	热处理	84	107
	金属回收	315	395
废弃阴极射线管	玻屏处理	69	173
	荧光物质回收	114	114
	铅金属回收	32	91
废弃制冷系统	制冷及相关物回收	146	204
废弃电池	破碎处理	252	148
	金属回收	882	1184
废弃液晶	液晶处理	47	84
其他系统设备		0	198
去重降噪后总计		2339	3218

3. 专利分析

在专利申请的专利分析和专利技术分析中，针对检索结果，综合运用数理统计、时间序列等专利分析方法，利用专业分析工具，对全球和中国境内的专利技术和主要竞争对手的专利分布情况进行整体发展趋势、国家或地区分布、技术主题分布、主要申请人分析以及重点技术、技术特征等方面进行深入的研究分析。

4. 风险分析

所谓专利风险意指潜在的侵权可能性。具体判断是否存在侵权可能性是按照专利侵权判定原则和方法进行的。最终的专利风险评估结果可能性❷有三种：较大风险、一般风险、较小风险。

---

❶ 课题组分析数据时发现某申请人有170件专利申请数据异常。为避免对分析结果产生影响将其人工去除，表中数据不包含此170件申请。

❷ 我国废弃电器电子产品处理还处于起步和规模化阶段，因此本书提到产业面临的专利风险时，指的是其未来产业化时可能面临的潜在风险。

本书以我国尤其是基金补贴企业作为风险分析对象，分析评估每一个重点技术方面的专利风险情况。标准的专利风险分析步骤是：首先确定重点技术，然后确定作为我国废弃电器电子产品处理行业的国内申请人和作为竞争对手的国外申请人在该重点技术领域的有效发明专利申请情况，分析比较两者有效专利的保护范围、技术属性、法律状态，综合评估专利风险结果可能性。具体来说，在进行风险评估的技术领域中：①国外来华企业重点涉及，重点技术领域的相关单位专利申请空白，认定为存在较大风险；②国外来华企业重点企业涉及，重点技术领域的相关单位有少量外围专利但核心专利申请空白，认定为存在较大风险；③国外来华企业重点涉及，重点技术领域的相关单位有少量核心专利，则依据该专利申请与国外来华相关专利权的保护范围关系判断风险结果（较大风险、一般风险、较小风险）；④国外来华企业重点涉及，国内掌握较多核心专利，认定为存在较小风险；⑤国外来华企业未涉及或有少量在审专利申请，国内有多项授权专利，认定为存在较小风险；⑥国外来华企业和国内申请都获得少量专利权，认为存在一般风险。

1.2.4 相关事项说明

1. 同族专利的约定

在做全球专利数据分析时，存在一项发明创造在不同国家进行申请的情况，这些发明内容相同或相关的申请称为专利族。优先权完全相同的一组专利文献称为狭义同族，具有部分相同优先权的一组专利文献称为广义同族，而通过某个中间纽带把本来优先权完全不同的两组专利文献聚集到一起称为交叉同族。本书的同族专利指的是交叉同族，一件专利指的是一组交叉同族。

S系统的VEN数据库中采用FN字段表示交叉族号，因此任意两件专利申请是否属于同族专利的判断依据就是看这两件专利申请的FN字段号是否相同，对申请量项数的统计实际上就是统计不重复的FN数量。在数据整理时，就将具有相同FN字段号的专利申请进行去重、合并处理。

2. 专利申请量的约定

当向世界上任何一个国家或地区专利局提交专利申请时，将获得独一无二的专利申请号以及确定的专利申请日，因此专利申请量件数的统计，实际上就是计数检索结果中不重复的专利申请号数量。一个专利申请号代表一件专利申请，专利申请号前两位英文字母是专利申请受理局的标志。例如，申请号CN20091010243的受理局为CN。作为特例，早期SU（苏联）在本书中被并入到RU（俄罗斯），而EP（欧洲专利局）、DE（联邦德国或德国）、FR（法国）和ES（西班牙）都认为属于欧洲地区。VEN数据库中AP字段（例如WO1993US04836 19930521）空格后的部分为6位日期代码，通常以此代码为标准确定申请日。

每个专利族中最早优先权所属国家或地区就是这项专利技术的技术发源地。在作历年专利申请量项数统计时还需要知晓最早优先权年份，并以此为横坐标作图。VEN数据库中的PR字段记录了优先权号及优先权日信息（例如US20030012365 20030527），最早优先权为一个专利族中优先权日最早的专利的优先权,以最早优先权号的前两位(例如 US)确定最早优先权国别。

3. 申请人名称约定

VEN 数据库中的 PA 字段记录了申请人名称,而 CPY 字段记录了德温特公司给出的公司代码。在本书中对一部分重要申请人的表述进行约定:一是由于中文翻译的原因,同一申请人在不同中国专利申请中表述不一致;二是力求申请人统计数据的完整性、准确性,将一些公司的子公司专利申请合并统计;三是基于图表标注的需要,简化申请人名称。部分重要专利申请人名称约定方面的相关说明如表 1-3 所示。

表 1-3 重要专利申请人名称的约定

约定名称	申请人名称	约定名称	申请人名称
格林美	深圳市格林美高新技术股份有限公司	博世	博世有限公司
	深圳市格林美高新技术有限公司		罗伯特·博世有限公司
	武汉格林美资源循环有限公司	美的	美的集团股份有限公司
	荆门市格林美新材料有限公司		广东美的暖通设备有限公司
	江西格林美资源循环有限公司	广东邦普	广东邦普循环科技有限公司
湖南万容	湖南万容科技股份有限公司		广东邦普循环科技股份有限公司
	湖南万容科技有限公司		湖南邦普循环科技有限公司
	郴州万容金属加工有限公司		佛山市邦普镍钴技术有限公司
	汨罗万容电子废弃物处理有限公司		佛山市邦普循环科技有限公司

表 1-4 是一些主要申请人的 CPY 与其统一申请人名之间采用一一映射关系。对此表之外的其他不太重要的申请人没有做细致处理。

在做申请人申请量统计时,对于一件专利有多个申请人的情况,采用的是简单分别计数的方式,即若有两个申请人,则每个申请人各增加一件专利技术。需要指出的是,本书中采用的共同申请人是指在一件专利中的共同申请人,他们可能并未共同提交一件专利申请。

4. 近期数据不完整说明

本次检索对于 2014 年以后的专利申请数据采集不完整,统计的专利申请量比实际的专利申请量要少,这是由于部分数据在检索截止日之前尚未在相关数据库中公开。例如,PCT 专利申请可能自申请日起 30 个月甚至更长时间之后才进入国家阶段,从而导致与之相对应的国家公布时间更晚;发明专利申请通常自申请日(有优先权的自优先权日)起 18 个月(要求提前公布的申请除外)才能被公布;以及实用新型专利申请在授权后才能获得公布,其公布日的滞后程度取决于审查周期的长短等。

5. 其他约定

本书中涉及以下概念时,如无特殊说明,以下述约定为准。

欧洲:包括欧洲专利局(EPO)下属 38 个国家和地区,在数据统计时将上述 38 个国家和地区的申请人国籍全部以欧洲籍(EP)计,但不改变申请号、公开号中的国家代码。

表1-4 重要专利申请人 CPY 与申请人名称的映射关系

约定名称	德温特公司代码（CPY）	对应的英文公司名称
三菱公司 （日本）	MITO，DAIE，MITR，MITQ，MISQ，MITU，MITS-N，MITV，MITP，MITM，MITN，MISD，MEPC，MITY，MITS，MTAC	MITSUBISHI CHEM CORP MITSUBISHI RAYON CO LTD MITSUBISHI PLASTICS IND LTD MITSUBISHI ELECTRIC CORP MITSUBISHI JUKOGYO KK MITSUBISHI HEAVY IND ENVIRONMENT & CHEM MITSUBISHI HEAVY IND ENVIRONMENT ENG CO MITSUBISHI HEAVY IND CO LTD MITSUBISHI GAS CHEM CO INC MITSUBISHI FUSOU TRUCK BUS KK MITSUBISHI MOTOR CORP MITSUBISHI KASEI ENG KK MITSUBISHI ENG-PLASTICS CORP MITSUBISHI KASEI CORP MITSUBISHI KAGAKU POLYESTER FILM KK MITSUBISHI POLYESTER FILM GMBH MITSUBISHI KASEI VINYL KK MITSUBISHI MATERIALS CORP MITSUBISHI CHEM MKV CO MITSUBISHI PETROCHEMICAL CO LTD MITSUBISHI CHEM AMERICA INC MITSUBISHI PETROCHEMICAL CO LTD MITSUBISHI SHOJI PLASTICS CORP MITSUBISHI ENG PLASTICS KK MITSUBISHI SHINDO KK MITSUBISHI PAPER MILLS LTD MITSUBISHI CABLE IND LTD MITSUBISHI OIL CO MITSUBISHI NAGASAKI KIKO KK
日立公司 （日本）	HITF，HITM，HITA-N，HITA，HIST，HITB，HITD，HITJ，HITH，HISD，HITT，HDIS，HITG，HITK	含有 HITACHI 的： HITACHI MAXELL KKHITACHI HIGASHI SERVICE ENG KK HITACHI LTD HITACHI TECHNO ENG CO LTD HITACHI CHEM CO LTD HITACHI CABLE LTD HITACHI ZOSEN CORP HITACHI ZOSEN SANGYO KK HITACHI CONSTR MACHINERY CO LTDHITACHI HOMETEC LTD HITACHI ENG CO LTDHITACHI DISPLAY DEVICES KKHITACHI DEVICE ENG CO LTDBABCOCK-HITACHI KK

续表

约定名称	德温特公司代码（CPY）	对应的英文公司名称
东芝公司 （日本）	TOKE, TOSA, TOSF, TOSI, TOSM	以 TOSHIBA 开头的： TOSHIBA KK TOSHIBA PLANT KENSETSU KK TOSHIBA CORPTOSHIBA AVE KK TOSHIBA MACHINE CO LTD TOSHIBA CERAMICS CO TOSHIBA CHEM CORP TOSHIBA GE AUTOMATION SYSTEMS KK TOSHIBA CONSUMER MARKETING KK TOSHIBA KADEN SEIZO KK TOSHIBA SILICONE KK
松下 （日本）	MATU, MATW, MATK, MATJ, KUBI, MATS-N	含有 MATSUSHITA： MATSUSHITA DENKI SANGYO KKMATSUSHITA ELECTRIC WORKS LTD MATSUSHITA ELECTRIC IND CO LTD MATSUSHITA ELEC IND CO LTDMATSUSHITA SEIKO KK MATSUSHITA REIKI KK KUBOTA MATSUSHITA DENKO GAISO KK MATSUSHITA ECOTECHNOLOGY CENT KK 或者 PANASONIC CORP
丰田 （日本）	TOYT, TOYW, TOZS, TOYO-N	TOYOTA JIDOSHA KK TOYOTA CHUO KENKYUSHO KKTOYOTA KAGAKU KOGYO KK TOYOTA KAKO KK TOYOTA KOSAN KK TOYOTA GOSEI KYUSHU KK TOYOTA SHATAI KK
夏普公司 （日本）	SHAF	SHARP KK

省市：中国各省、直辖市和自治区，不包括香港特别行政区和澳门特别行政区。❶

合作申请：具有两个及两个以上申请人的专利申请。

多边专利：定义为具有三个以上（含）公开公告国家的专利申请。

失效专利：已取得专利权但专利权已经终止的专利。

有效专利：已取得专利权且专利权尚未终止的专利。

授权率：取得专利权的发明专利数量/（发明专利数量-待审发明专利数量）；由于实用新型不经过实审，授权率接近100%，故该指标不用于评价实用新型。

维持期限：对于失效专利，该期限起止日期定义为申请日至专利权终止日期；对于有效专利，该期限起止日期定义为申请日至法律状态查询日2016年1月20日。

---

❶ 中国专利数据库中将中国大陆地区与中国台湾地区提交专利申请的来源地均标引为CN，为方便起见，本书不对其进行特别区分，也即中国专利分析中国内省市数据包括了中国台湾地区数据。

第 2 章　废弃电器电子产品处理产业发展现状和定位

2.1　产业链分析

2.1.1　循环经济释义

循环经济的思想起源可以追溯到环境保护主义运动兴起的时代。20 世纪 60 年代，"循环经济"（Circular Economy）一词由美国经济学家 K. 鲍尔丁提出。鲍尔丁受宇宙飞船的启发，认为地球经济系统如同一艘宇宙飞船，尽管地球资源系统大得多，寿命长得多，但是如果不合理开发资源，破坏环境，地球也会像宇宙飞船那样，最终由于资源枯竭而走向毁灭。这被认为是循环经济思想的早期萌芽。

目前，循环经济理论主要包括以下几种理念：一是生态经济效益理念，这一理念要求企业在生产过程中应实现物料和能源的循环往复使用，以达到废物和污染排放最小化；二是工业生态系统理念，要求企业之间产出的各种废弃物互相消化利用，原则上不排放到工业园区以外，其实质就是运用循环经济的思想组织园区内企业之间物质和能量循环使用；三是生活垃圾无废物理念，这种理念本质上要求越来越多的生活垃圾处理要由无害化向资源化方向过渡，要在更广阔的社会范围内，或在消费过程中和消费过程后有效地组织物质和能量的循环利用。人们在不断探索和总结的基础上，提出以资源利用最大化和污染排放最小化为目标，将清洁生产、资源综合利用、产品生命周期评价和可持续消费等融为一体的循环经济战略。在此基础上，世界上一些发达国家正式把发展循环经济、建立循环型社会作为实施可持续发展战略的重要途径和实现方式。

在循环经济实践层面，学者们普遍认为循环经济运行遵循"减量化（Reducing）、再利用（Reusing）、再循环（Recycling）"原则（简称3R原则）。其中，减量化原则要求减少进入生产和消费流程的物质量，这一原则有利于避免先污染、后治理的传统发展方式；再利用原则的目的是延长产品和服务的时间，减少生产和消费中废弃物的产生，这一原则可以防止物品过早地成为垃圾；再循环原则要求物品在完成使用功能后重新变成可以利用的资源，包括原级资源化和次级资源化，这一原则能够减少废物最终处理量，缓解垃圾无害化处置的压力。再生资源产业的生产经营活动范围正好对应循环经济运行原则中的再利用和再循环原则，由此可以看出其在循环经济发展中的重要地位。

2.1.2 产业链分析理论

产业链的思想来源于亚当·斯密的分工理论。西方经济学家早期的观点认为，产业链是制造企业的内部活动，它是指把外部采购的原材料和零部件，通过生产和销售等活动，传递给零售商和用户的过程。马歇尔把分工扩展到企业与企业之间，强调企业间分工协作的重要性，这可以称为产业链理论的真正起源。1958年，赫希曼就在《经济发展战略》一书中从产业的前向联系和后向联系的角度论述了产业链的概念。随着供应链、价值链等理论的兴起与运用，产业链的概念被相对弱化。

目前，基于产业链理论的研究仍处于发展阶段，国内学者主要从交易费用理论、价值链理论、产业集群理论等视角对产业链的形成进行了分析。交易费用理论是西方新制度经济学的一个分支，并日益广泛地被应用于企业理论、组织行为理论和跨国公司理论等领域的研究。学者刘金山等从交易费用的角度分析了产业链的形成，认为生产的边界是由内部组织成本与市场交易成本之间的关系所决定的，也随着经济系统面临约束条件的不同而发生变化。迈克尔·波特在其1985年所著的《竞争优势》一书中提出了价值链理论。学者吴金明等从价值链理论的视角分析了产业链的形成，认为产业链形成的动因在于产业价值的实现和创造。产业链的形成首先是由社会分工引起的，在交易机制的作用下不断引起产业链组织的深化。产业链的产生与发展，与经济现实中大量涌现的经济现象密切相关，与产业集群的关系尤为密切。学者龚勤林等从产业集群理论的角度分析了产业链的形成，指出产业集群与产业集聚是形成区域性产业链的必要非充分条件，只有经济活动在特定地域空间上集聚形成产业集群，产业集群的多种经济技术联系才能引导和培育若干环节简单的链条。学者刘富贵提出，产业链的组织属性是一种介于市场和企业之间的中间组织形式，这个准市场组织是一个有组织的市场和有市场的组织的叠加体。

从产业链的角度，再生资源产业链主要包括废旧物资回收、资源化加工处理、再利用三个环节，其上游与再生利用技术相结合，下游向各类再生资源供给延伸。因此，再生资源产业链条上的企业通过密切合作，这样可以达到提升整个产业链价值的目标。

落脚到废弃电器电子产品处理行业，其产业链也逃脱不了回收、资源化加工处理和再利用这一循环。回收的经营模式多种多样，目前在我国，回收主要是以用户被动回收为主，通常是经营者以一定代价进行点对点（经营者对散户）的回收，回收效率低下，不能充分及时地进行处理，导致部分回收的废弃电器电子产品成为残缺品，影响其后企业的生产。资源化加工处理对于废弃电器电子产品处理行业来说是个平衡的问题，"变废为宝"并不是能将所有的废弃物进行资源化加工。以冰箱制冷器为例，其早期使用的制冷剂就不能满足如今的环保要求，需要被处理掉，虽然也可以通过一系列化学反应将其转化利用，但综合价值不高，因此所衍生出的产业发展就没有积极的推动力量，往往是采用简单的焚烧等方式进行。废弃电器电子加工处理是个工艺和工序复杂的综合处理系统，如废弃原料获得，除去信息登记、除尘等前期操作，首先要进行破碎处理。破碎处理可分为物理法和化学法，虽然其涉及的工艺复杂，但还不能作为一个产业发展点独立开来，因为其所创造的价值是较低的。尽管如此，其衍生的破碎操作中针对装置和工艺的开发形成了完整的产业链，这是基于整体价值发展的驱动，因为破碎完成后才能有后续的处理。

2.2 企业链分析

2.2.1 回收企业现状

全国各省市废弃电器电子产品处理产业目前处于分散的组织形式，再生资源难以形成规模，不利于资源的合理高效利用。具体而言，目前回收环节具有规模分散、劳动力密集、非标准化、非流程化等特点。个体回收户以其灵活、高效的回收方式，方便居民出售废旧资源，缩短居民和回收地之间的空间距离，发挥了正规回收渠道无法替代的作用。同时，由于回收队伍是一个非常庞大的群体，市场准入门槛低的特点导致回收市场基本处于自发状态，竞争无序成为回收市场的主要结构特征。对于这个庞大而特殊群体的管理，关系到一大批人的就业问题和社会稳定问题，因此，解决再生资源回收过程中存在的问题，可行的措施是对分散的回收者的行为加以规范。

2.2.2 加工利用企业现状

相对于回收市场，资源化加工与利用市场的进入门槛相对较高，面临的政策、法律和技术性约束也更大一些。2009年，我国正式发布《废弃电器电子产品回收处理管理条例》，并于2011年1月1日正式实施。2010年4月1日，国家环保部发布的《废弃电器电子产品处理污染控制技术规范》正式实施，进一步规范了废弃电器电子产品收集、运输、储存、拆解和处理等过程中污染防止和环境保护的控制内容及技术要求。该规范的推出，有利于废弃电器电子产品的回收处理，特别是对促进资源综合利用、环境保护将起到积极作用，同时也有利于规范电子废弃物处理企业的加工行为，提高电子废弃物加工利用市场的技术、费用和政策壁垒。由于政策落实和市场规范等方面原因，目前除了较为规范的集散交易市场外，众多小企业、小作坊进行再生资源回收的同时也在进行加工利用活动。数量众多的小规模加工企业，不仅自身缺乏扩大规模的实力，而且该产业的特点也制约了企业规模化发展。此类企业为下游再利用企业提供的再生原料受市场影响随意性较大、不稳定。因此，对于此类中小型加工作坊应当坚决予以取缔。

2.3 技术链分析

早期废弃电器电子产品处理技术主要是简单拆分后用填埋和焚烧等方式处理。现阶段为了获得废弃资源的剩余价值，如对废旧线路板进行粗破碎或精破碎处理，经过简单分选后，通过组合分选、热处理冶炼、湿处理冶金、生物浸出等方式获得高附加值的金属等成分；阴极射线管经热、机械等方式切割分离后，可以通过机械吹扫等手段获得荧光物质进行稀土金属的回收，含铅玻璃可通过真空热法去除；废弃制冷系统通常通过冷抽吸方法进行制冷剂的回收，回收后可通过焚烧等方式实现无害化，或通过化学转化法生产其他物质；废弃电池中含有大量金属成分，火法冶金和湿法冶金是目前较常用的方式。

2.3.1 废弃线路板处理技术[1][2]

印制线路板（Printed Circuit Board，PCB）是电子工业的基础，是各类电子产品中不可或缺的部件。由于电子工业的快速发展，PCB的废弃量也越来越多。根据2010年联合国环境署数据，全球电子废物产生量约4000万吨/年，中国已成为世界第二大电子废弃物产生国，仅次于美国。根据工信部数据，2009年我国共生产手机6.2亿部、计算机1.82亿台、彩电9966万台、家用空调8153.27万台、家用电冰箱6063.58万台、家用洗衣机4935.84万台，总产量已达11.8亿台之多，增长幅度明显。传统的发展模式不仅造成了生态环境的极大破坏，而且浪费了大量的能源，加速了自然资源的耗竭，使发展难以持久。为了减少环境污染并实现二次资源的重新利用，我国近年来颁布了一系列的相关法律法规，如2007年9月，国家环保总局发布并施行《电子废物污染环境防治管理办法》；2009年2月，时任国务院总理温家宝签署551号国务院令，正式发布《废弃电器电子产品回收处理管理条例》；2009年6月，国务院批准了国家发改委等部门《促进扩大内需，鼓励汽车、家电"以旧换新"实施方案》；2010年1月，国务院第91次常务会议决定，2010年5月底国家家电以旧换新政策试点结束后，继续实施这项政策，并在具有拆解能力等条件的地区推广实施；2010年4月，环保部发布《废弃电器电子产品处理污染控制技术规范》；2010年10月12日，环保部、国家发改委发布《关于组织编制废弃电器电子产品处理发展规划（2011—2015）的通知》，其目的在于指导各省（区、市）科学合理规划和发展废弃电器电子产品处理产业，规范废弃电器电子产品处理活动，促进资源综合利用和循环经济发展，保护环境，保障人体健康。

1. 机械分离

对于机械分离技术来讲，使各种材料尽可能充分地单体解离是高效率分选的前提。破碎程度的选择不仅影响到破碎设备的能源消耗，还将影响到后续的分选效率，机械破碎施力种类因物料性质、粒度及粉碎产品的要求而不同。对韧性物料，一般用剪切或高速冲击；对多组分物料，一般用冲击作用下的选择性破碎。废旧PCB与煤炭、脉石的性质明显不同，主要表现在以下几方面：线路板的硬度较高、韧性较好；有良好的抗弯曲性能；多为平板状，很难通过一次破碎使金属与非金属分离；所含物质种类

---

[1] 中华人民共和国工业和信息化部．再生资源综合利用先进适用技术目录（第一批），2012.
[2] IPC发布2011年11月份PCB行业调查结果［J］．电子工艺技术，2012（1）．

较多，解离后金属有缠绕现象等。这些特点决定了 PCB 的破碎方法与天然矿石破碎不同。选矿常用的圆锥破碎机、颚式破碎机、辊式破碎机不适合破碎线路板，而冲击式破碎机和锤式破碎机采用冲击破碎的原理，可以用于线路板的细碎。中国矿业大学（北京）开发研制的 ZKB 剪切破碎机可以成功地应用于废旧 PCB 的粗碎。研究发现，一般破碎到粒径为 1.2mm 时废旧主板可以基本解离；解离后得到的塑料主要来自插槽，由于塑料相对较脆，容易破碎，在大于 0.5mm 粒级中所占的比例最大；树脂是基板的主要成分，但韧性较大，在细粒级中的比例较高；大于 0.5mm 物料中的金属主要是针状引脚，以 1.2~0.5mm 粒级最多，小于 0.125mm 物料中金属含量很低；铜是废旧线路板中数量较大、价值较高的金属，富集在 0.50~0.25mm 与 0.250~0.125mm 两个粒级中。但破碎方式和级数的选择还要视后续工艺而定。不同的分选方法对进料有不同的要求，破碎后颗粒的形状和大小会影响分选的效率和效果。另外，废弃 PCB 的破碎过程中会产生大量含玻璃纤维和树脂的粉尘，阻燃剂中含有的溴主要集中在 0.6mm 以下的颗粒中，而且连续破碎时还会发热，散发有毒气体。

废旧电路板拆解不但是旧元器件重用的必要步骤，而且有利于废旧电路板上不同材料物质的分类收集。拆卸的效果对后续工序有很大的影响，开发自动化拆解装置是机械回收技术中的重要环节。现有废旧电路板拆解工艺和拆解设备难以有效拆卸插装元器件。经实验，基于钎料吹扫去除的废旧电路板拆解工艺和相应的试验设备可用于辅助拆解以插装电子元器件为主的电路板。试验结果表明，基于钎料吹扫去除的拆解工艺能有效拆解插装元器件，焊点脱钎率可达 98.1%。

机械分离是根据 PCB 中各组分物理性能的不同而实现成分回收的一种手段。机械处理技术的优点是费用较低，经济可行性相对较高，一般不用考虑残留物处置等问题。其缺点是：①只能实现金属与非金属的分离，对于金属与金属、非金属与非金属的分离还处于研究阶段，忽略了产品的后续处理。②在机械破碎过程中会产生大量的含玻璃纤维和树脂的粉尘，并伴随一定量有毒气体的产生。③容易造成粉尘污染。

2. 分选

分选主要是利用物质间的物理性质差异（如密度、电性、磁性、形状及表面性质等）来实现不同物质的分离，通常分为干法分选及湿法分选两种。干法分选包括空气摇床或气流分选，磁选，静电分选及涡流分选等；湿法分选则主要包括水力旋流分级、浮选、水力摇床等。湿法分选具有回收率高的优点，但由于湿法分选成本较高，所用药剂易污染环境，分选后的废渣及废水也须进一步处理，工艺复杂、投资大、易产生大量的有害气体、二次污染严重而致使该法较少采用。而干法分选则具有成本低、无污染的优势，其主要缺点是细颗粒的分选效率较低，而且得到的是金属富集体，不是最终产品，由于贵金属在电子产品中分布得很分散，因而该法对贵金属的回收率较低。近年来，随着对环境保护的重视及电子产品中贵金属的使用逐渐减少，干法分选在电子废弃物破碎产品的分选中占绝对优势。

（1）常用的几种干法分选方法

磁选是利用电子废弃物中各组分的磁性差异实现分选的，多用于除去废弃线路板中的铁磁性物质。静电分选是利用物质在高压电场中的电性差异实现分选的,对废弃物再生处理十分有效。其荷电机理有两种:一是通过离子或电子碰撞荷电,如电晕圆筒型分选机;二是通过接触和摩擦荷电,如摩擦电选,能够分选多种不同物料,尤其对两种混合塑料分选十分有效。德国 Daimler-BenzUlm 研究中心研制了一种分离金属和塑料的电分选机,可以分离尺寸小于 0.1mm 的颗粒。中国矿业大学温雪峰等采用电晕圆筒型电选机分选废旧线路板回收金属,对于 0.5~2mm 的颗粒回收率较高。

涡流电选机是根据颗粒电性的差异实现分选的设备。涡流分选技术在过去一般只能用于从废旧汽车及城市垃圾中回收解离颗粒在 50mm 以上的金属铝。随着强力涡电流及稀土永久磁铁的引入,涡流分选技术已成功应用于电子废弃物的物料分选中。其分选机理是当分选机中的磁场变化时,在导电的有色金属颗粒中感应产生涡电流,涡电流与磁场相互作用,对导电颗粒产生磁性偏转力,使导电颗粒和绝缘颗粒产生不同的运动轨迹,从而实现导体和非导体的分离。磁性偏转力除了与磁感应强度、颗粒导电率有关外,还与颗粒的维度、形状有关。涡流分选要求颗粒的形状规则平整,而且粒度不能太小。铝的密度较低,使用普通的分选方法容易混入轻产物,而使用涡流电选机可以高效地分离金属铝,可获得品位高达 85% 金属铝富集体,回收率也可达到 90%。采用涡流分选机分选废旧电视破碎产品中 6mm 以上部分,可获得含 76% 铝、16% 其他有色金属及少量玻璃、塑料的金属富集体,铝回收率达 89%。

空气摇床是一种根据颗粒比重不同实现分选的设备,现已广泛地应用于电子废弃物的分选过程中,它实际上是流化床、摇床及气力分级设备的混合体。其分选机理是把不同比重的颗粒混合物料给到床面一端,与从床面缝隙吹入的空气混合,颗粒群在重力、电磁激振力、风力等综合作用下按密度差异产生松散、流化并分层,重颗粒在板的摩擦和振动作用下向床面的上端移动,轻颗粒浮在床面上部并向床面下端漂移,从而实现了金属和塑料的分离。人们对空气摇床进行大量研究表明,不同密度相同粒度的颗粒,比粒群平均密度小的轻颗粒向上运动,重颗粒向下运动;不同粒度相同密度的颗粒,比粒群平均粒度小的颗粒向上运动,大的向下运动;不同粒度和密度的颗粒将无法有效进行分层和分选。这就对空气摇床的入料提出了较高的要求,即必须保证入料颗粒的大小和形状不能相差太大,因此,破碎后的物料进行窄粒级分级,将入料粒度限定在一个较小的范围内,以保证空气摇床的分选效率。

气流分选是以空气为分选介质,在气流作用下使颗粒按密度或粒度进行分离的一种方法,广泛应用于农业、矿业、钢铁工业、城市垃圾分离等领域。由于气流分选操作简便,分选过程几乎无污染,应用的前景很广阔。对于传统的立式气流分选,分选物料组分的沉降末速是决定分选效率的主要因素。颗粒的沉降末速主要与颗粒密度、大小和形状有关,因而传统气流分选装置有效分选影响因素较多。对于宽粒级多组分物质,传统的气流分选装置很难实现物料按密度有效分选。脉动气流分选装置是一种新型的气流分选机,在传统的气流分选机中加入阻尼块或脉动阀使分选装置中形成气流的加速、减速区域,所产生的脉动气流可实现物料在分选装置内按密度有效分离。

(2) 湿法冶金处理技术

PCB 的湿法冶金处理技术主要是利用贵金属和其他普通金属能溶解在硝酸、王水等强氧化介质中的性质，使其从电子废物进入液相中予以回收，通常包括浸出、沉淀、结晶、过滤、萃取、离子交换、电解等工艺流程。此法废气排放少，可以获得高品位、高回收率的金、银等贵金属和其他有色金属，所需费用也较低。其最大的缺点在于溶解金属后的废水会造成严重的二次污染。此外，贵金属的浸出效果还受到待处理的原料中贵金属的暴露程度的影响，当金属被覆盖或被包裹在陶瓷中时浸出率常常会被降低。

电解提取是向金属盐的水溶液中通过直流电而使其中的某些金属沉积在阴极的过程，即将废弃电（线）路板磨碎，采用酸溶过滤，在电解槽中提取各种金属。电解提取不能使用大量试剂，对环境污染少，但需要消耗大量电能。

(3) 其他分选技术

近年来，微波处理废旧 PCB 的研究越来越多，其处理方法也越来越完善，废旧 PCB 回收零污染的目标正逐步被实现。但微波处理废旧 PCB 单纯回收其中的金属的方法不多，大多是对金属和非金属分别完全回收的实验研究。

生物处理技术是利用微生物或其代谢产物与 PCB 的金属相作用，产生氧化、还原、溶解、吸附等反应，从而回收其中的有价金属。生物法作为近年来在生物冶金的基础上发展起来的新技术，在 PCB 资源化处理中逐渐受到关注。应用于 PCB 中金属浸出的微生物根据代谢途径不同可以分为硫杆菌属和氰细菌两类。前者几乎全部属于自养型，能够氧化 Fe^{2+} 或还原硫获得能量，同时生成 Fe^{3+} 或 H_2SO_4；而后者属于异养型，能够代谢产生 CN^-，从而将 PCB 中金属螯合浸出。目前，在 PCBs 浸取金属的研究中使用较多的氰细菌是紫色色杆菌，它为革兰氏阴性、兼性厌氧细菌，能够在缺氧和有氧条件下生长，对温度不敏感，在常温下可稳定生长，溶液中的 Fe^{3+}、磷酸盐等对它的 CN^- 速率没有明显影响，使其可以在复杂条件下生长。与其他方法相比，生物法处理 PCB 具有低浓度、选择性高、运行成本低、操作方便、环境清洁等优点，不足之处主要是浸取时间长，浸取速率低。

超临界流体是指处于临界温度和临界压力以上的无气液相区别的均相流体，它具有与气体相当的高扩散系数和低黏度，又具有与液体相近的密度和良好的溶解能力。目前应用于回收 PCB 的研究有超临界 CO_2 萃取和超临界水氧化，可属于前期处理及中期处理阶段。超临界法具有处理效率高、反应彻底、快速、可氧化降解绝大多数的有机有害废物、不会形成二次污染等优点。但该方法目前还没有达到直接回收线路板中贵重金属的阶段，所得产物中各种重金属还须进一步处理提纯。超临界 CO_2 流体可使整块 PCB 中的树脂层分解并溶解，从而分离出铜箔层和玻璃纤维层，这一过程类似于热解法，但使 PCB 表面没有高温热解时产生的轻重石脑油等液体，更加有利于材料层的分离及高纯度。

贵金属的回收，提取一直是研究的热点。据海外媒体报道，日本研究人员开发出利用树脂提取废旧手机中贵金属的高效回收技术。研究人员发现由乙炔和乙醇发生化学反应生成的乙烯醚树脂在温度变化时具有单纯吸附贵金属的特性。他们在含有贵金属等残留物的废液中加入该树脂和还原剂，加热后该树脂吸附贵金属颗粒并固化下沉，取出固化树脂，冷却后重新成为液体，过滤即可分离出金和银等贵金属颗粒。研究人员利用掌握的聚合体技术，优化该树脂的分子结构，增强其敏感性，提高了回收效率。试验结果表明，金的微小颗粒回收率高，且该树脂可反复使用，降低了材料成本。该技术有望在被称作"城市矿山"的电子废弃物回收行业和有色金属等行业得以广泛应用。

焚化法处理流程是先将废弃 PCB 经机械破碎至 1~2 英寸大小后，送入一次焚化炉中焚烧，将所含约 40% 的树脂分解破坏，使有机气体与固体物分离，剩余残渣即为裸露的金属及玻璃纤维，经粉碎后即可送往金属冶炼厂进行金属回收，有机气体则送入二次焚化炉进一步燃烧处理。该法的优点是可以处理所有形式的电子废弃物，对废弃物的物理成分要求不像化学处理那么重要，主要金属铜及金、银、钯等贵金属也具有非常高的回收率。但存在以下问题：①易造成有毒气体逸出，且电子废弃物中的贵金属也易以氯化物的形式挥发；②电子废弃物中的陶瓷及玻璃成分使熔炼炉的炉渣量增加，易造成金属的损失；③废弃物中高含量的铜增加了熔炼炉中固体粒子的析出量，减少了金属的直接回收；④部分金属（如锡、铅等）的回收率相当低，大量非金属成分（如塑料等）也在焚烧过程中损失；⑤由于 PCB 中的阻燃剂含有大量溴或氯，燃烧后的废气易造成空气污染，因此对焚化炉及空气污染防治设施的要求较严格。

将废弃 PCB 热裂解可回收可燃油气及金属物质。热裂解是在缺氧的环境下，将有机物质置于密封容器中，在高温高压、高温低压或常压下，使有机物质加热（通常是 350~900℃）分解，转换成油气利用。裂解后废弃 PCB 中胶结的有机物分解、挥发，其他各组分成单离状态，易于用简单的粉碎、磁选、涡电流分选等方法将其分选回收。裂解所产生的挥发气体由反应器的排气管排出，经过油气分离（冷凝）将可凝结的气体冷凝成油，不可凝的气体经处理后作为燃料利用，并经二次燃烧室使其完全破坏后排放。同焚化法一样，该处理技术对空气污染防治的要求较高，在经济效益上须进一步考虑。

3. 非金属部分的处理

含量达 76%~94% 的非金属材料主要由塑料构成。少量的热塑性塑料，如 PP、PS、PVC 等具有加热软化、冷却硬化等性质，相对来说容易再生利用，关于这方面的研究和利用已有不少应用到实际生产中。而在 PCB 中占据主要组分的热固性塑料，像发泡聚氨酯（PUR）、玻璃纤维（GF）和增强环氧树脂（EP）等则因为稳定性高、不易软化等特点难以回收。

因非金属部分含有大量热固性塑料，这些热固性塑料中又含有残留重金属和阻燃剂等易通过各种途径释放到环境中的有害物质，如果不能妥善处理，不仅会对环境造成严重的污染，还会造成大量的资源流失。目前，非金属部分的资源化利用已成为国内外的关注焦点。

（1）火法处理

废弃电器电子产品的火法处理是指通过焚烧、等离子电弧炉或高炉熔炼、烧结或熔融等火法处理的手段去除其中的塑料及其他有机成分，使金属得到富集并进一步回收利用的方法。温哥华一火法冶金厂从废弃电器电子产品中回收金、银、钯的处理流程为：破碎、制样、燃烧和物理分选，熔化或冶炼样品，进一步回收灰渣，用化学或电解的方法精炼粒化的金属，金、银、钯的回收率都超过90%。Reddy等人也提到了采用电弧炉熔炼回收电子废物中的贵金属，金、银、钯的回收率分别高达99.88%、99.98%、100%。据报道，Lead Kaldo公司、澳大利亚的Brixlegg公司、比利时的Umicore金属与特殊材料集团、瑞典的Boliden公司、德国的Degussa公司、英国的JonsonMatthey化学公司都采用火法冶金处理废弃电器电子产品。

焚烧法是通过燃烧非金属材料来获得其中的热能的一种方法，其技术含量低、处理方便、成本小且要求低。由于PCB中含有大约60%的非金属部分，非金属部分主要由塑料构成，塑料废物平均热值约40MJ/kg，接近于燃料水平。根据该特点，将分离后的非金属材料与生活垃圾以一定比例混合燃烧，能够回收PCB的热能。但由于非金属材料中含有相当数量的惰性氧化物，如以硅酸、氧化钙及氧化铝为主体，由多种惰性氧化物组成的玻璃纤维物质不利于燃烧，导致非金属材料的整体热值降低，同时还增加了熔炼炉的炉渣量。要将这些惰性氧化物从热值高的塑料中分离，还要积极探索可行的方法。

焚烧法最主要的弊端在于燃烧过程中产生有毒有害气体。研究指出，当废旧线路板焚烧温度为250~400℃时，产生PBDD/Fs的概率很高，且PBDD/Fs的产生率会随着温度的升高而降低。研究表明，PCB中所含的5%~15%的溴在焚烧过程中可能产生HBr、Br_2、二噁英、呋喃和多环芳烃等有毒有害气体，同时，分离后非金属部分残留的少量重金属也会伴随高温而汽化，若直接排放必会造成严重的环境污染，威胁人体健康。因此，随着环保要求的提高，焚烧法必然要求配备完善的烟气处理系统对尾气进行净化处理，这不仅增加了技术难度和复杂度，同时也大大增加了处理成本。

（2）热解法

热解法目前有两种方式：第一种是应用在完成机械破碎和金属回收之后，将剩余非金属材料进行热解；第二种是废弃线路板先进行简单的元件拆除、破碎等预处理，然后直接进行热解。在热解过程中，有机聚合物分解成水相、油相和气相等产物。Hung Lung Chiang研究发现，废弃线路板热解后，气相产物一般是由H_2、CO、CO_2、CH_4和H_2等气体组成，可以用作城市煤气和作为热解过程的热源循环利用；Cui Quan研究发现，液相产物主要是苯酚和4,1-甲基苯酚，可以制作成酚醛树脂被回收，能够用作化工原料；热解残渣较脆，易于分层，容易形成碳、玻璃纤维等，可回收用于复合材料的再生产。由于一些PCB中含有溴化阻燃剂等物质，在热解过程中会产生大量的HBr气体，损害设备，破坏环境。为了解决这一问题，彭绍洪等提出用$CaCO_3$吸附分离HBr的处理工艺，生成的$CaBr_2$通过水的浸取、过滤、蒸发、浓缩等过程，获得质量分数为52%、密度为1.7g/mL的$CaBr_2$水溶液。热解吸附试验表明，$CaCO_3$与线路板的质量比为1.2~1.4、热解温度约为600℃时，$CaBr_2$的产率最高可达86%，且溴化钙液体产品主要技术指标接近同类市售产品。

与焚烧法相比，热解过程是在无氧的条件下进行的，因此可以大大减少二噁英、呋喃的产生，同时还原性焦炭的存在有利于抑制金属氧化物和卤化物的形成，整个回收过程向大气中排放的有毒有害物质明显减少，并且热解过程产生的热解油、热解气经过处理之后能够变成化工原料和燃料，热解渣经过处理变成活性炭，可以投入工业使用。

（3）物理回收

物理回收是通过机械粉碎、筛分、分选等工艺获取不同粒度等级的非金属粉碎料，根据粒度将粉碎料应用于不同制品中，是一种直接利用复合材料废弃物的回收方法。由于非金属材料中主要成分是树脂和玻璃纤维，其中玻璃纤维是常用的树脂增强材料，可以用来代替常规填料制备再生材料，如无机建筑材料、复合材料等。

非金属材料可用来填充无机材料应用于建筑行业。Mou 等对非金属粉的再利用方法进行多种尝试，通过不同加工方法制备了多种非金属粉填充材料，如砖块、阴沟栅、复合板材和鼠标模型等。不过，这些填充产品还停留在实验室研究阶段。

水泥固化技术也被用于 PCB 的处理处置。Niu 等采用高压压缩和水泥固化对线路板进行固化处置。水泥固化技术可以使线路板制成水泥块，具有较高的抗冲击性能和压缩强度。

利用非金属材料代替常规填料制备复合材料的研究已成为非金属资源化研究中一大热点，非金属材料在降低复合材料成本的同时还可以提高复合材料的力学性能。国内一些科研人员对非金属进行了填充再利用研究，如将非金属粉填充制备 PP、PVC 以及环氧树脂塑料等复合材料。实验发现，PP 复合材料的性能有一定提高，PVC 复合材料和环氧树脂塑料的性能也基本满足相关产品要求，且非金属粉和黏结剂的相容性明显高于碳酸钙、滑石粉和硅石粉等常规填料，因此制成的产品具有更好的模具加工性能和力学性能，其制备的复合板也更容易成型和打平。

2.3.2 废弃 CRT 处理技术[1][2][3]

显像管是阴极射线管（CRT）电视机的关键部件，约占 CRT 电视机总质量的60%。据统计，2008 年我国电视机居民保有量为 50419 万台。这些电视机大多数是 20 世纪 80 年代中期进入中国家庭的。按正常的使用寿命 10~16 年计算，从 2003 年起我国迎来电视机更新换代的高峰。预计每年至少有 500 万台电视机报废，废弃显像管成为电子废弃物中的重要组成部分。废弃显像管的材料组成相当复杂，包含多种金属、玻璃、荧光粉等。

CRT 显示器有黑白（或单色）和彩色两种，两种玻壳结构略有不同。最常见的彩色 CRT 显示器一般包括 CRT、印制线路板、电子枪、偏转线圈、监视器外壳、功能性涂层和玻璃外壳等。其中 CRT 是 CRT 显示器的核心部分，包括四个主要部件：屏玻璃

---

[1] 廖小红，等. 阴极射线管荧光粉回收利用现状及技术［J］. 再生利用，2010（6）.
[2] 阎利，等. 废弃 CRT 玻璃屏锥分离工艺的综合评价与比选［J］. 安阳工学院学报，2008（6）.
[3] Timothy G. Townsend, Stephen Musson, Yong – Chul Jang. Characterization of Lead Leachability from Cathode Ray Tubes Using the Toxicity Characteristic Leaching Procedure ［J］. Florida Center for Solid and Hazardous Waste Management Center Publications，1999：1–16.

（主要是 $BaO-SrO-ZrO_2-R_2O-RO$ 系玻璃）、熔结玻璃（主要是 $B_2O_3-PbO-Zn$ 系玻璃）、锥玻璃（主要是 $SiO_2-Al_2O_3-PbO-R_2O-RO$ 系玻璃）和颈玻璃（主要是 $SiO_2-Al_2O_3-PbO-R_2O-RO$ 系玻璃），它们通过低熔点的玻璃焊料熔接为一体。而黑白 CRT 显示器玻壳的屏玻璃和锥玻璃是一体的，只分为颈玻璃和主体玻壳两部分。CRT 显示器的玻壳部分含有相当数量的铅成分，主要以 PbO 的形式存在。彩色 CRT 显示器玻壳中锥玻璃 PbO 含量较大（25%~27%），黑色 CRT 显示器中颈部玻璃含 PbO 量高达 30%，玻璃焊料含铅量更是达 70% 以上。

根据美国佛罗里达州立大学的一项研究，按照美国环境保护署的有毒物质萃取方案试验，彩色 CRT 显示器铅浸出浓度为 22.2mg/L，高于鉴别标准中规定的 5mg/L，而屏玻璃的铅浸出值远远超出了标准的要求。

显像管屏玻璃上的荧光粉涂层含有金属络合物等物质，铕、钇等稀土金属元素，从环境管理和资源利用考虑，均需要对其进行妥善回收处理。欧洲议会和欧盟理事会颁布的《关于电气电子设备废弃物指令》附录Ⅱ第2条规定，阴极射线管的荧光粉必须去除。我国于 2006 年开始实施的《废弃家用电器与电子产品污染防治技术政策》中也规定，阴极射线管玻屏上的含荧光粉涂层必须妥善去除。

显像管中屏玻璃的荧光粉涂层较薄，且与屏玻璃结合不紧密，去除较简单，可采取干法和湿法两种工艺。干法工艺有带吸收单元金属刷的真空抽吸、高压气流喷砂吹洗等。湿法工艺有超声波清洗法、高压水冲击、酸碱清洗法等方法。目前荧光粉的回收处理主要以干法工艺为主。在欧盟、日本以及我国国内的一些电器电子产品拆解示范企业应用较多的是真空抽吸法。真空抽吸法主要原理是在吸取 CRT 面板玻璃荧光粉涂层时，采用真空吸尘器和刷子相结合的干法去除屏玻璃上的绝大多数荧光粉，并且安装了空气抽取和过滤装置，可以防止荧光粉的逸散，妥善收集荧光粉。

回收的荧光粉往往含有铅、石墨、碎玻璃等，将荧光粉进行再资源化利用的经济成本较高，且质量较少，很难达到规模化处理。目前，多数的拆解处理企业采取收集贮存，或者交由危险废物处置中心的方式进行处置。荧光粉的处置方式主要有两种：一是采用高温焚烧法，在 1000~1400℃ 下高温焚烧炉焚烧；二是采用填埋法，用水泥加药剂的固化填埋技术。

由于废弃 CRT 屏锥玻璃难以严格分离，清洗时容易造成二次污染，加上技术的革新等原因，废弃 CRT 转变为新 CRT 的再生途径受到极大限制。20 世纪 90 年代末以来，废弃 CRT 玻璃的主要研究方向是用来合成高性能的复合材料。2003 年，Bernar-do 等将废弃 CRT 屏玻璃与某些工业废料混合磨成粉后烧结得到烧结玻璃陶瓷；随后，他又发表了利用冷压-粘滞流烧结技术制备 Al_2O_3 增强型玻璃基复合物的方法。Andreola 等采用高温熔融法对于 CRT 玻璃的研究表明，当 CRT 玻璃与铝土和石灰石混合物加热至 1500℃ 可以形成结晶态较好的玻璃陶瓷。

这些研究虽然都实现了废弃 CRT 玻璃的资源化利用，但是 CRT 玻璃中铅等重金属只是从一种产品中转移至另一产品中，其潜在危害依然存在，在某些情况下还可能变得更加严重。利用金属铅在真空中容易挥发的特点，采用真空碳热还原法分离回收

CRT 锥玻璃中的金属铅,可以彻底去除铅的危害,达到无害化的目的,同时分离回收在真空中更易挥发的金属钾和钠。

2.3.3 废弃制冷系统处理技术

冰箱通过多年的发展,结构上也在不断更新。但总体来说,冰箱包括箱体、制冷系统、电气控制系统及附件四部分。冰箱的主要组成物质有铁、铜、铝及其合金,塑料、发泡剂、线路板、制冷剂及其他物质。冰箱中包含很多高价值的材料,其中包括铁、铜、铝及其合金,塑料、玻璃等非金属,还有一些重金属如金、银、钯等,它们都有很高的回收再利用价值。冰箱中的金属可以通过冶炼提纯,成为很好的原料。箱体钢板可以整体揭取,作为新冰箱的钢板使用,还可以降级使用。压缩机通过整体拆卸、检测、维修之后可以重新使用,还可以开盖、拆卸回收零件。线路板上有很多完好的元器件,通过半自动或全自动拆卸技术,可以使元器件完好无损地回收。电路板中的树脂可作为良好的阻燃剂和建筑材料。

早在 1974 年,美国加利福尼亚大学罗兰教授和莫利纳教授就指出,冰箱制冷剂中的氟氯碳化合物扩散至平流层时,被太阳的紫外线照射而分解,放出氯原子,与平流层中臭氧发生连锁反应,会使臭氧层遭到破坏,出现臭氧层"空洞",危及人类健康,这一现象已被英国南极考察队和卫星观测所证实,因此保护臭氧层已成为当前一项全球性的紧迫任务。

可以利用冷媒回收机回收压缩机中的氟利昂。冷媒回收机的前端钳口处配有专用吸头,吸头的外形类似于医用针头,是一段锋利而坚硬的细管。将钳口夹在压缩机附近的铜管上,由于铜的硬度不高,而且铜管较薄,这样吸头可以轻松地将铜管刺破,氟利昂通过回收管道进入回收机。由于氟利昂具有常温下为气态,遇冷凝华变为液态的物理特性,冷媒回收机利用水循环的原理,使放置其中的氟利昂储藏罐降低温度,并保持 $-5℃$ 以下的低温,只有这样,氟利昂才能以液体状态被回收。

2.3.4 废弃电池处理技术

电池在人们的生活中扮演着越来越重要的角色,使用量也正迅速增加,几乎渗透到生活的每一个角落。然而这些使用后的废旧电池却未能得到妥善处理。虽然废旧电池的体积和质量都非常小,但它含有多种金属物质,如果处理不当就会污染水源、土壤、空气等,进而危害到人类的健康,影响人类的正常生活。

1. 一般电池回收

(1) 锌锰干电池湿法冶金

该方法基于 Zn、MnO_2 可溶于酸的原理,将电池中的 Zn、MnO_2 与酸作用生成盐溶液,溶液经过净化后电解产生金属 Zn 和 MnO_2,或生产其他化工产品、化肥等。湿法冶金又分为焙烧-浸出法和直接浸出法。焙烧-浸出法是将废电池焙烧,使其中的氯化铵、氯化亚汞等挥发成气相并分别在冷凝装置中回收,高价金属氧化物被还原成低价氧化物,焙烧产物用酸浸出,然后从浸出液中用电解法回收金属。直接浸出法是将废干电池破碎、筛分、洗涤后,直接用酸浸出其中的锌、锰等金属成分,经过滤并净化滤液后,从中提取金属并生产化工产品。

(2) 常压冶金法

该方法是在高温下使废电池中的金属及其化合物氧化、还原、分解和挥发以及冷凝的过程。一种方法是在较低的温度下,加热废干电池,先使汞挥发,然后在较高的温度下回收锌和其他重金属。另一种方法是先在高温下焙烧,使其中的易挥发金属及其氧化物挥发,残留物作为冶金中间产品或另行处理。

用湿法冶金和常压冶金处理废电池在技术上较为成熟,但都具有流程长、污染源多、投资和消耗高、综合效益低的共同缺点。1996 年,日本 TDK 公司对再生工艺作了大胆的改革,变回收单项金属为回收做磁性材料。这种做法简化了分离工序,使成本大大降低,从而大幅度提高了干电池再生利用的效益。

近年来,人们又开始尝试研究开发一种新的冶金法——真空冶金法,基于废电池各组分在同一温度下具有不同的蒸气压的原理,在真空中通过蒸发与冷凝,使其分别在不同温度下相互分离,从而实现综合利用和回收。由于是在真空中进行,大气没有参与作业,故减小了污染。虽然目前对真空冶金法的研究尚少,且还缺乏相应的经济指标,但它明显克服了湿法冶金法和常压冶金法的一些缺点,因而必将成为一种很有前途的方法。

2. 镍镉电池回收

镍镉电池含有大量的 Ni、Cd 和 Fe,其中 Ni 是钢铁、电器、有色合金、电镀等方面的重要原料;Cd 是电池、颜料和合金等方面用的稀有金属,又是有毒重金属,故日本较早就开展了废镍隔电池再生利用的研究开发,其工艺也有干法和湿法两种。干法主要利用镉及其氧化物蒸气压高的特点,在高温下使镉蒸发而与镍分离。湿法则是将废电池破碎后,一并用硫酸浸出后再用 H_2S 分离出镉。

3. 铅蓄电池回收

铅蓄电池的体积较大,而且铅的毒性较强,所以是在各类电池中最早进行回收利用的,其工艺也较为完善并在不断发展中。在废铅蓄电池的回收技术中,泥渣的处理是关键。废铅蓄电池的泥渣物主要是 $PbSO_4$、PbO_2、PbO、Pb 等。其中 PbO_2 是主要成分,它在正极填料和混合填料中所占重量为 41%~46% 和 24%~28%。因此,PbO_2 还原效果对整个回收技术具有重要的影响,其还原工艺有火法和湿法两种。火法是将 PbO_2 与泥渣中的其他组分 $PbSO_4$、PbO 等一同在冶金炉中还原冶炼成 Pb。但由于产生 SO_2 和高温 Pb 尘等二次污染物,且能耗高、利用率低,故将会逐步被淘汰。湿法是在溶液条件下加入还原剂,使 PbO_2 还原转化为低价态的铅化合物。已尝试过的还原剂有多种,其中以硫酸溶液中 $FeSO_4$ 还原 PbO_2 法较为理想,并具有工业应用价值。还原剂可利用钢铁酸洗废水配制,以废治废。

4. 回收后电池的处理

回收完重金属的各类废电池一般都运往专门的有毒、有害垃圾填埋场,这种做法不仅花费太大(在德国填埋一吨废电池费用达 1700 马克),而且还造成浪费,因为其中尚有不少可作原料的有用物质。瑞士有两家专门加工利用旧电池的工厂。巴特列克公司采取的方法是将旧电池磨碎,然后送往炉内加热,这时可提取挥发出的汞,温度更高时锌也蒸发,它同样是贵重金属。铁和锰熔合后成为炼钢所需的锰铁合金。该工厂一年可加工 2000t 废电池,可获得 780t 锰铁合金、400t 锌合金及 3t 汞。另一家工厂则是直接从电池中提取铁元素,并将氧化锰、氧化锌、氧化铜和氧化镍等金属混合物作为金属废料直接出售。不过,热处理的方法花费较高。瑞士规定向每位电池购买者收取少量废电池加工专用费。德国阿尔特公司研制的真空热处理法要便宜一些,不过这首先需要在废电池中分拣出镍镉电池。废电池在真空中加热,其中汞迅速蒸发,即可将其回收,然后将剩余原料磨碎,用磁体提取金属铁,再从余下粉末中提取镍和锰。这种方法加工 1t 废电池的成本不到 1500 马克。马格德堡研制的"湿处理"装置,除铅蓄电池外,其他电池均溶解于硫酸,然后借助离子树脂从溶液中提取各种金属,用这种方式获得的原料比热处理方法纯净,而且电池中包含的各种物质有 95% 都能提取出来。

5. 小型二次电池回收

小型二次电池目前使用较多的有镍镉、镍氢和锂离子电池。镍镉电池中的镉是环保严格控制的重金属元素之一,锂离子电池中的有机电解质,镍镉、镍氢电池中的碱和制造电池的辅助材料铜等重金属都构成对环境的污染。小型二次电池目前国内的使用总量只有几亿只,且大多数体积较小,废电池利用价值较低,加上使用分散,绝大部分作生活垃圾处理,其回收存在着成本和管理方面的问题,再生利用也存在一定的技术问题。

2.4 市场竞争力分析

废弃电器电子产品主要包括废弃的电视机、电冰箱、洗衣机、空调、个人电脑、手机、游戏机、收音机、录音机等电器电子类产品及其生产过程中产生的废料等。废弃电器电子产品是随着电器电子产品的出现而产生的。废弃电器电子产品的来源主要有两大类:一是来源于人们的生活,包括家庭和小商家、大公司、研究机构和政府;二是来源于电子产品的生产过程。每种废弃电器电子产品的组成差别很大,按回收材料分为线路板、金属部件、塑料和玻璃等几大类。

根据统计年鉴中的每百户年用消费品保有量以及人口数据,测算了 2000 年以来"四机一脑"五类产品的全国保有量。数据显示,截至 2010 年年底,我国居民的洗衣机保有 3.30 亿台、电冰箱 2.95 亿台、电视机 5.55 亿台、电脑 1.76 亿台和空调 2.74 亿台,合计总保有量 16.29 亿台;相比较 2000 年的保有量,复合增长率分别为 5.25%、7.29%、3.16%、26.72% 和 18.09%,其中电脑和空调的复合增长率比较惊人。引用《我国家用电器理论报废量测算方法研究及结果分析》的估算结果,数据显示 2016 年"四机一脑"合计报废量为 1.12 亿台,较 2011 年增长 60.55%,复合增长率为 9.93%,评估测算 2006~2016 年"四机一脑"废弃物价值将从 180 亿元增长至 878 亿元。以旧换新政策推广后,全国 37 个省市共有 1137 家销售企业、1116 家回收企业和 103 家拆解处理企业中标。截至 2011 年 6 月 28 日,在两年时间内家电以旧换新累计回收数量达到 5760.9 万台,其中电视机 1862.4 万台、空调 1408.2 万台、电脑 847.3 万台、冰箱 755.2 万台和洗衣机 698.2 万台。

从现有废弃电器电子产品待处规模来看,该领域确实存在广阔的前景。但从产业发展状态现状来看,还有较长的路要走。目前市场在一片叫好声中前进,但占有较大市场规模的企业还较少。技术是一个企业的核心竞争力,因该领域进入技术门槛较低,企业普遍是以小型化、个体化分布。原料是生产的根本,对于废弃电器电子产品处理行业而言,这是影响生产力的一个重要因素,但因原料分布的区域性,如各省市、各地区差异较大,使之对市场竞争强弱有了二次划分。企业分布集中的区域,原料争夺越激烈,市场竞争相对较大;对于原料充足的区域,企业生产能力成为主要因素。如何优化技术资源与原料资源配置,是提高整个废弃电器电子产品处理行业竞争力重要的一环。

2.5 明确专利分析的重点

废弃电器电子产品处理行业对于我国循环经济的发展和环境污染的防控有巨大的经济社会价值。目前我国相关产业仍存在一些亟待解决的问题:规模型企业较少,产业整体竞争力不强;研发、创新能力有待提高,专利授权率较低,具有自主知识产权的原创性技术较少;相关企业对现有技术掌握不全面,未能有效进行专利分析,重复投入研发情况普遍;专利申请量多的高校申请主要处于实验室阶段,没有产业化实施。为适应我国战略性新兴产业发展的需求,发挥专利信息对废弃电器电子产品拆解处理利用产业发展的导航和推动作用,充分挖掘废弃电器电子产品拆解处理利用领域专利文献所承载的技术、法律、市场等多方面信息,发挥专利导航产业发展作用,本书通过分析梳理废弃电器电子产品拆解处理利用领域的专利现状、技术沿革和发展趋势,找到技术热点和创新活跃点,解析代表性国家的技术创新能力,剖析影响行业发展的重要专利技术,甄别业内主要技术的优劣,明确国内自主企业,尤其是各基金补贴企业在各具体技术分支上的优劣势所在以及所面临的专利风险,为政府制定产业政策提供参考,为企业技术研发提供方向导航和发展建议。

本书的研究内容主要包括以下部分:

1)开展专利分析工作,多角度多层次分析产业发展、专利布局、专利运营、专利量与企业发展规模匹配度等情况及技术发展趋势;

2)针对补贴单位的产业专利技术进行分析总结,提出适合补贴的产业发展方向建议,为政府相关部门的决策提供参考意见;

3)开展专利预警工作,分析补贴单位及其他重点企业在各主要国家或地区可能面临的侵权风险,探讨规避风险的途径并寻找创新路径及突破口;

4)开展专利战略和导航研究,形成产业专利战略研究报告,为产学研结合提出可行性建议。

第3章 废弃电器电子产品处理产业专利分析

3.1 全球专利分析

本次研究中，共检索涉及废弃电器电子产品处理的专利申请5557件。本章在这一数据的基础上，从专利技术的发展趋势、国家或地区分布、技术主题、主要申请人等角度对该领域的专利技术进行分析。

3.1.1 专利申请发展趋势

图3-1是全球范围内废弃电器电子产品处理行业各年度专利申请量分布情况。1992~2015年，专利申请量整体呈波动式增长态势，2012年达到峰值，为495件。外国专利申请量总体发展平缓，在2000年达到一个小高峰，从2011年开始逐渐减少。而中国专利申请量总体呈增长趋势，2002年之前申请较少，从2003年开始发展迅速，从2010年后专利申请量呈波浪式增长趋势。

20世纪末，西方发达国家的电子电器产品使用普及，相对应的，废弃电器电子产品如何处理成为不可避免的问题。随着环境保护的重要性在全球范围内形成共识，各国纷纷通过制定法律法规等方式来加大环保的力度，对废弃电器电子进行回收和再利用成为必然的选择。随后，各国对废弃电器电子产品处理行业的技术和设备不断创新，申请了较多的专利。然而，受各因素影响，经营废弃电器电子产品处理似乎并不能带来可观的经济利益，一部分力量撤离此领域，导致1992~1999年行业发展缓慢并出现停滞现象。经过约10年的技术积累并在各方作用力影响下，在21世纪初各国基本建立了相应的处理产业，技术作为产业的支撑力量也得到足够的重视，此时专利申请数量得到井喷式增长。以德国同时期500余家企业为例，其中以小型企业为主。随着时间推进，从经营的优胜劣汰角度考虑，竞争力较差的企业逐渐离开此领域，导致专利申请数量从2001年开始逐步减少。

而我国的情况则刚好相反。2002年之前，我国电子电器的使用普及率相对较低，对废弃电器电子产品处理行业的技术和设备的需求并不强烈，加之我国1985年才建立专利制度，2000年前企业的专利意识不强，导致专利申请量处于较低水平。随着经济发展和技术革新，从2000年开始我国电子电器使用量剧增，相应的废弃总量也随之增加。与此同时，我国也逐渐增强了资源节约和环境友好的意识，废弃电器电子产品处理行业的技术和设备需求剧增，相关技术的专利申请量也显著提高。

第3章 废弃电器电子产品处理产业专利分析

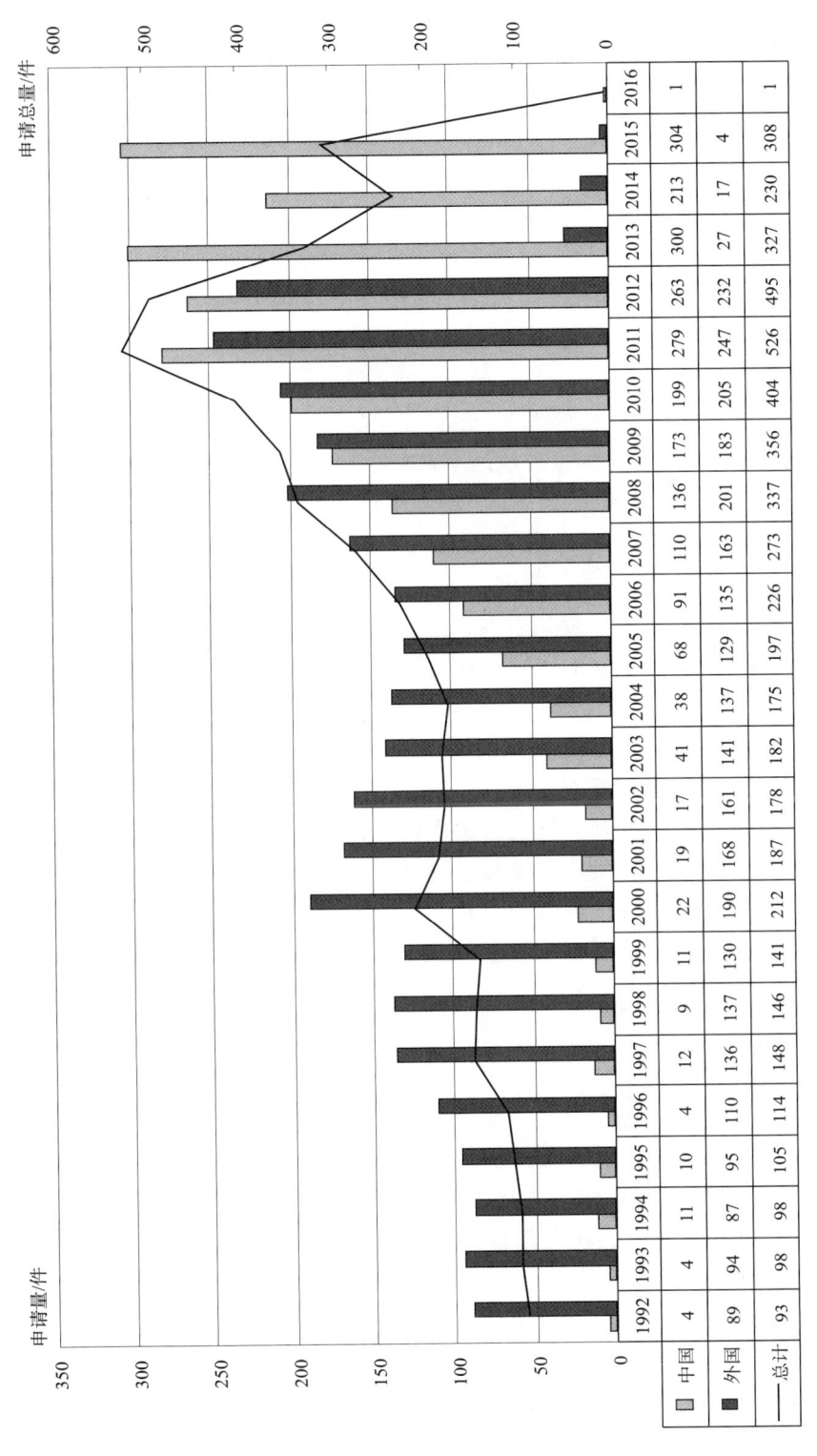

年份	中国	外国	总计
1992	4	89	93
1993	4	94	98
1994	11	87	98
1995	10	95	105
1996	4	110	114
1997	12	136	148
1998	9	137	146
1999	11	130	141
2000	22	190	212
2001	19	168	187
2002	17	161	178
2003	41	141	182
2004	38	137	175
2005	68	129	197
2006	91	135	226
2007	110	163	273
2008	136	201	337
2009	173	183	356
2010	199	205	404
2011	279	247	526
2012	263	232	495
2013	300	27	327
2014	213	17	230
2015	304	4	308
2016	1		1

图 3-1 全球废弃电器电子产品处理行业年度专利申请量

从 2005 年开始，废弃物数量剧增的压力使废弃电器电子产品处理再次受到更多的关注，国外从业者加快研发进度，专利申请数量稳步上升。2008 年出现波及全球的金融危机，各行各业都受到影响。电子产品作为日常生活用品受此冲击较大。而国外从事废弃电器电子产品回收的通常是相关产品的生产商和销售商，在主营业务遭受打击的情况下，势必影响其在废弃物回收领域的积极性，并最终反映到技术的开发和专利的申请量上来。因外国相关企业一般具有厚实的技术积累和资金储备，金融危机的冲击往往会延后出现。

2012 年国际专利申请量开始下滑则是因专利从申请到公布的时间差（一般约为 1.5 年）造成的。而中国专利申请量并未随之下滑，是因为国内申请人普遍请求提前公开专利申请，从而大大缩小了时间差。

3.1.2 专利申请区域布局

图 3-2 为全球范围内各个国家和地区废弃电器电子产品处理行业的专利申请总体发展趋势。在总量 5557 件申请中，中国申请人申请量最多，达到 2145 件，占总量的 39%；其后为日本，达到 1983 件，占 36%；其余依次为美国（458 件，占 8%）、欧洲（380 件，占 7%）、韩国（353 件，占 6%）、其他国家和地区（238 件，占 4%）。

日本因电子电器行业发达，使用普及，废弃物多，同时国内资源严重匮乏，对于废弃物的回收再利用具有更迫切的需求，从而日本政府和企业对电子电器废弃物回收非常重视，研发投入大，设备、方法的创新发明多，专利申请量也较大。此外，日本专利法对合案申请的要求严格，使得企业对于在其他国家可合并的合案申请，在日本国内则须多次提交，使得申请量有所增加。同时，日本企业有对技术各个方面改进都申请专利的良好习惯，即使非常细微的改进也会申请专利。因此，日本的申请量在该领域仍处于优势地位。美欧韩虽然在废弃电器电子领域占有重要地位，但较低的专利申请占比表明其不太热衷废弃电器电子产品处理产业。中国虽然起步较晚，但从 2002 年开始专利申请量稳步增长，大有后来居上的趋势，这体现了我国 2000 年以来在提升软实力和竞争力方面具有较高的追求。

3.1.3 技术主题分析

根据废弃电器电子产品处理行业的分类习惯，本书将废弃电器电子产品重点类别划分为废弃线路板、废弃阴极射线管、废弃制冷剂（主要涉及氟利昂类）、废弃电池、废弃液晶和整机拆分六个技术分支，对专利申请按照各技术分支进行了统计。

如图 3-3 和图 3-4 所示，在废弃电器电子产品处理产业，有高达 2457 件专利申请涉及废弃电池处理分支，另有 1595 件专利申请涉及废弃线路板处理分支，两者分别占了总量的 45% 和 28%。可见，电池和线路板这两个技术分支是废弃电器电子产品处理行业研发的热点技术。中国和日本在这两个技术分支的专利申请量处于领先，中国在电池和线路板领域的专利申请量达到 1034 件和 630 件，日本也分别有 792 件和 508 件。其他技术分支上，日本的专利申请量都多于中国，在此领域总体发展较好。

第3章 废弃电器电子产品处理产业专利分析

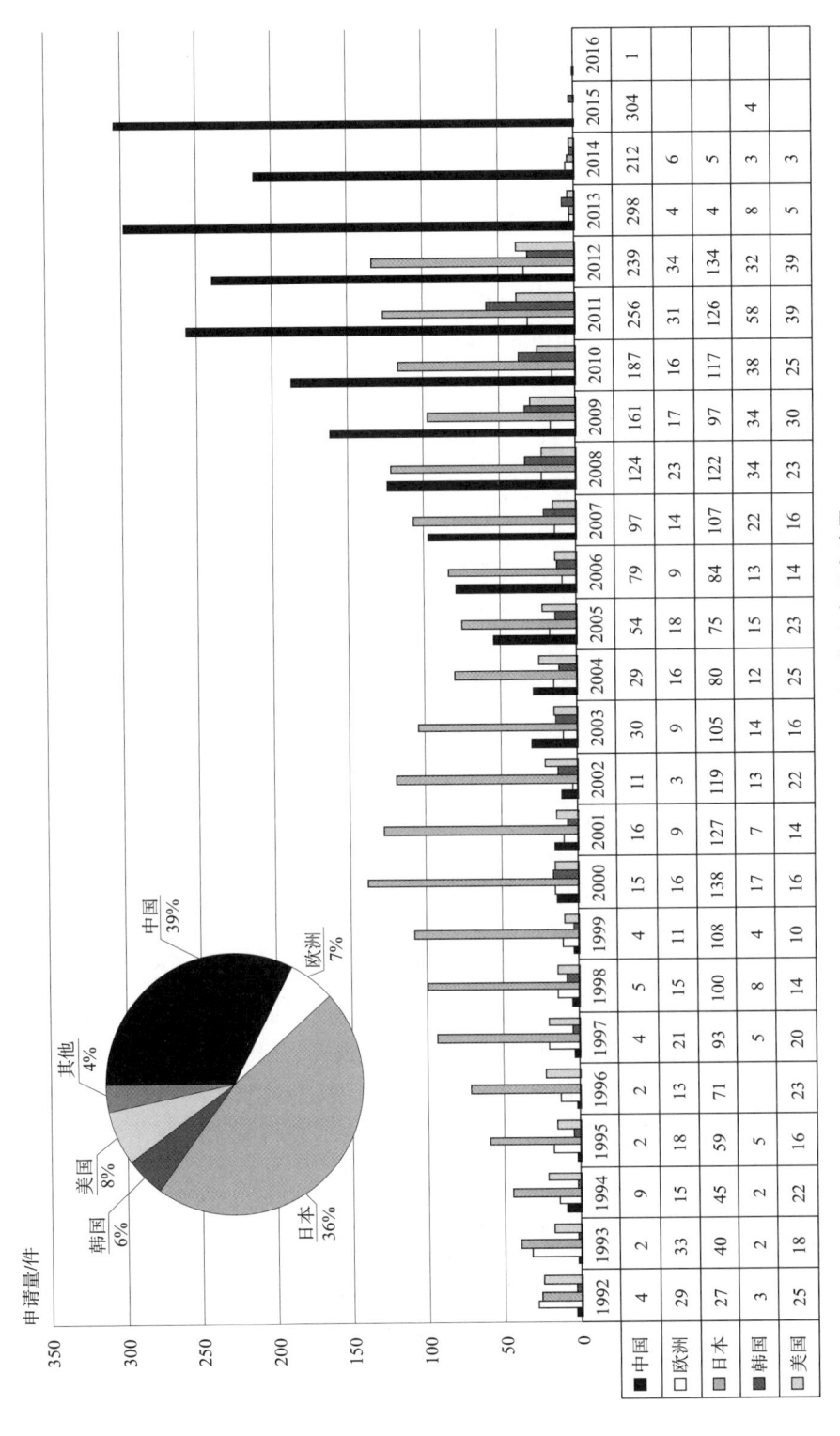

	1992	1993	1994	1995	1996	1997	1998	1999	2000	2001	2002	2003	2004	2005	2006	2007	2008	2009	2010	2011	2012	2013	2014	2015	2016
中国	4	2	9	2	2	4	5	4	15	16	11	30	29	54	79	97	124	161	187	256	239	298	212	304	1
欧洲	29	33	15	18	13	21	15	11	16	9	3	9	16	18	9	14	23	17	16	31	34	4	6		
日本	27	40	45	59	71	93	100	108	138	127	119	105	80	75	84	107	122	97	117	126	134	4	5		
韩国	3	2	2	5		5	8	4	17	7	13	14	12	15	13	22	34	34	38	58	32	8	3	4	
美国	25	18	22	16	23	20	14	10	16	14	22	16	25	23	14	16	23	30	25	39	39	5	3		

图3-2 主要国家和地区年度专利申请量

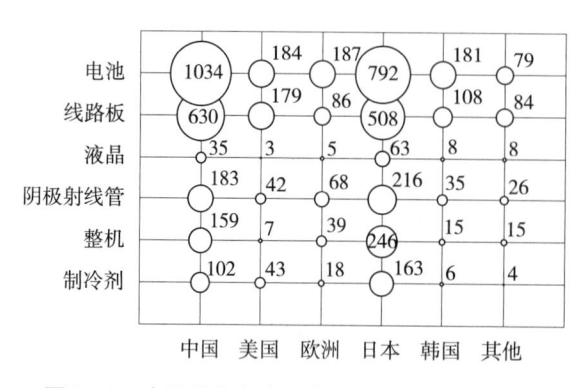

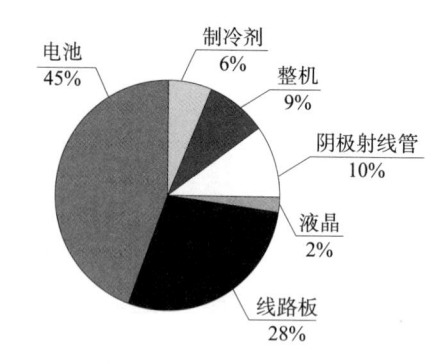

图 3-3 主要国家和地区技术分支申请量（单位：件）　图 3-4 主要国家和地区技术分支占比

从图 3-5 全球主要国家和地区专利技术分支变化趋势来看，欧日美在废弃电器电子产品处理行业起步较早，在 21 世纪以前各分支领域发展较好。中国在 2002 年以后各分支才有了显著发展，并且之后发展势头很足，在电池和线路板分支迅速超过了欧美。

从资源回收利益最大化角度考虑，线路板和电池回收的成分为重金属和稀土金属等，此类金属的污染能力强，在经过适当处理后，又可用于生产，既能缓解环境压力，又能获得经济利益。同时，线路板作为电器产品的重要部分，电池作为一种电力供应产品，随着科技的不断发展与进步，在可预见的将来将长期存在，同时其产品类型也将不断得到丰富。例如，线路板上的各电子元件的种类、所用材料越来越丰富；电池则从干电池等逐步发展为铅蓄电池、镍镉电池、镍氢电池、锂离子电池和太阳能电池等。因此，废弃线路板和电池的回收再利用会得到较长时间的关注，相关技术也得到不断开创和完善。这在资源尤其有限的日本更能反映出现。

制冷剂（如氟氯烃）和阴极射线管虽然面临逐步淘汰的命运，但前期大量的使用造成了废弃量累积较大。人们早已获知氟氯烃化合物是一种臭氧层杀手，为了限制氟氯烃化合物的随意使用和排放，氟氯烃化合物的回收再利用也存在强烈的需求。除中国外，对环境保护要求较高的日本、美国和欧洲也相应地进行了技术开发，并进行了相应的境外专利布局。相对于制冷剂在制冷设备中的使用面，来源于电视机和显示器的阴极射线管使用量更大，废弃阴极射线管的材料组成相当复杂，包含多种金属、玻璃、荧光粉等，对环境具有很强的污染效应，同时阴极射线管中的金属和玻璃等成分也能有效回收和再利用。在双重利益驱使下，从业者为获得技术优势，其专利申请量较大。

从 20 世纪 70 年代初世界上第一台液晶显示设备面世起，受技术成熟度和销售的高价格等因素影响，直到 2003 年液晶显示器才真正走进了大众生活和工作中。针对其相应的废弃回收再生技术也普遍在 2003 年之后出现。根据液晶产品报废周期考虑，早期废弃高峰在普及期 10 年之后出现，其相应的回收再生技术也将随着时间的推移更好地被开发，其专利申请量也将相应的增加。目前各国专利申请量与产品使用报废周期呈现了一致性，专利申请量普遍较低。但受其他小型液晶屏产品如手机等高换代频率的影响，废弃液晶产品循环再利用技术的发展将比预期来的早，专利申请量的增长也会有所提前。

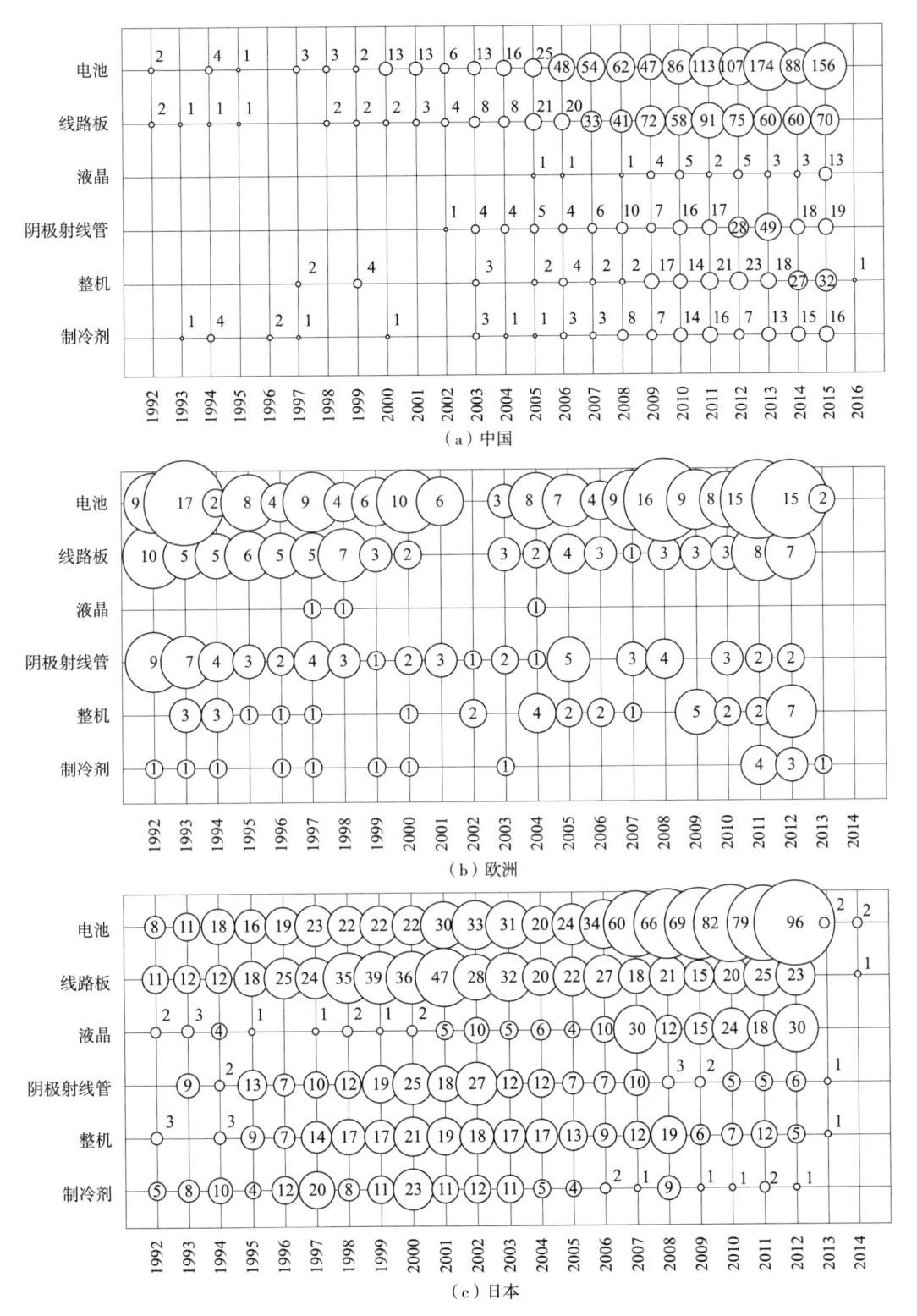

图 3-5 全球主要国家和地区专利技术分支时间分布（单位：件）

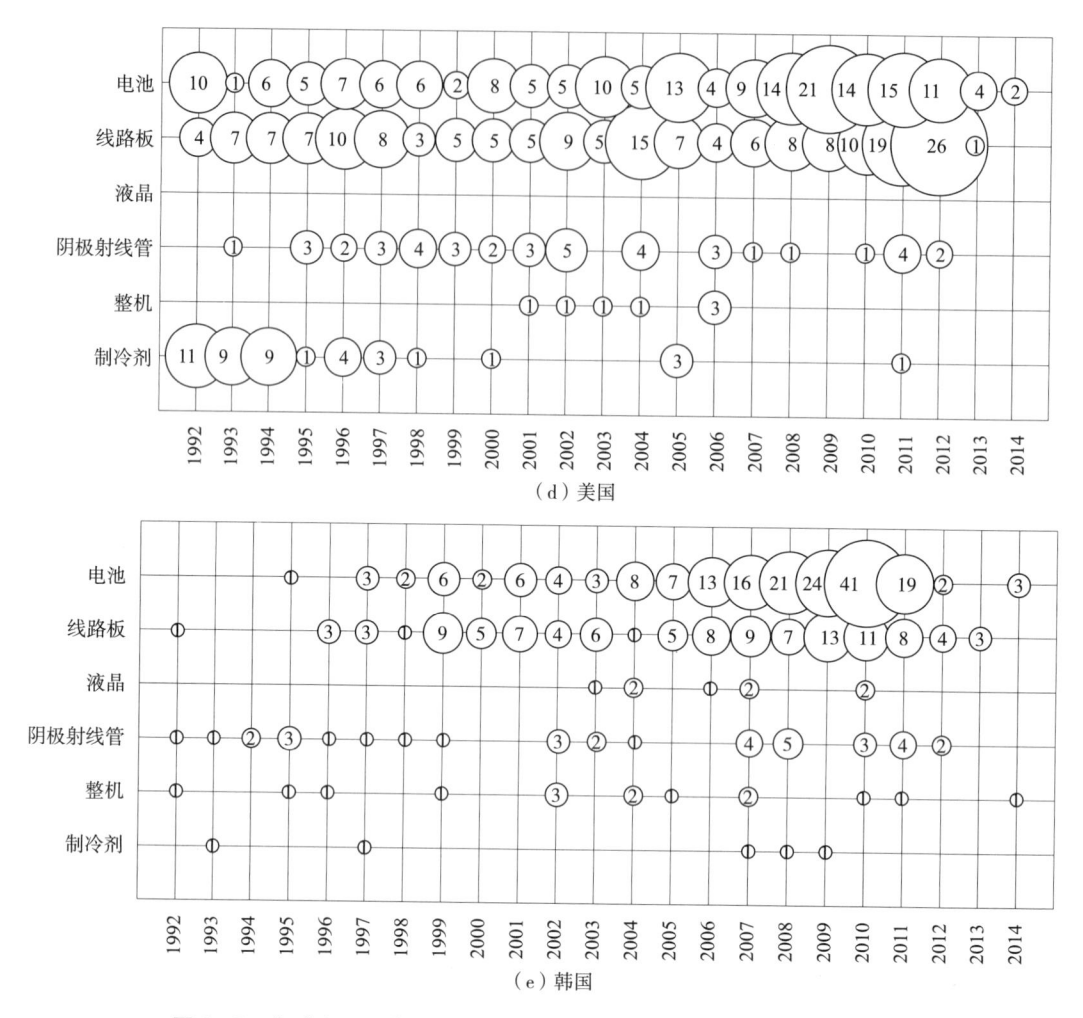

图 3-5 全球主要国家和地区专利技术分支时间分布（单位：件）（续）

整机拆分技术是废弃电器电子产品处理时所经历的一个必然步骤，虽然其重要性不容忽视，但高技术价值转移往往不理想。在人工成本低廉的国家或地区，依赖人工操作仅使用简单的设备就能完成该操作，即便相对较复杂的设备，也能被简单模仿。美国和韩国在该领域内的专利缺失，与他们将此项工作转由低廉国家或地区承担不无关系。而日本籍申请量维持在相对高的水平，与该国在废弃电器电子产品处理行业的总体重视程度有关，同时体现了该国在废弃电器电子产品处理行业的技术优势和自信。

3.1.4 专利流向分析

全球五大专利局之间的专利流向如图 3-6 所示，其中五个饼图分别表示五大专利局受理的专利申请量，百分比表示各国家和地区申请人申请的专利数占该专利局总受理量的比例，箭头的方向表示各国家和地区申请人向各专利局申请的流向，箭头的粗细表示专利申请量的多少。

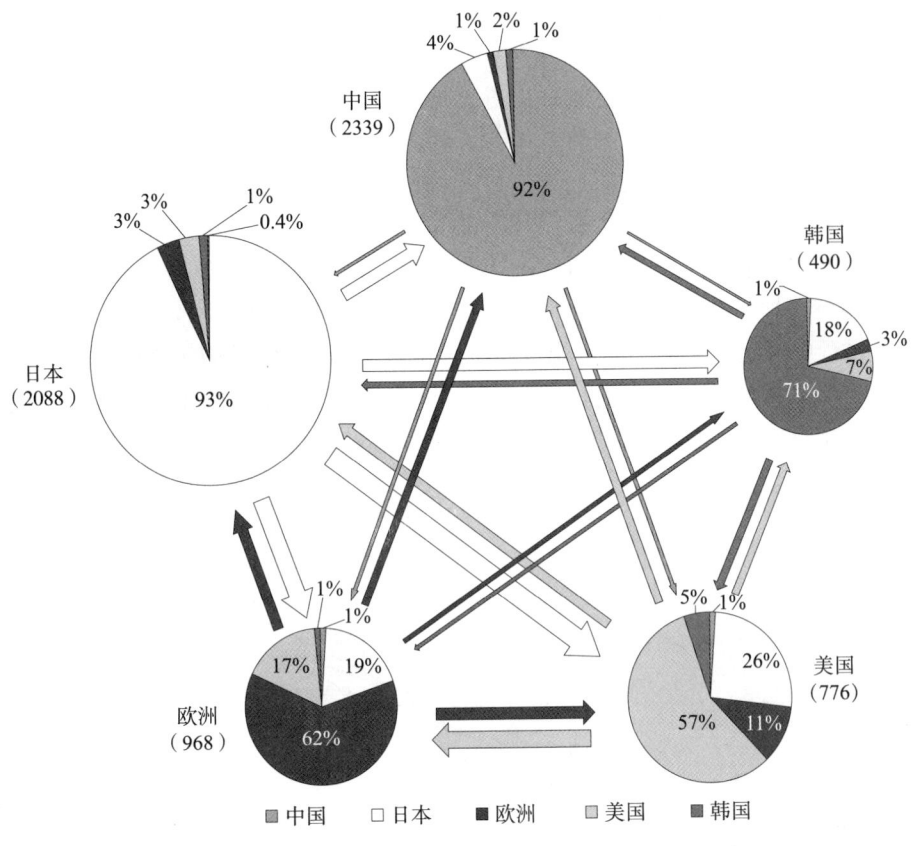

图 3-6　全球主要国家和地区专利流向分布（单位：件）

在全球五大专利局中，中国国家知识产权局的专利受理量最多，达到 2339 件；其后是日本特许厅，为 2088 件；美国专利商标局、韩国知识产权局和欧洲专利局三局受理量较少，分别为 776 件、490 件、968 件。各局受理的申请中，中国国家知识产权局的本国申请占比最高，达到 92%，且对任一其他国家的专利输出数量均小于他国专利输入数量，处于逆差地位，分别约占其各专利局总申请量的 1%，在日本特许厅的专利申请中仅有 0.4% 的中国申请，体现了中国在该领域内虽然申请量大，但能输出的技术最少，在国际上影响力较小。而日本正相反，其对任一国家的专利输出数量均大于他国专利输入数量，分别占到美国和欧洲总量的两成左右，处于顺差地位，说明日本在该领域技术较成熟，同时也体现了日本籍申请人在专利布局上立足本国防御、积极对外扩张的战略意图。欧洲和美国籍申请人同样向其他四国提交了较大数量的申请，在全球的专利布局也相对完善。

美国是最受重视的市场，其专利申请总量的 43% 为外籍申请人所拥有，各国向美国提交的专利申请量均多于向其他国家提交的数量；欧洲、日本是仅次于美国的市场，说明传统发达国家是专利布局的必争之地，技术竞争激烈，因此也是风险最大的区域。美国和欧洲两者专利交往最为密切，专利申请量分别占到对方的 17% 和 11%。

3.1.5 技术生命周期分析

在废弃电器电子产品处理行业，从图3-7可知，美日欧韩发展状况是1992~2001年属于产业成长期，年申请人的数量和申请量迅速增加。从2002年开始申请人数量和专利申请数量都出现了下滑现象，处于成长末期的中等水平。2002~2006年的四年时间内产业一直处于不温不火的状态。但从2006年开始产业又迎来了发展，申请人数量和专利申请数量都有大幅增长，到2008年一举超过了成长期的最高点。在此之后，该产业处于螺旋式增长状态中。这说明从2006年开始产业得到很大的发展动力，但在长时间的运营过程中也遇到了不小的困难。通过对技术生命周期的分析可知，该产业处于渐进式的成长期，对我国从业者而言，这是一个机会与挑战并存的时期，应抓住良好的发展机遇，如能通过自身解决现有问题和难点，未来必定在此领域占有一定地位。

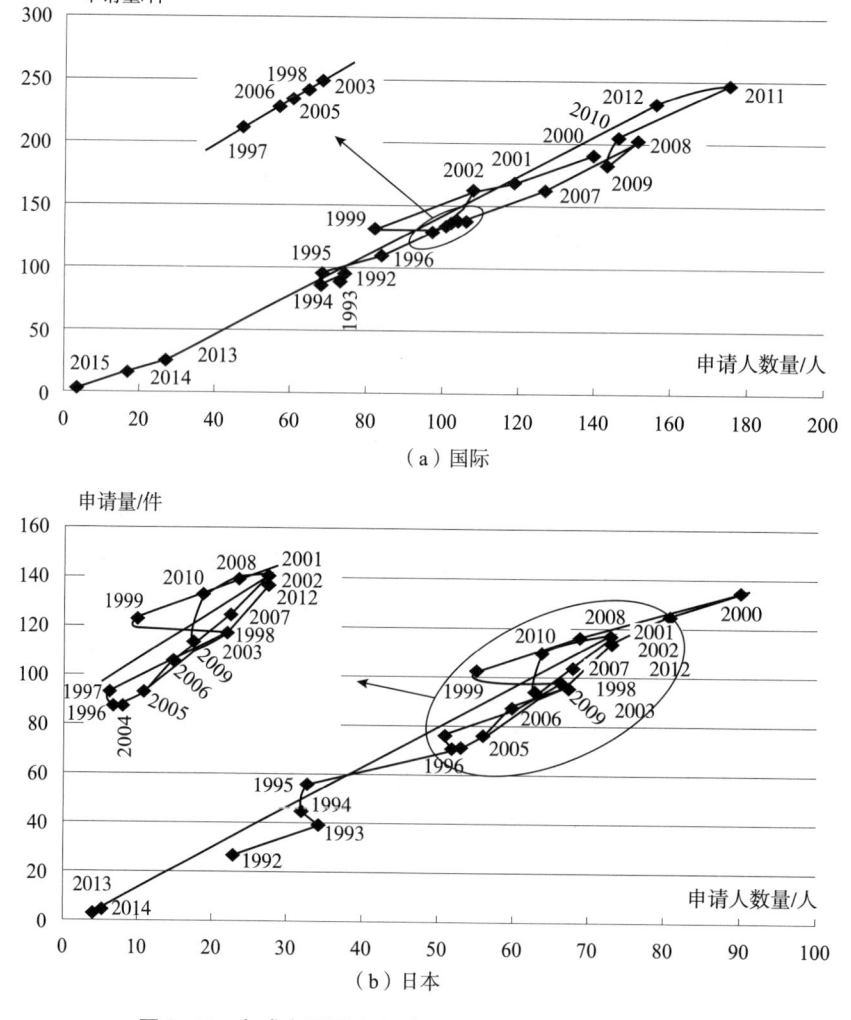

图3-7 全球主要国家和地区申请量和申请人变化趋势

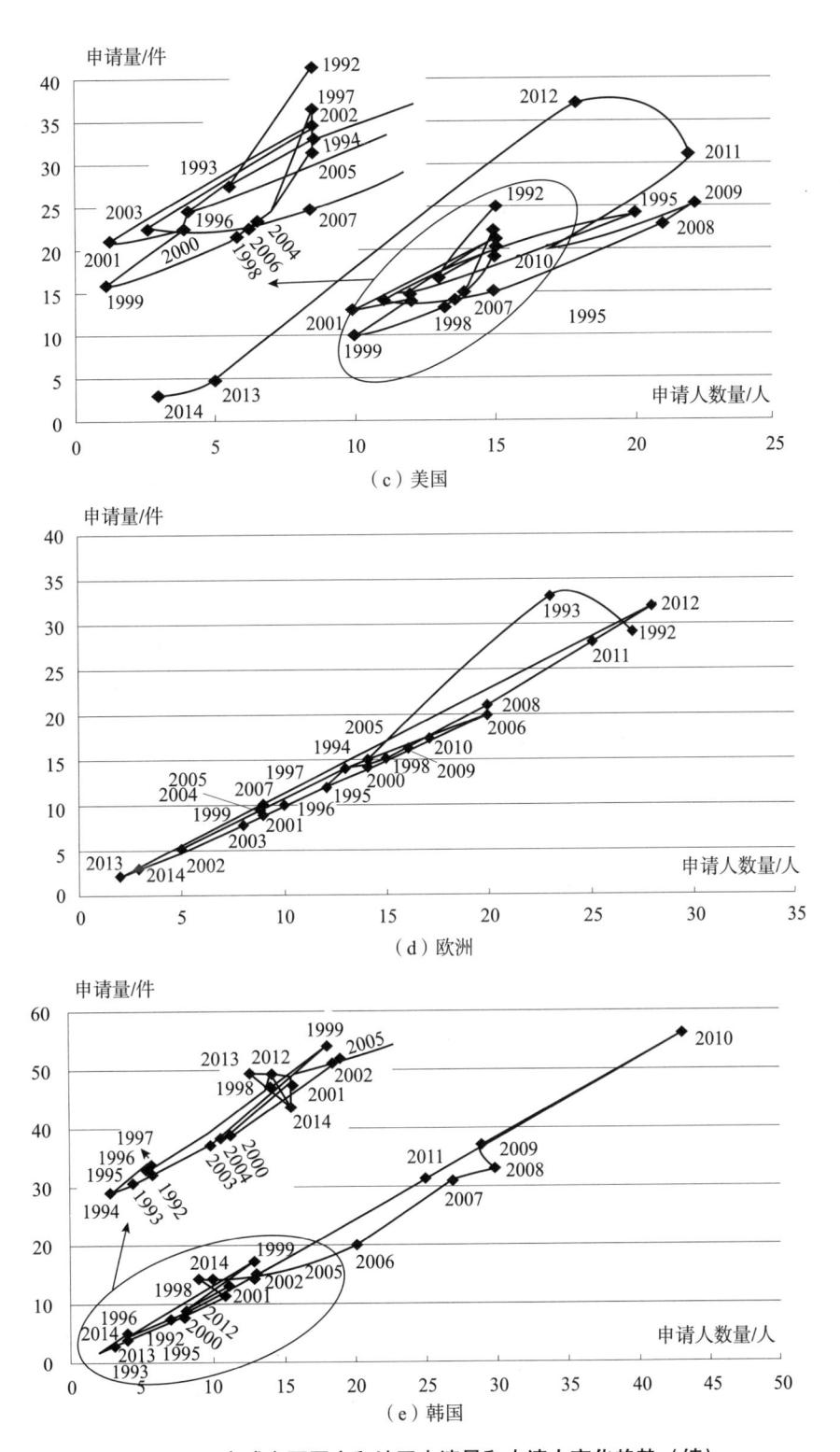

图 3-7 全球主要国家和地区申请量和申请人变化趋势（续）

3.1.6 专利申请主要申请人分析

为了研究废弃电器电子产品处理行业专利技术的主要申请人情况，以数据库中的申请人和公司代码信息为基础进行加工整理，进而统计出主要申请人的专利申请量、历年申请量、技术倾向性、国家/地区布局等内容。根据专利申请数量选取排名靠前的7位申请人。该统计的专利申请数量不包括在中国提交的专利申请。

1. 主要申请人及其技术分析

图3-8和图3-9是全球专利申请数量排名靠前的7位申请人，其所属国籍都是日本，说明日本在此领域具有相当的实力。申请数量最多的是松下，达到了153件；其余6位的申请量都在60件左右。从时间趋势分布来看，松下从1996年开始一直到2012年没有间断过专利申请，申请巅峰时期是1998~2002年，在1999年达到了最高，当年申请量为20件，在接下来的10年间年平均专利申请数量超过6件，高于其他申请人全时期大部分单年申请量。索尼、日立与东芝在此领域发展较早，1992~2003年几乎每年都有相当数量的专利申请。但2012年之后，索尼、日立与东芝专利申请量明显减少。2003年的时间节点与松下专利申请量转折点相同。由此可知，2003年是行业的萧条期，这也与技术生命周期分析图表现接近。但与松下不同的是，索尼从此以后没有进行相关专利申请，很可能退出了该领域；日立与东芝也仅维持了较低的专利申请量。与之相反的是，另三位申请人（夏普、住友和丰田）的申请量从2003年之后有了明显的增长，年均申请量约为5件。

从图3-10各主要申请人的技术分支来看，日立和索尼涉及所有的技术分支领域；松下、夏普和东芝次之，在5个技术分支领域都有专利申请；住友和丰田关注点仅在废弃电池处理分支，各申请量占到了自身总量的95%以上。同时，电池分支领域也是产业的重点关注对象，7位申请人全部都有涉及；液晶分支作为新兴对象受关注最少，仅3位申请人有涉及，而且专利申请总量仅为18件。

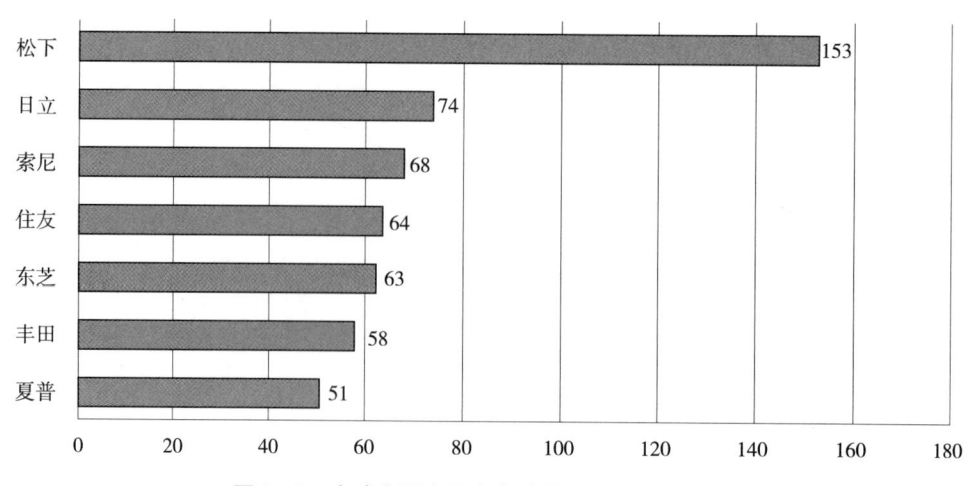

申请人	申请量
松下	153
日立	74
索尼	68
住友	64
东芝	63
丰田	58
夏普	51

图3-8 全球主要申请人申请量排序（单位：件）

第3章 废弃电器电子产品处理产业专利分析

	1992	1993	1994	1995	1996	1997	1998	1999	2000	2001	2002	2003	2004	2005	2006	2007	2008	2009	2010	2011	2012	2013	2014	2015
日立	4	3	7	6	11	8	5	4	5	2	1	0	0	2	0	2	0	1	7	2	2	0	0	0
松下	1	0	0	0	4	4	11	20	16	10	15	6	8	8	2	6	10	8	4	9	2	0	0	0
夏普	0	0	0	0	0	1	2	0	4	1	3	1	4	5	6	10	10	1	5	5	2	0	0	0
索尼	2	1	2	15	7	5	8	7	8	5	3	4	0	0	2	1	2	0	0	0	0	0	0	0
住友	0	2	2	1	2	0	0	0	3	5	1	0	3	0	2	3	2	3	17	8	10	0	1	0
东芝	0	1	1	1	1	9	7	14	7	2	5	4	0	2	0	0	14	1	0	1	1	0	0	0
丰田	0	0	2	0	0	0	0	1	0	3	2	4	4	3	6	2	14	8	2	1	7	0	0	0
总计	7	7	14	23	25	27	33	46	43	28	30	19	19	20	17	24	36	22	35	26	24	0	1	0

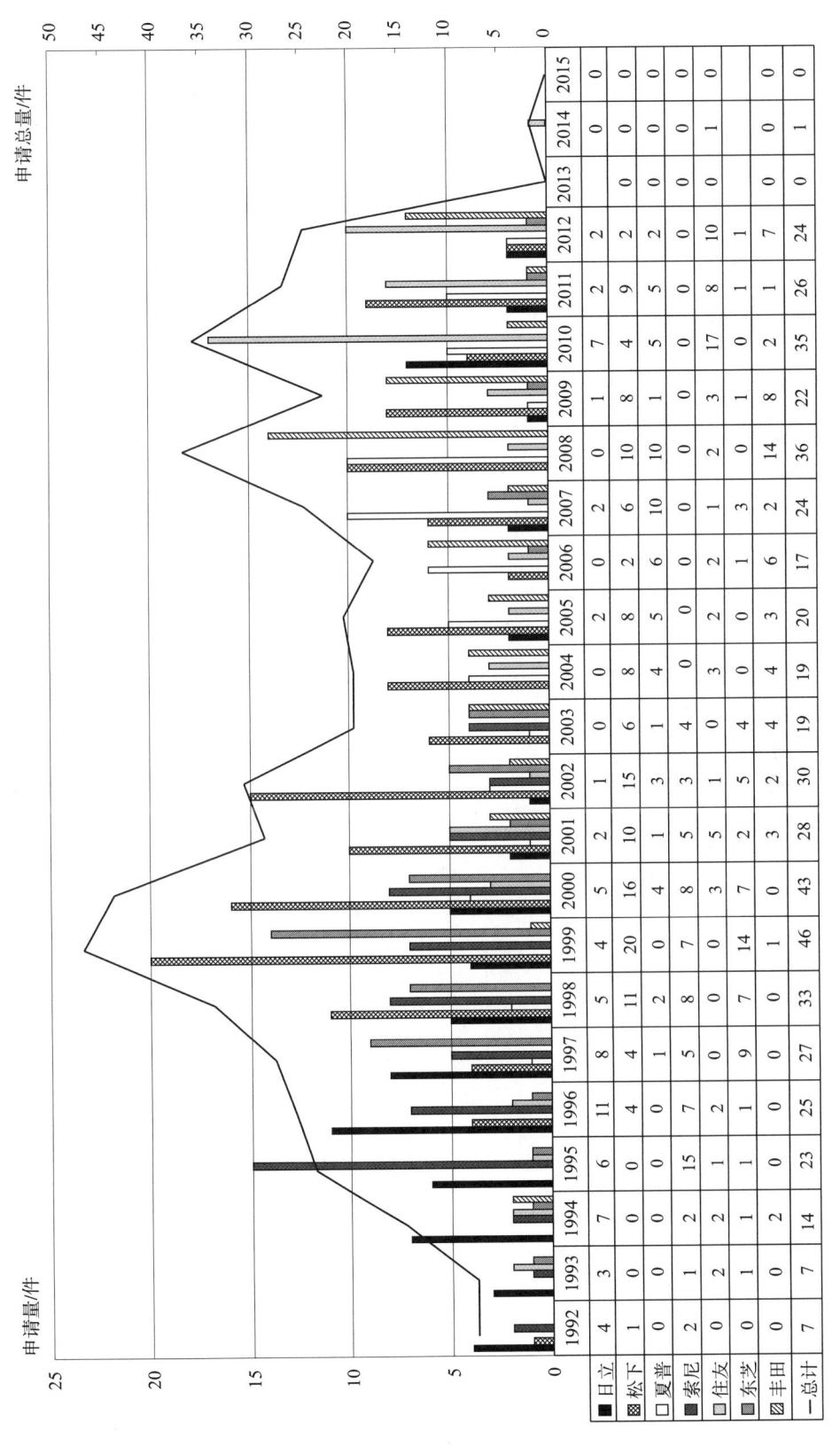

图 3-9 全球主要申请人时间分布趋势

· 43 ·

表 3-1 各申请人各技术分支时间分布趋势

单位：件

技术分支	申请人	1992	1993	1994	1995	1996	1997	1998	1999	2000	2001	2002	2003	2004	2005	2006	2007	20008	2009	2010	2011	2012
线路板	日立		1	1	1	2	2	2	1													1
	松下					4	2	5	10	3				2	2		4				1	1
	夏普									1	2					1						
	索尼				1			1	2	1	1	1	2									
	住友									2												
	东芝							2														
阴极射线管	日立						1	1	1	1										1		
	松下				5	1		1	6	5	3	6	2	1	2						1	
	夏普			1	7		1									1	2					
	索尼					2	2	2	4	2	3	1										
	东芝							1	5	5	1	5	1				1					
制冷剂	日立	3	1	5		7	4	1				1										
	松下	1											1	1								
	索尼								4	1												
	东芝			1	1		5															
电池	日立		1					1		2	1		1	1	2	1	1		1	7	2	1
	松下		1		1		1	1		1	1	1		1			1	3	5		1	1
	夏普								2		2							1				
	索尼		2		1	2				1	5	1		3	2	1	1	2	3	16	8	10
	住友			2		2	3	3	2	2	1						2		1			1
	东芝							1	1		2						2				1	
	丰田			2	2		1	1	1	3	2	2	4	4	3	6	2	14	8	2	1	7
整机	日立	1						4	7	7	6	11	4	3	4	1	2	7	3	4	6	1
	松下							1	1	3	1	3	1	2	4	5	7	8		3	3	
	夏普	2		2	7	3	3	4	1	3	2	2	1									
	索尼							1	6		1		2			1						
	东芝			1			1															

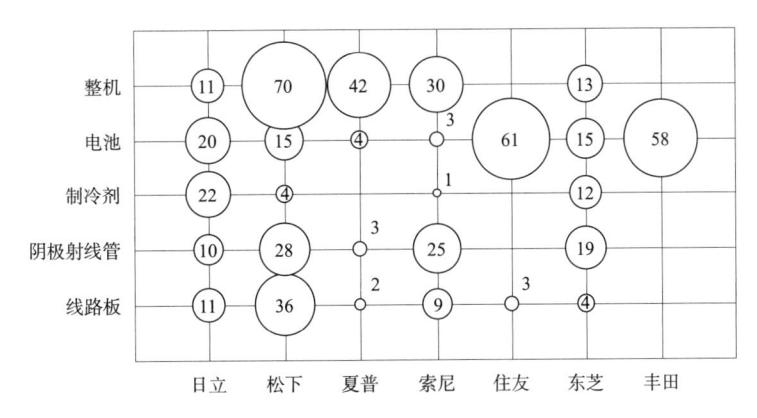

```
           整机  ⚬11  ⬤70   ⬤42   ⬤30         ⚬13
           电池  ⚬20  ⚬15   ⚬4          ⬤61   ⚬15   ⬤58
                                         ⚬3
          制冷剂  ⚬22  ⚬4                        ⚬12
                                         ⚬1
         阴极射线管 ⚬10  ⬤28   ⚬3   ⚬25          ⚬19
                                         ⚬3
          线路板  ⚬11  ⬤36   ⚬2   ⚬9            ⚬4
                  日立   松下   夏普   索尼   住友   东芝   丰田
```

图3-10 全球主要申请人技术主题分布（单位：件）

从表3-1可知，各申请人从2004年开始基本放弃了制冷剂技术分支，这主要与制冷剂的更新换代有关。废弃线路板和电池都可进行贵金属等的提取，而两者在这7位申请人中所受关注的程度并不一致。电池分支在2003年以后每年基本都有专利申请出现，仅住友在2010年单年间就申请了16件；而线路板分支从2003年开始总共才有16件专利申请。夏普从2000年开始在液晶和整机分支有了长期的关注，松下从1997年开始致力于整机分支领域，至今为止约有每年4件的专利申请量。

2. 主要申请人区域布局

本部分进一步对废弃电器电子产品处理行业国际主要申请人在全球（除中国外）专利申请量的分布情况进行分析。从表3-2可以看到，全球主要专利申请人都非常重视日本、美国和欧洲地区，这三大地区市场竞争最为激烈；其次是韩国和中国台湾地区，加拿大、澳大利亚、新加坡和马来西亚也有专利申请的布局。具体分析，这7位申请人国籍都为日本，虽然其专利申请量遥遥领先，但主要在本国进行专利申请，日本以外的地区布局相对很少，最多的松下也仅29件在除本国外的其他国家和地区进行了专利布局，而夏普甚至没有专利申请在其他国家或地区布局。索尼虽然专利申请数量不是最多，但在表3-2中可以看出其在7个国家和地区均部署了专利。从整个专利布局数量来看，该领域并不受到足够的重视。值得提出的是，表3-2中住友仅有6件他国专利布局量，而向中国提交了16件专利申请，其中15件处于待审状态，可见住友足够重视中国市场。

表3-2 主要申请人专利区域布局 单位：件

申请人	日本	美国	德国	欧洲	加拿大	澳大利亚	中国台湾	新加坡	韩国	马来西亚
日立	72	10	4	5			2		3	
松下	144	18	4	6			1			
夏普	60									
索尼	66	6	2	4			1	1	1	1
住友	65	2			1	3				
东芝	59	5	1	1			1		1	
丰田	59	3	2	2	2				1	

3.2 中国专利分析

3.2.1 专利申请整体发展趋势

中国专利数据库检索得到的废弃电器电子产品处理行业专利申请共2339件，申请人数量有800多位。从图3-11中可以看出，在废弃电器电子产品处理行业，中国专利以中国籍申请人为主，国外在华的申请并不多，仅占8%。其中日本相对较多，占4%；美国次之；而欧洲、韩国均占1%。国内1992~2002年申请量不大，从2002年以后呈现出快速的增长，2011年之后申请量呈现波动平稳地发展，此时国外在华申请量仍然不大。从时间分布上来看，外籍申请人在华申请以美、日、欧为主，分布较均匀，没有明显坡度或洼值。韩国自2004年才开始有所申请。从2009年以后日本籍申请量有上升趋势。

从饼图可知，中、美、日、欧和韩的申请量占在华申请总量的99%以上。而外籍在华申请量份额体现了各国对中国技术市场的占有率。总量集中在这五国的主要原因与废弃电器电子产品处理行业发展紧密相关。废弃电器电子产品处理的主要源头是电子电器产品技术的更新换代和人均保有量的持续增长。至20世纪70年代，电子产品已进入"大规模集成电路计算时代"，相关技术主要成熟于上述发达国家。至此个人计算机进入大众生活，家用电器如电视机、冰箱、洗衣机和空调等也走进寻常百姓家，电池更是作为一种日常用品广泛应用于家庭、办公场所和其他电子电器设备中，废弃电器电子循环利用行业迎来广阔的发展前景。发达国家，如美国在早期就拥有了一批技术成熟、管理完善的废旧家电回收再利用企业，而相对于每年淘汰下来的数不胜数的废家电而言，美国同期的回收处理能力几乎是杯水车薪。迫于现实环境的压力，在美国废旧家电的回收再利用受到政府、生产厂商和消费者越来越多的重视，美国在废弃电器电子回收领域也在不断尝试和稳步发展。同时，美国科技工作者另辟蹊径，在进行产品设计时偏向于既容易回收又对环境损害较小的家电产品。这也将是今后从根本上解决废弃电子电器产品回收问题的有效途径之一。

从研发动力角度考虑，日本本土自然资源稀少，尤其缺少生产电子电器的稀土金属、贵金属以及其他必须原料，加大回收力度有利于缓解资源紧缺的压力，减少对进口的依赖。为了更经济、高效地回收废弃电子电器资源，日本各界增加研发投入，其相应的专利申请量也随之增长。同时，日本政府、民间环保组织、家电制造厂商及家电零售厂商在废旧家电回收再利用立法、行业标准、技术进步、公众宣传等方面构建了较为完善的制度责任体系。日本各大家电厂商大幅下调废旧家电回收再利用收费标准，减轻了消费者负担，提升了消费者履行废旧家电回收再利用法定义务的积极性，减少及防范废旧家电非法丢弃现象，同时有相关法律和收费制度的助力，废旧家电回收和再生企业增加了盈利。为了扩展日本在该领域的技术领导力和技术输出的地位，更好地在主要进行回收工作的国家进行专利技术布局，日本籍中国专利申请量明显大于其他国籍成为必然。

第3章 废弃电器电子产品处理产业专利分析

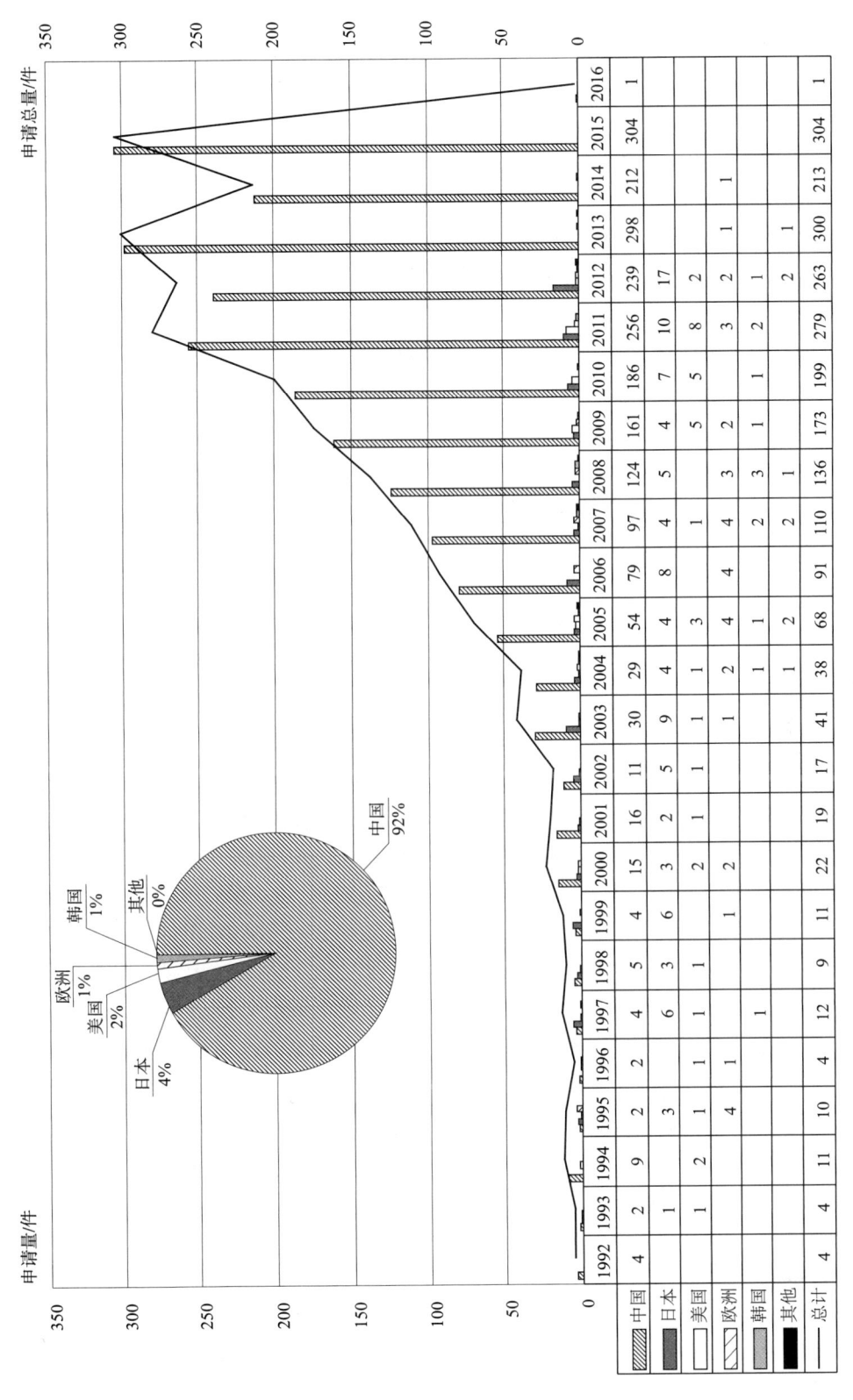

	1992	1993	1994	1995	1996	1997	1998	1999	2000	2001	2002	2003	2004	2005	2006	2007	2008	2009	2010	2011	2012	2013	2014	2015	2016
中国	4	2	9	2	2	4	5	4	15	16	11	30	29	54	79	97	124	161	186	256	239	298	212	304	1
日本		1		3	2	6	3	6	3	2	5	9	4	4	8	4	5	4	7	10	17				
美国		1	2	1	1	1	1		2	1	1	1	1	3		1		5	5	8	2				
欧洲				4	1			1	2			1	2	4	4	4	3	2		3	2	1	1		
韩国						1							1	1		2	3		1	2	1				
其他													1	2		2	1				2	1			
总计	4	4	11	10	4	12	9	11	22	19	17	41	38	68	91	110	136	173	199	279	263	300	213	304	1

图 3–11 主要国家和地区在华专利申请变化趋势

2002年巴塞尔行动网的报告指出，受处理成本等多方因素影响，发达国家，如美国，在1998年就将收集的电子电器废弃物中50%~80%出口到中国、印度等发展中国家。❶ 英国2003年至少有23000t未申报或"灰色"的电子废弃物被非法运往远东、印度、非洲和中国。2005年，从日本出口的二手电视机是284万台，计算机显示器是135万台，这些电器很有可能最终都转移到了中国。2007~2010年，有360个非法运输危险废物的集装箱被香港截获，大部分货物是来自美国、加拿大、日本和欧盟国家的电子废弃物，它们的最终目的地是中国。根据2010年中国海关查获的非法废弃物运输，经香港走私到中国内地的废物中，有25%含有电子废弃物。❷ 与上述时间相对应，中国在2000年以后申请量大增，而这也成为发达国家在华专利布局不太热情的原因之一。

在早期，因中国经济发展的区域性，大部分废旧家电产品流入二手市场，通过销售等方式转移到低收入地区或欠发达地区，部分彻底不能使用的废弃电器一般被小商小贩收走后拆解回收原料，而这种拆解回收技术含量低、回收不彻底，往往达不到回收再利用要求。在废弃电器电子产品处理行业，中国作为中国技术市场的主导力量从2002年开始逐步呈现。中国是家用电器生产、消费大国，20世纪80年代末，家用电器逐步普及，生产量持续增加，到2003年电视机、洗衣机、空调、计算机等电子产品的总产量约为1.8亿台，到2007年电视机、洗衣机、空调、计算机、电冰箱五大类家电的社会保有量超过10亿台，按正常家电正常使用寿命10~15年计算，每年待处理的废弃电器电子产品约为3000万台。从2003年开始中国将进入家用电器更新换代的高峰期。以上数据仅是中国国内市场的贡献，并不包括上文提及一些国家的"倾泻垃圾"。可见，国内废弃电器电子产品回收再利用是一项亟待解决的问题。2004年原信息产业部印发了《电子信息产品污染防治管理办法》，国家发展与改革委员会出台了《废旧家电及电子产品回收管理条例》，国家环境保护总局公布了《废旧家电及电子电器产品污染防治技术政策》，商务部出台了《再生资源回收管理条例》，全国人大环境与资源保护委员会颁布了《中华人民共和国固体废物污染环境防止法》，在一系列政策指导和市场运作下，相关技术问题得到重视与研究，专利技术也随之产生，同期专利申请量大增。

在发达国家和地区针对废家电回收处理管理立法、倡导生产者延伸责任制（EPR）、形成技术性贸易壁垒，以及中国废电器电子产品回收处理过程中，在环境污染严重、资源浪费双重因素的影响下，从2001年开始，国家发改委启动我国废弃电器电子产品回收处理管理的立法工作。2009年1月1日起，《中华人民共和国循环经济促进法》正式实施，它标志着中国从传统工业经济增长模式向循环经济增长模式的转变。2009年2月25日《废弃电器电子产品回收处理管理条例》正式颁布，2011年1月1日实施。《废弃电器电子产品回收处理管理条例》的颁布和实施为中国建立资源节约型、环境友好型废弃电器电子产品回收处理行业提供法律依据。此外，2009年6月，中国开展家电以旧换新活动，初期在9个试点省市实施，然后在全国进行推广。家电以旧

---

❶ 夏志东，史耀武，等. 电子电气产品的循环经济战略及工程［M］. 北京：科学出版社，2007.
❷ 汪峰，Ruediger Kuehr. 中国电子废弃物研究报告，2013.

换新政策一方面大力促进新产品的销售,另一方面促进了废弃电器电子产品回收处理体系的建设。在立法与政策的双重推动下,2010年中国废弃电器电子产品回收处理及综合利用行业由个体作坊式为主,向规范化、规模化和产业化转变,与此同时国家政府给予相关企业单位极大的财政支持。2012年,国家在政策市场层面对相关企业进行了严格管理,从总量和资质上控制企业,这对良莠不齐的相关企业群影响较大,限制了废弃电器电子产品回收再利用的迅猛增长势头,2011年处理量达最大后在2012年处理量下降。作为技术的体现,专利申请量相应地在2010~2011年出现了猛增,但由于废弃电器电子产品处理行业技术实力储备不足,导致其发展后劲不足,2012年申请量出现了回落现象。随着各实力企业和技术创新型企业的发展,相应的专利技术也得到开发,专利申请量又呈现增长趋势。

3.2.2 各国在华专利申请技术主题及申请质量分析

从图3-12可以看出,外国籍申请人中日本在各个领域内均有所涉及,除液晶分支外,其他申请量都达到了两位数,电池分支是其主要关注重点,专利申请量达到了48件;美国申请人在电池和线路板分支相对较多,分别达到18件和11件;欧洲申请人在电池分支上申请量相对其他分支较多,达到19件。中国国内申请人在电池和线路板分支领域申请量最大,分别达到了1034件和627件。从各技术分支和整体发展来看,中国籍申请人在中国的专利申请主导了整个在华申请的发展趋势。从表3-3可知,即使申请量相对较多的美欧日在申请时间上也不连续,而且断代时间点较多。但日本是三者中时间分布较好的。

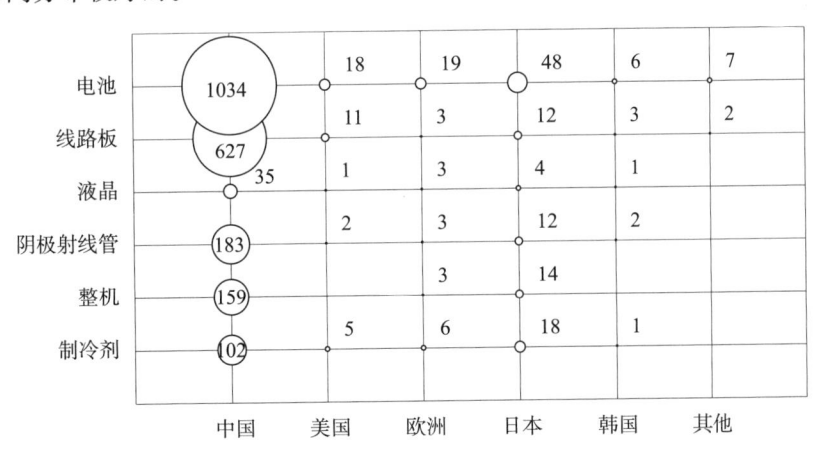

图3-12 主要国家和地区专利申请技术分支分布(单位:件)

图3-13是所有在华申请各技术分支领域申请量随时间分布趋势。可以看出,电池和线路板分支早在1992年便有申请,制冷剂和阴极射线管分支随后也有所申请。除液晶技术分支外,其他五个技术分支的发展趋势比较一致,在2000年以前专利申请维持在较低数量。液晶分支则因液晶技术在2000年左右开始发展,相关回收专利直到2002年才大量出现。

表 3-3 国外在华专利申请技术分支变化趋势

单位：件

国家和地区		1993	1994	1995	1996	1997	1998	1999	2000	2001	2002	2003	2004	2005	2006	2007	2008	2009	2010	2011	2012
美国	线路板					1															1
	阴板射线管	1	1				1		1	1									2	4	
	制冷剂			1	1											1				1	
	电池		1	1					1			1		3				4	3		1
	液晶										1				1			1			
欧洲	线路板			1	1																
	阴板射线管	1														2					
	制冷剂			3				1	2			1	1	2	2	2	3			2	2
	电池									1	2	3	1	2	1			1		1	
	液晶							1	1	1		1	1	1	1						
日本	线路板			1				1													
	阴板射线管						1	4		1		3				1	1		1		2
	制冷剂			1		2	1	1	1	1	2	3	1								
	电池			2		2						2		2	5	1	2	3	6	8	14
	液晶													1	1		2	1			1
	整机					2		4					1			2	2				2

· 50 ·

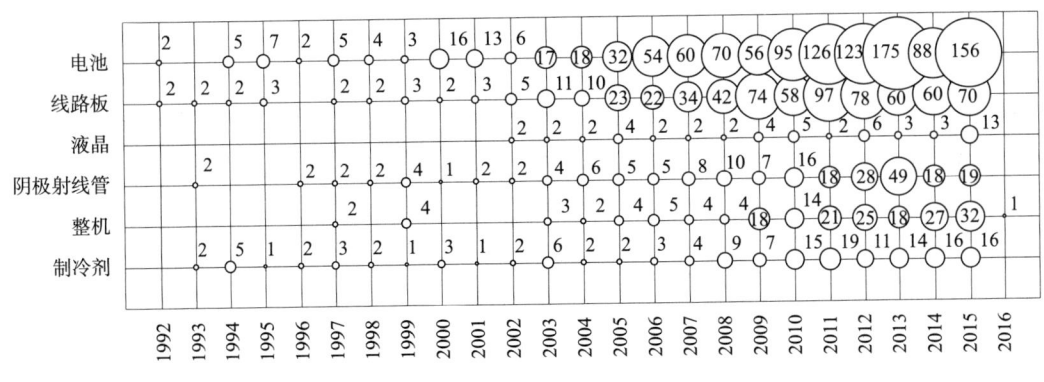

图 3-13 中国专利申请各技术分支随时间分布趋势（单位：件）

2010 年以后，电池和线路板发展较为迅速，尤其以电池分支更甚。液晶分支领域的技术发展与液晶的普及时间点以及技术特点相关，申请量较少。从时间趋势可知，最受关注的两个技术领域分别是电池和线路板，其研究力度较大。

制冷剂、整机和阴极射线管分支领域在 2008 年之后分别迎来了一个显著增长期，这与中国国内重视废弃电器电子产品回收再利用的大环境相关。整机拆分领域增长尤显突出，这与产业发展状况相匹配。在 2008 年以前，国内针对废弃电器电子产品回收再利用没有明确适用的规定，较早出现的国家相关标准，如《废弃机电产品集中拆解利用处置区环境保护技术规范》（HJT 181—2005）于 2005 年 8 月 15 日公布、2005 年 9 月 1 日实施，随之相关的标准，如《废弃产品回收利用术语》（GB/T 20861—2007）、《产品可回收利用率计算方法导则》（GB/T 20862—2007）也才于 2007 年确立。在 21 世纪初，中国整体技术水平发展不均衡，人工劳动成本相对较低，而整机拆分正是这种不需高技术含量而靠人工就能实现的，虽然其拆分效率和回收率较低，但至少有利可图。随着人工成本增加，以及拆分效率和回收率的红线要求，迫使相应从业者进行技术革新，由此带来了一轮专利申请量的增长。而主要用于电视和显示器的阴极射线管，从技术角度来说处于逐渐被淘汰的命运，但由于其价格优势，还将在中国国内市场存在一定的时间。同时由于早期废弃量的积压，阴极射线管处理技术的专利申请近些年开始出现较明显的增长趋势。

图 3-14 是中国申请人向中国专利局提交的各分支领域专利申请量随时间分布状况，表现出了与图 3-13 相同的总体趋势。其中，液晶处理领域的专利申请出现的时间更晚，推迟到了 2005 年。但随后的专利申请主要来自中国申请人，从此可初步得知，液晶处理领域目前还不是国际研究的热点和重点。但随着时间的推移，液晶回收再利用也是全球必须面对的问题。

从各分支占比来看（见图 3-15），电池分支占总量的将近一半，是主要的技术分支领域。线路板占近 28%；阴极射线管分支的占比接近 1/10；整机拆分和制冷剂分支专利申请量稍低，为 6%；液晶分支专利申请量比例最低，主要在于该分支处于起始阶段。

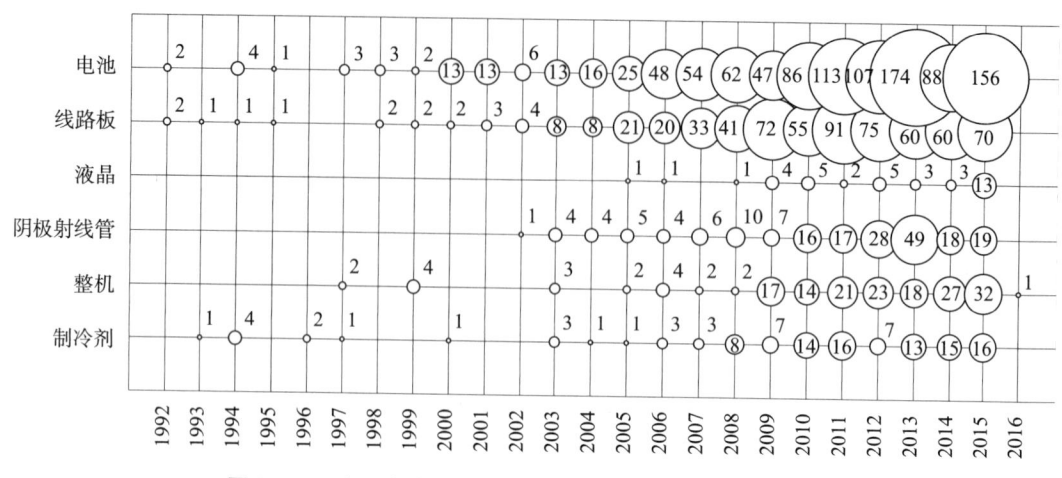

图 3-14 中国申请人技术分支随时间分布趋势（单位：件）

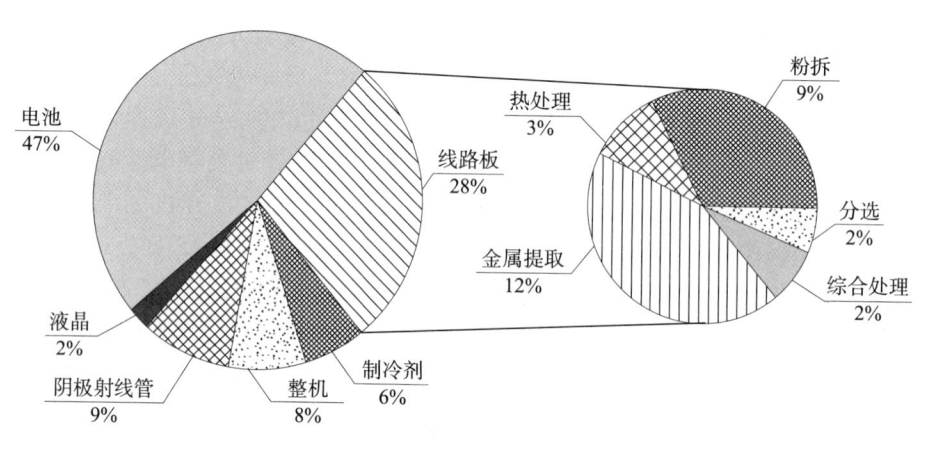

图 3-15 中国专利申请各技术主题专利申请量分布

线路板分支的主要研究重点如图 3-15 所示，其主要集中于金属提取领域，这与线路板回收再利用的经济利益点相关。废弃线路板可以看作金属（以铜箔为主）与非金属（树脂和玻璃纤维）构成的二元矿物系，其中主要的可回收再利用成分是金属，技术重点显然是金属提取。从工艺实现来看，破拆主要是对金属和非金属成分拆分和破碎，其目的之一是有利于金属成分的脱离，最终都流向了金属提取部分。分选主要是对金属和非金属进行分离，其目的之一是获得金属成分和非金属成分。热处理是一项古老的处理技术，包括燃烧、熔化、干馏、气化等，主要是针对非金属成分，将其中高危害的有机物转化为二氧化碳和小分子燃烧气等，热处理完成后的炉渣中含有可提取的金属成分，最终与金属提取相关联，甚至在一些热处理工艺过程中结合了金属熔化等提取操作，大大提高了废弃线路板的处理效率。

图 3-16 是中国申请人在华专利申请在各技术分支的专利分布情况，与全国专利申请分布十分类似，电池占比 47%，线路板占比近三成。根据《中国废弃电器电子产品回收处理及综合利用行业现状与展望——行业研究白皮书（2010）》对 56 家废弃电

器电子产品处理企业的调研与分析，对其拆解、利用和处置程度进行分类。各省市废弃电器电子产品处理企业中，拆解企业所占比例最大，达57%；其后为拆解利用处置企业，占34%；拆解处置企业所占比例仅为9%。56家被调查企业中仅有1家企业对所处理的5种产品（电视机、电冰箱、洗衣机、房间空调器、微型计算机）全部采用"手工预处理＋机械破碎"分选的方法进行整机拆解；两家企业对其中4种产品采取"手工预处理＋机械破碎"分选的方法；1家企业则均采用单工位手工拆解（一拆到底式）的方式；另外7家企业针对不同的产品，采用手工拆解或者"手工预处理＋机械破碎"分选的方式。从上述信息中可得知，现阶段在废弃电器电子产品回收再利用领域技术水平普遍偏低，这在专利申请量统计数据中可见端倪。

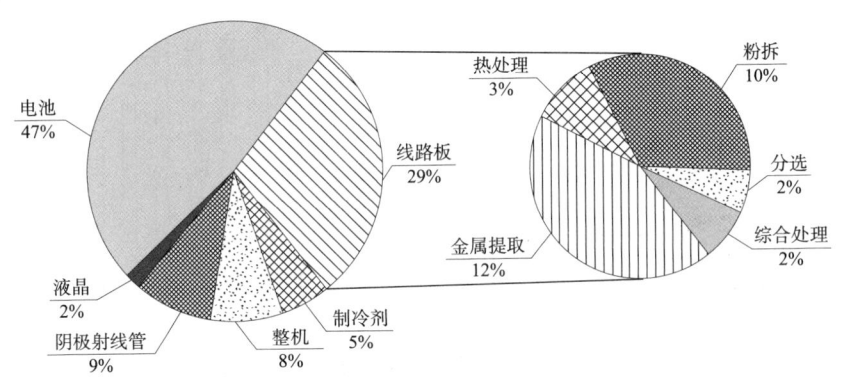

图3-16 中国申请人各技术分支专利申请量分布

纵观上述六个技术分支所对应的技术特点，阴极射线管、整机拆分和制冷剂主要涉及设备装置，须经历设计定型、样机验证和成品确定等步骤，研发周期较长，成本也较高，这也成为制约上述三领域技术发展的因素。此外有一定量的非装置类申请，主要涉及处理工艺，涉及核心技术和开创性发明的申请较少。基于这些特点，这三个分支领域的专利申请量不大。而对于电池和线路板分支领域，研究主要集中于金属提取方法的改进，尽可能地在提取效率、提高回收率、提取更多种类金属成分、更经济、更环保等方面做出尝试，技术改进的方向更多。同时，方法类研究从开始产生想法到实验验证所需时间也相对较短。上述特点最终在专利申请数量上得到体现。

从图3-17反映出的变化趋势来看，企业申请人是本领域内的创新主体。具有一定规模的废弃电器电子产品处理行业主要从业者是企业，政府财政支持对象也是企业。大学一直是技术创新的活跃者，其在专利申请量中占有较大比重。随着该领域的继续发展，各技术遭遇瓶颈期时，大学申请人的作用会更突出，相应的申请量也会有所增长。前文分析了2011年专利申请量猛增和2012年回落的原因，技术储备不足的弊端在图3-17中显示得更明显，企业申请人作为申请主体增长趋势没有明显降低，但个人和大学的申请量下降明显。其可能存在的原因在于，个人和大学游离于生产第一线之外，其技术开发与创新存在一定的局限性，不具备发现问题解决问题的时效性，往往落后于实际生产需要，在2011年完成申请量增加之后，后续研究出现了时间断点，呈现出2012年专利申请量降低。

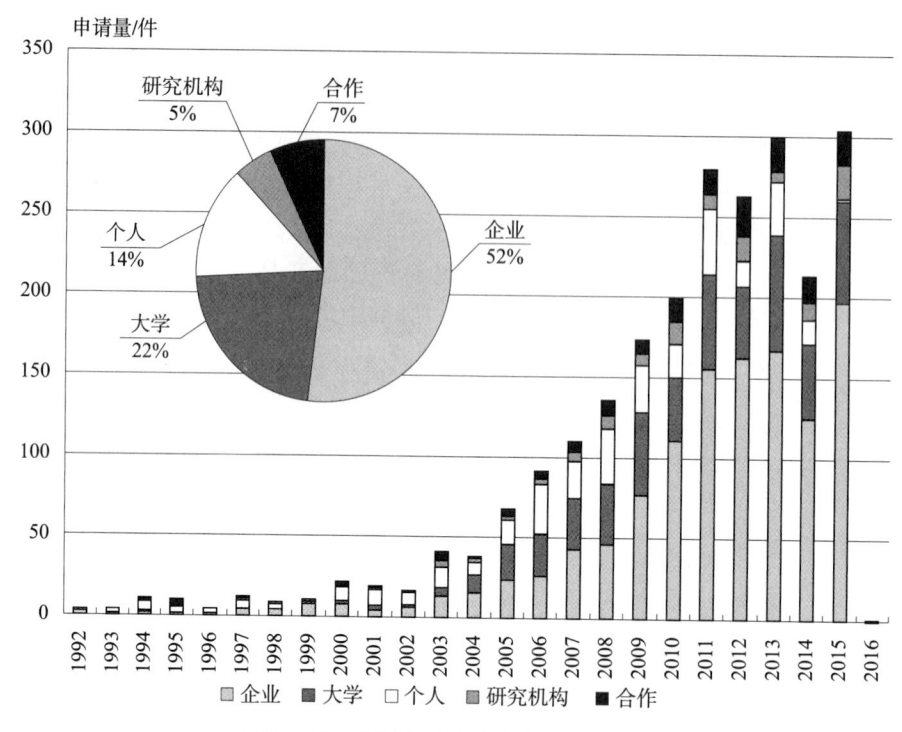

图 3-17 中国专利申请人类型分布趋势

中国在科学技术各领域取得了长足的进步，图 3-18 中的专利授权率就有体现，中国专利申请授权率已明显高于美国和韩国。表 3-4 中，中国的有效专利保有率处于中上等水平，体现出现有专利技术具有较好的市场应用前景。虽然中国的申请量最大，但同时向至少三个以上国家提交的多边专利申请量是最少的，仅占中国发明专利申请总量的 0.5%。多边专利申请数量能体现出国家在全球范围内的技术优势的自信度，中国目前多边申请量不足，与长期以来技术上处于劣势从而影响自信的"惯性"和知识产权意识不足有关。同时，国内废弃电器电子产品待处理量大导致技术需求急迫，却因起步劣势较大，各项技术还处于摸索与开发阶段，无法形成完整、高效的产业应用，在国际上并不具有相应的竞争优势。目前较多企业已经有所意识并积极申请专利，数据中最高的发明待审率说明，国内电子电器回收领域正处于成长阶段，近年来申请的专利不断增多。

表 3-4 主要国家和地区在华专利申请质量

国家和地区	发明待审量/件	发明申请量/件	发明授权率	有效专利保有率	发明待审率	多边申请率
美国	14	37	56.5%	61.5%	37.8%	64.9%
日本	23	100	75.3%	65.5%	23.0%	72.0%
欧洲	8	34	74.1%	80.0%	23.5%	97.1%
韩国	4	13	55.6%	80.0%	30.8%	69.2%
中国	654	1464	65.9%	73.2%	44.7%	0.6%
其他	2	8	50.0%	33.3%	25.0%	62.5%

与美、欧、韩相比，日本在申请量和授权率两方面都具有绝对的优势。虽然其有效专利存活率不高，但日本具有的有效专利绝对数量是最高的。日本的多边申请总量最多，达到72%，进一步体现了日本在废弃电器电子产品处理行业发展良好，并具有在世界范围内实现专利布局的强烈意图。

欧洲有数量最多的发达国家，其电子电器的年保有量与年报废量巨大，在废弃电器电子产品处理行业起步较早，早在1989年3月于瑞士巴塞尔通过了废弃电器电子产品处理相关公约《控制危险废物越境转移及其处置巴塞尔公约》（简称《巴塞尔公约》），已于1992年5月正式生效。欧洲在废弃电器电子产品回收再利用技术开发方面也走在了世界前列。虽然表3-3中体现其最早进入中国的申请是1995年，晚于其他国籍申请进入时间，但这是表3-3能表达信息的局限性，其记载的是外籍申请人对华申请信息，体现了外籍申请人对华市场和技术的重视程度。随着时间的推移，欧洲申请人逐渐认识到中国市场的价值，其申请量逐渐增加，这正好与表3-3一致。

同时，从图3-18和表3-4中可以看出，欧洲发明专利申请授权率比日本的仅低1.2个百分点，达到74.1%，并且其授权专利存活率为80%。同时，其97.1%的多边申请率高居榜首。可见，欧洲在废弃电器电子产品处理行业的技术成熟，其大部分具有一定的市场价值或潜在的市场价值，值得在世界范围内推广和普及。欧洲在此领域的发展起步较早，其相应的技术也相应逐渐成熟，后续发明数量有所减少，发明待审率相应较低。

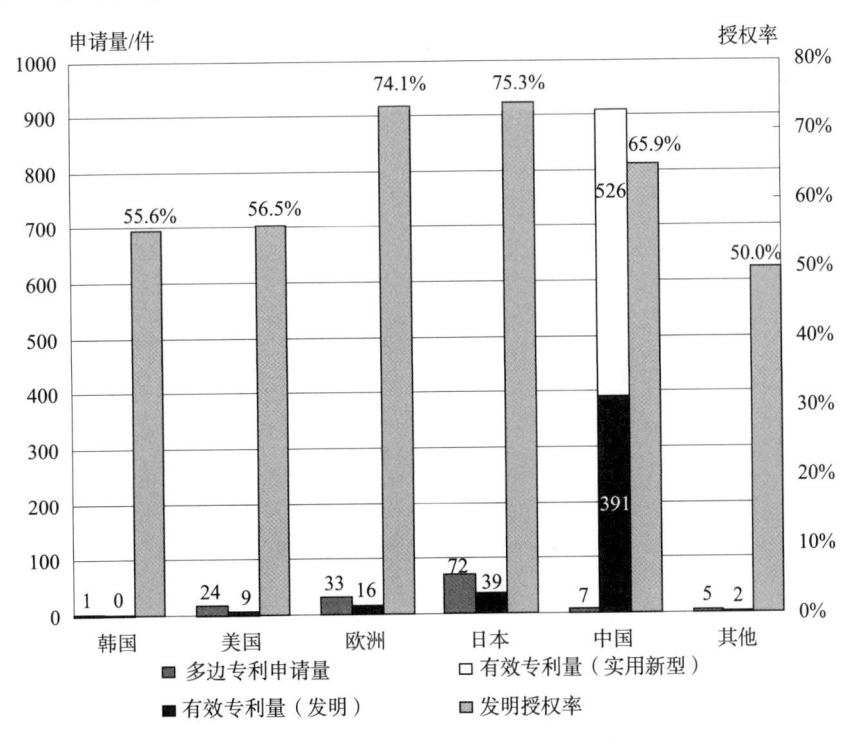

图3-18 主要国家和地区在华专利申请质量

美国申请人在废弃电器电子产品处理行业的发明专利授权率和有效专利存活率在几个主要国家和地区中分别处于倒数第二和倒数第一位。这应该与其之前的发展策略有一定的关系。在前文中介绍了早中期美国在此领域关注度不够，但之后受各方因素影响，现已在此领域有了进一步的发展。从图3-18可看出，美国申请人的专利申请量在美、日、欧和韩中处于中上游水平，而韩国则在各项数据中排名靠后。

3.2.3 专利维持年限分析

专利权维持有效需要缴纳年费。并非所有专利权都能存续到最后期限，市场前景不乐观或者市场价值已经丧失的专利权在保护期限届满之前会因权利人不缴纳年费等提前失效。因此，有效专利的数量，特别是专利维持年限长的发明专利的有效状况能够反映企业、地区和国家的创新能力和市场竞争力。在中国，专利年费与维持年限呈阶梯正相关，对于发明专利1~3年年费仅900元/年，4~6年为1200元/年，7~9年为2000元/年，10~12年为4000元/年，13~15年为6000元/年，16~20年为8000元/年，自第10年起年费不能减免。可见，专利权人短期维持专利权的成本较低，但长期维持专利权就必须对专利权能够创造的价值和重要程度做出评价。因此，专利权维持年限能够有效反映专利的质量。

如图3-19所示，在专利权已失效的专利中，发达国家和地区如日本、美国、欧洲基本为10年的维持年限，而中国此项数据仅为4.43年，与发达国家相比有较大差距。当然，各国在中国进行布局的专利本身重要程度就比国内一般申请高，维持年限长也在情理之中。但考虑到专利从申请到授权通常需要经过2~3年，而发明专利的保护期限为20年，不到5年的维持年限明显偏低。国内行业人员需要明确产业的实际需求，在技术开发的投入上提高精准度、减少盲目性，提升专利的质量和专利权的长期稳定性。

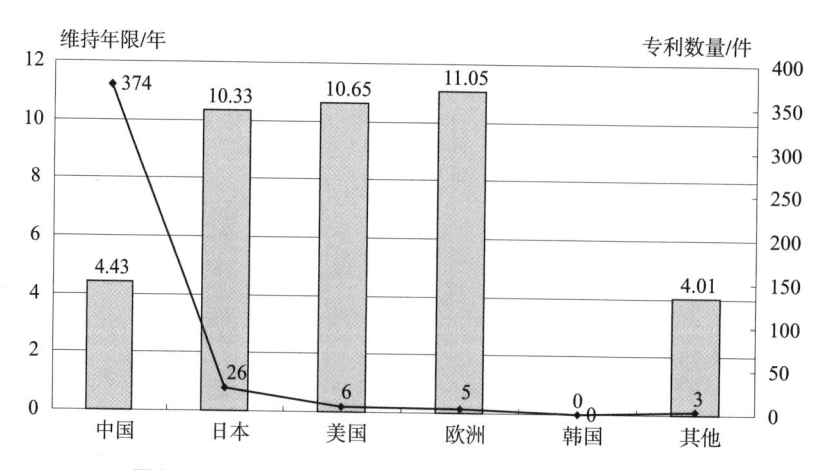

图3-19 主要国家和地区在华失效专利权的维持年限

从图3-20失效发明专利权维持年限频率分布可以看出，日本、美国和欧洲专利的维持年限主要分布在6~12年，少于6年的专利基本没有，而超过12年的专利也占了可观的比例，整体呈正态分布，符合统计规律。而中国维持在 3~5 年的专利数量最多，维持超过 14 年的专利基本没有。以上数据实际上给出了主要国家和地区在华专利可供国内从业人员参考的维持年限预期，对于发达国家的授权专利，在短期内失效的可能性很小。

结合图 3-19 和图 3-21，统计现阶段主要国家和地区有效发明专利权的维持年限，发达国家的现有维持年限与相应失效专利权的维持年限还有一定差距，说明欧洲、美国、日本、韩国的专利保护在国内还会存在一定时间。中国有效专利权的维持年限平均只有 4.11 年，根据图 3-19 的统计结果，维持 5 年左右的有效专利中多数会在 1 年内失效。

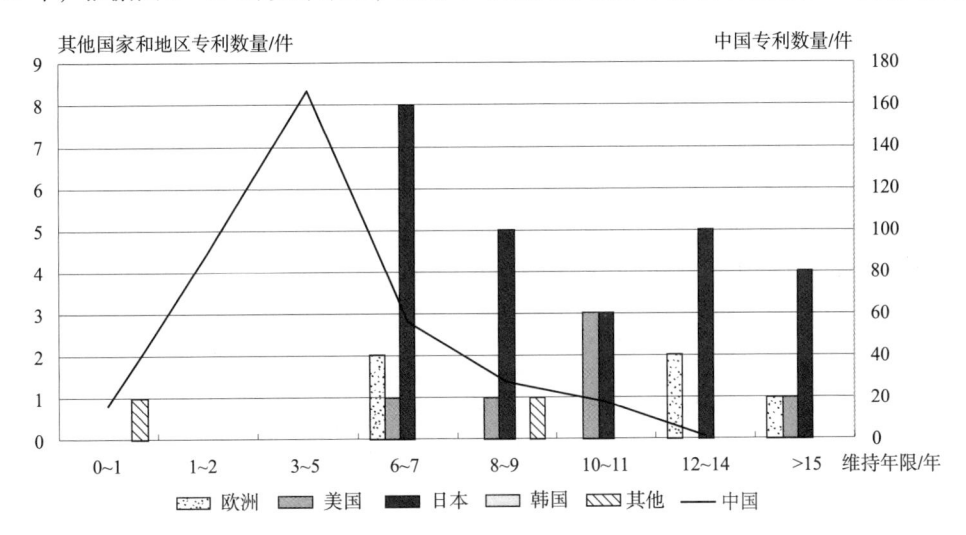

图 3-20 主要国家和地区失效专利权维持年限的频率分布

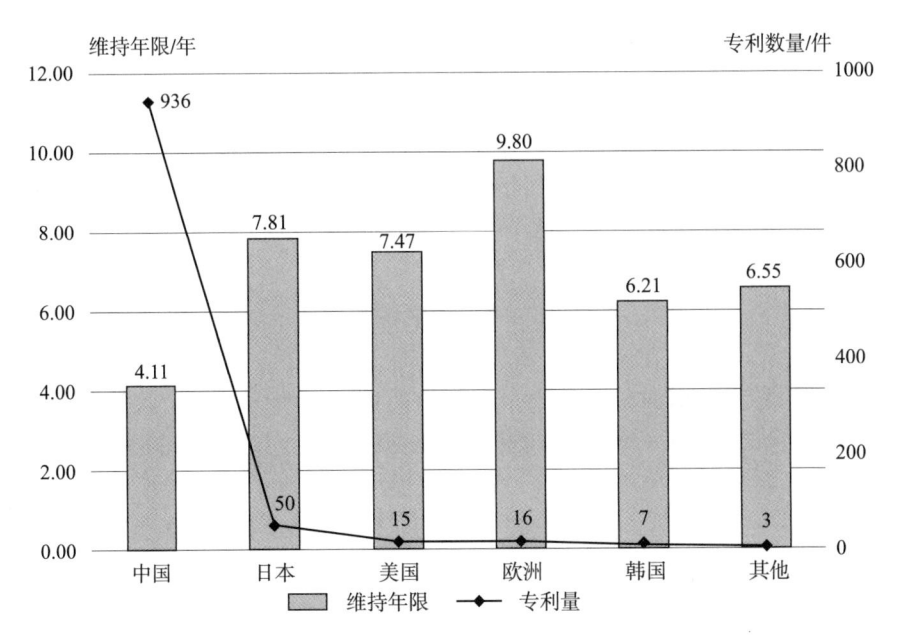

图 3-21 主要国家和地区在华有效专利权的维持年限

从图 3-22 有效发明专利权维持年限频率分布可以看出，多数日本专利权平均已经维持了 5 年以上，而美国多数为 5~7 年，欧洲为 8~11 年，整体呈现正态分布。中国平均维持年限多数分布在 3~5 年的区间内，维持超过 14 年的专利同样几乎没有。一方面，这是因为近几年国内申请量增长较快，使得新近获得授权的专利数量较多；另一方面，要看到专利制度已经在我国施行了近 30 年，而废弃资源再生循环利用技术开发自 20 世纪 90 年代就已经展开，直到目前维持时间超过 10 年的有效专利却依然很少，维持年限也偏离正态分布，显示国内的专利权人未能有效利用专利 20 年保护期限来提高自身的竞争力，无法使专利权的时间价值充分转化为经济价值。

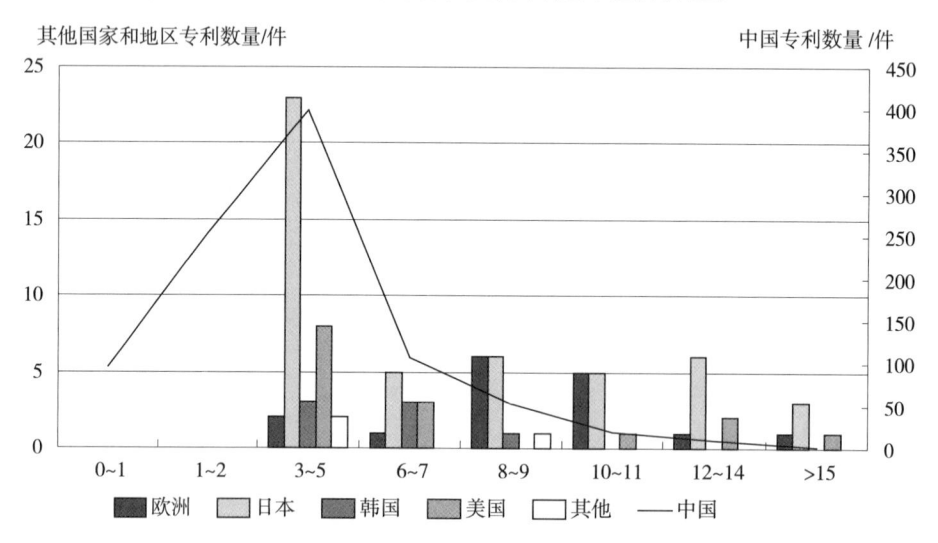

图 3-22　主要国家和地区有效发明专利权维持年限的频率分布

3.2.4 各省市专利分布

图 3-23 是全国申请量排名前六的省市随年份的申请量变化趋势，这六省市申请量总和达到了全国申请量的一半，具有绝对的领先地位，其发展趋势一定程度上代表了全国的情况。其中北京市和广东省起步较早，与国际上该领域的发展步伐相同，体现了北京市和广东省的前瞻眼光，这与早期北京市较强的技术实力和广东省雄厚的经济实力相匹配。

需要说明的是，由于大多数发明专利申请都是自申请日起满 18 个月后才进入公开阶段，因而专利的公开具有滞后性。因此，在图 3-23 中，2013~2015 年申请的部分专利尚未公开，导致数据的采集量小于实际申请量。根据国家相关政策、专利申请整体趋势的分析可知，2013~2015 的申请量仍然较大，不会出现明显的下降趋势。

从图 3-23 各省市发展历程看，2005 年开始才迎来申请量增长期。以广东省和北京市为代表，其专利数量相应的增长较明显。从 20 世纪 90 年代开始，电子电器产品大规模进入人们的生活和工作中，以电子电器 10~15 年的报废周期来看，2005 年正好处于早期电子电器产品报废高峰期。这种处理压力推动了技术需求，导致了最早的专利申请增长点的出现。

第3章 废弃电器电子产品处理产业专利分析

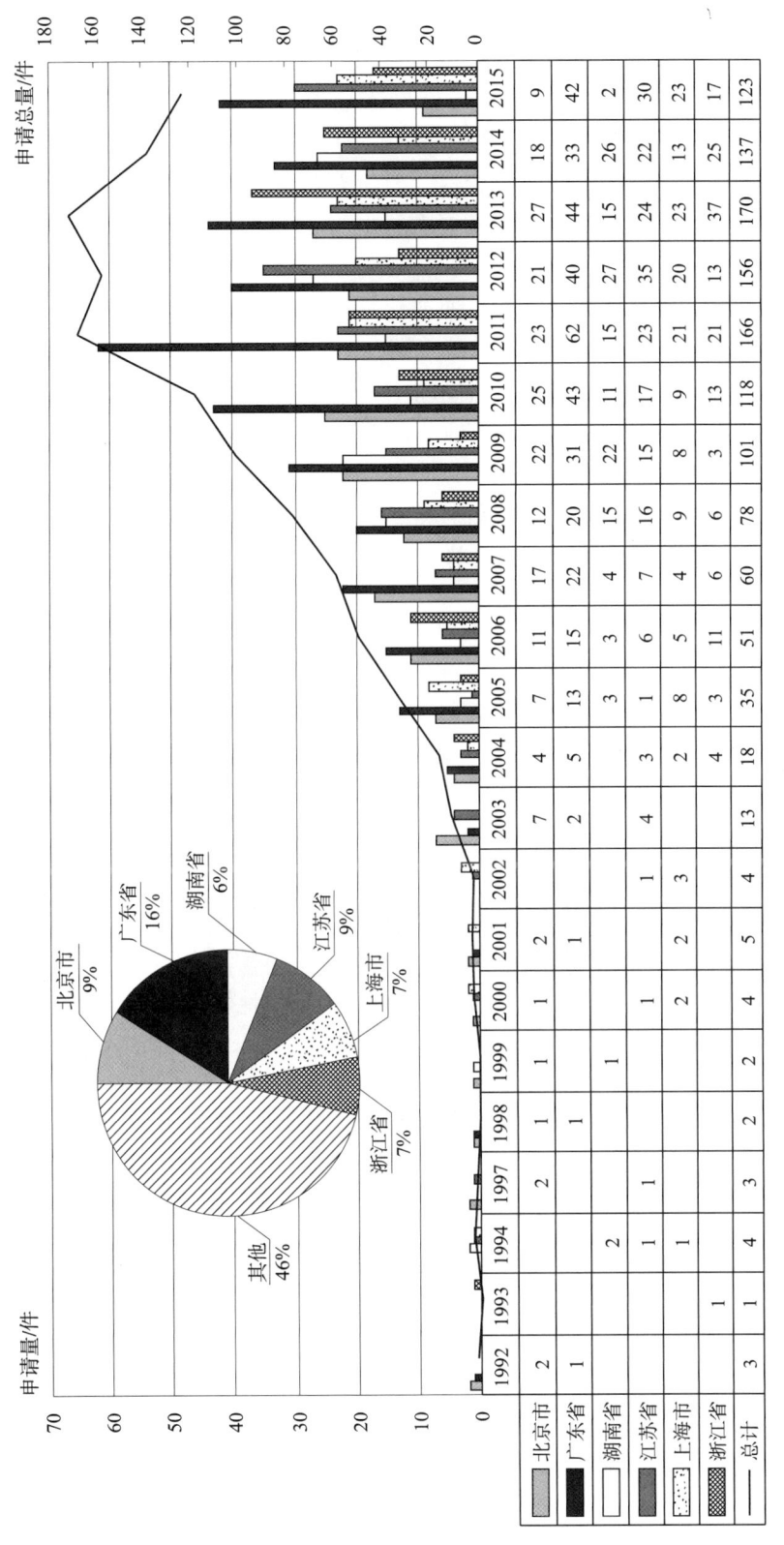

图3-23 重要省市专利申请量时间趋势

从图 3-23 中六省市申请量来看，广东省和北京市在上述六省市中处于领先地位，广东省甚至约占六省市总量的 1/3。这与广东省电子电器保有量和废弃量紧密相关。据 2010 年统计数据记载广东省五种主要废弃电器电子产品产生量约 1600 万台。另外，2010 年国家批准广东省进口废五金企业 138 家，批准进口数量为 437 万吨。[1] 由于广东省沿海的地理位置和中国法规的不完善性，为前文提及的外国"电子垃圾"的倾卸提供了便利。再者，广东省活跃的经济发展态势也为此行业带来了生机，有利于其生长和茂盛。

在立法与政策、废弃电器电子产品处理行业改造和废弃量堆积的推动下，2011 年迎来了废弃电器电子产品回收再利用的黄金期，图 3-24 显示 2011 年处理量同比增长 194%，达到了最高点。在强大的产业需求推动下，更经济、高效的工艺设备也将被广泛开发，据此推动了技术的发展。相应地，在 2011 年广东省、上海市和浙江省的专利申请量突增，而江苏省和湖南省则在 2012 年出现较大增长。北京在 2010 年之前废弃电器电子产业发展相对于其他地区来说就较规范，其面对政策等因素的影响也较小，其专利申请量水平一直保持平稳增长的态势。

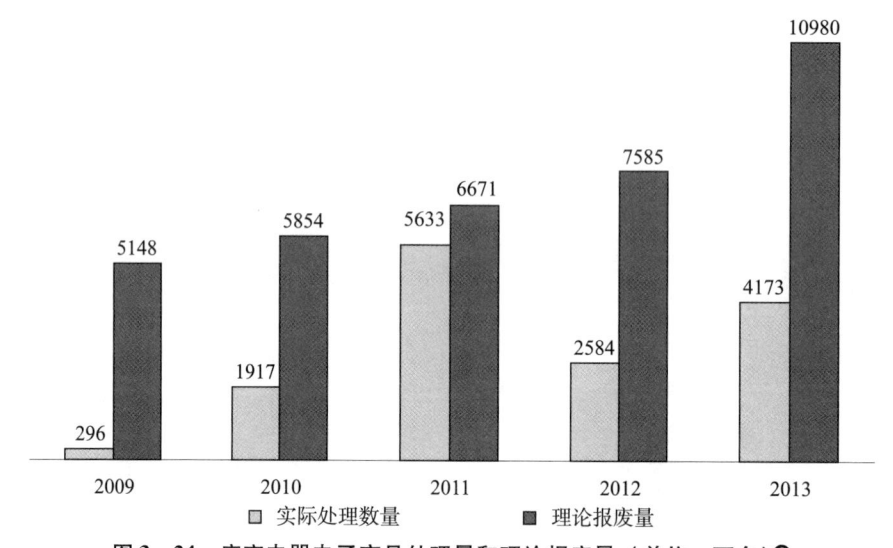

图 3-24 废弃电器电子产品处理量和理论报废量（单位：万台）[2]

据统计[3]，2014 年中国家用电冰箱产量为 9337 万台，同比下降 0.04%；房间空气调节器产量为 1.57 亿台，同比增长 11.46%；洗衣机产量为 7114.33 万台，同比下降 1.2%；生产微型计算机 3.51 亿台，同比下降 0.8%；彩电产量为 15541.94 万台，同比增长 10.8%。可见，五种电子电器的产量虽有小幅波动，但整体上依然保持逐年递增的趋势（见图 3-25）。

---

[1] 数据来源：《广东省固体废物污染防治"十二五"规划（2011—2015）》。
[2] 2013 年实际拆解数量是在环保部公布的第 1 季度和第 2 季度拆解处理数据的基础上，根据处理企业处理能力预测得出。
[3] 我国 10 大类再生资源回收现状和趋势预测 [J]. 中国资源综合利用，2015，33（7）.

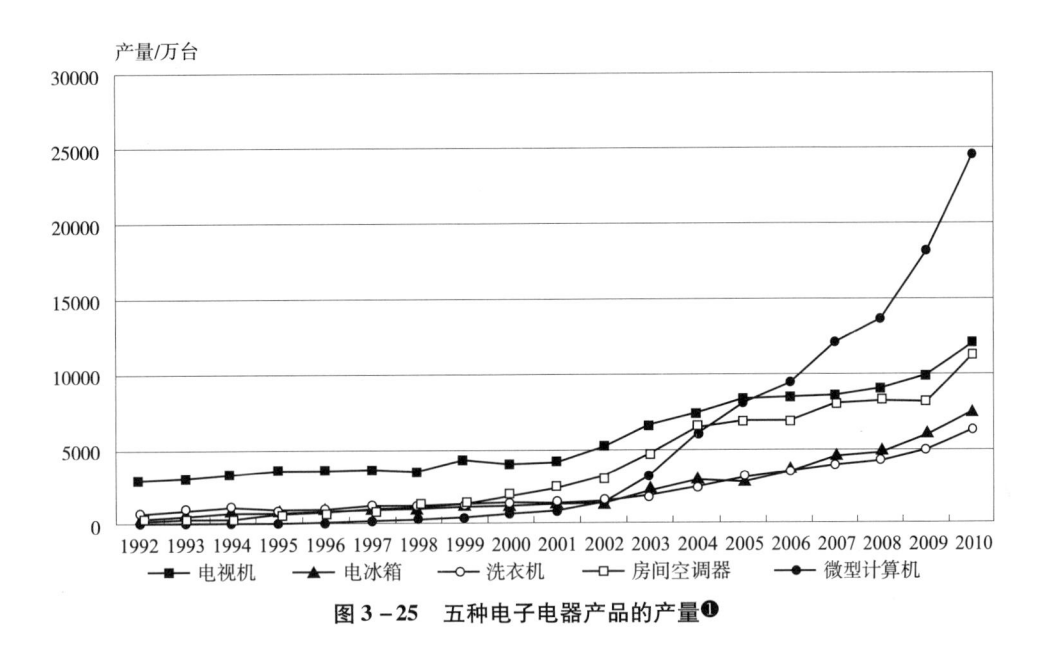

图 3-25 五种电子电器产品的产量❶

2014 年，我国五种主要废弃电器电子产品的回收量为 13583 万台，约合 31 万吨。其中，废电视机回收量为 5860 万台，废电冰箱回收量为 1332 万台，废洗衣机回收量为 1420 万台，废房间空调器回收量为 1961 万台，废微型计算机回收量为 3010 万台。2015 年，我国废弃电器电子产品中首批目录产品（"四机一脑"）的理论报废量将继续增长。而黑白电视机的理论报废量仍将持续下降。由于首批目录产品中，电视机处理量巨大且补贴标准高，导致处理基金收支严重失衡。目前，财政部正在研究调整处理基金征收和补贴标准。预计 2015 年，在新的基金征收和补贴标准下，首批目录产品的回收处理数量较 2014 年持平或略有下降。

从图 3-26 可知，与国外本产业的关注点相同，废弃线路板和电池处理是六省市的两大重点关注领域，其专利申请量都占到了各省 70% 以上。废弃电池处理更是重点研究对象，六省市中废弃电池处理专利申请量占到了中国该领域总量的 50% 以上。在全国范围内，废弃电池再生循环利用专利申请总量也占到本行业所有在华专利申请总量的 50% 以上。然而，废弃电池回收再利用专利申请总量的绝对数量为 939 件，与其他循环回收领域的专利申请数量相比显得过少了。这是因为电池相对于其他五大家用电器体积小，在环境保护意识不够的情况下，针对废弃电池缺少有效的回收机制，普遍存在的现象是日常生活和工作中产生的废弃电池被随意丢弃，往往需要从城市垃圾中进行复杂的分离才能得到。这严重影响了废电池的再利用效率。

---

❶ 中国家用电器研究院. 中国废弃电器电子产品回收处理及综合利用行业现状与展望——行业研究白皮书，2010.

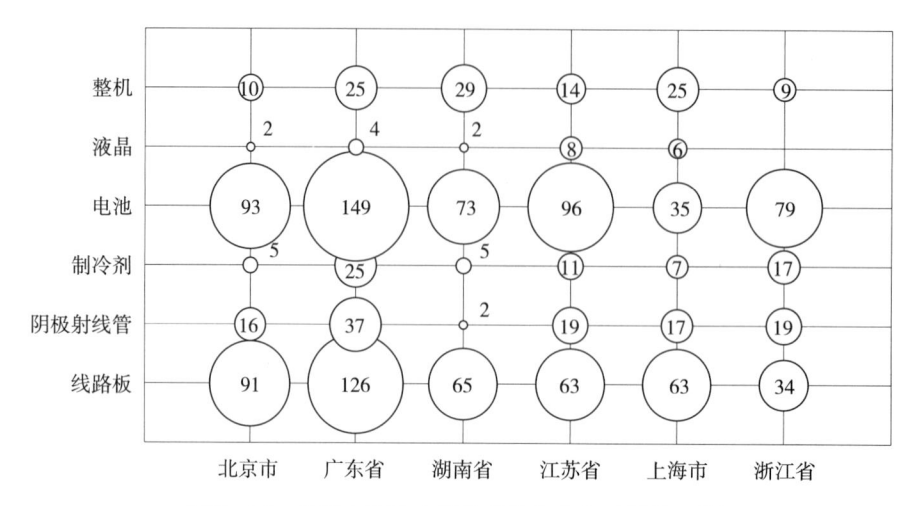

	北京市	广东省	湖南省	江苏省	上海市	浙江省
整机	10	25	29	14	25	9
液晶	2	4	2	8	6	
电池	93	149	73	96	35	79
制冷剂		5	25	11	7	17
阴极射线管	16	37	2	19	17	19
线路板	91	126	65	63	63	34

图 3-26 各省市专利申请技术分支分布（单位：件）

上述六省市的阴极射线管、制冷剂、液晶和整机回收再利用专利申请量表现出了与中国专利申请和外籍专利申请整体相同的分布规律，其原因也与上节分析的类似，体现了技术和产业发展空间和区域的一致性。

从图 3-26 可知，北京市、广东省、江苏省和上海市在六个分支领域内都有涉及，体现了其技术发展的均衡性。广东省在各分支领域内都处于领先地位，得力于广东省政府的政策指导，同时反映了广东省在废弃电器电子产品利用行业的投入与热情。截至 2010 年年底，广东省现有危险废物持证经营企业 103 家（不含医疗废物持证经营企业），年处理能力达到 266.44 万吨。在"十一五"期间，广东省先后制定实施了《广东省进口废塑料加工利用企业污染控制规范》《广东省高危废物名录》《广东省严控废物处理行政许可实施办法》，出台了《关于加强固体废物监督管理工作的意见》等"1+6"配套政策，以及《关于印发〈关于进一步加强我省城镇生活污水处理厂污泥处理处置工作的意见〉的通知》，广州、深圳等市也出台了《固体废物污染防治规划》《危险废物管理办法》等管理规定，初步建立了符合广东省省情的固体废物管理法制体系。广东省环境保护厅公布《广东省固体废物污染防治"十二五"规划（2011—2015）》，要求到 2015 年建立完善的固体废物收集、综合利用与安全处置体系，实现有效的固体废物处理处置全过程管理；基本建成覆盖全省的固体废物资源化与无害化处置设施，固体废物得到妥善处理处置；建立有效的固体废物信息化管理模式，省、市、县（区）三级固体废物环境监管体系高效运行，固体废物污染环境问题多发态势得到有效遏制。

从图 3-27 和表 3-5 来看，广东省在实用新型专利申请量、发明专利申请量和有效专利数上都处于绝对领先地位，发明专利申请量比最低的上海市高了约 3 倍，比第二位的北京市高了 1.5 倍。江苏省发明专利申请量略低于北京市。湖南省、上海市和浙江省不相上下，处于第三等级。

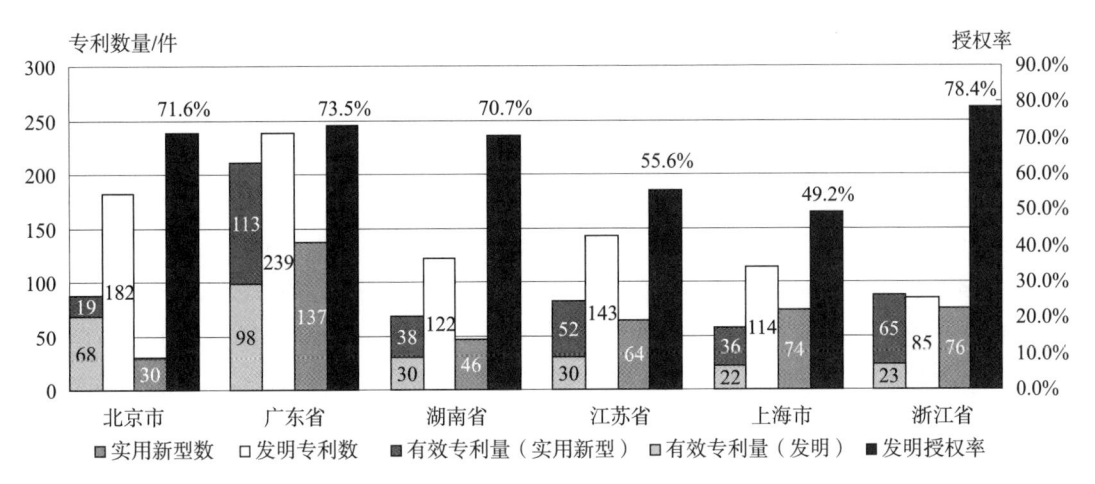

图 3-27 各省市专利申请质量

表 3-5 各省市专利申请质量

省市	发明待审量/件	实用发明比	有效实用新型存活率	有效发明存活率	发明待审率
北京市	61	16.4%	61.2%	79.1%	33.5%
广东省	84	57.3%	82.5%	85.9%	35.1%
湖南省	63	37.8%	82.6%	73.2%	51.6%
江苏省	68	44.8%	81.3%	68.2%	47.6%
上海市	53	64.9%	94.7%	73.3%	46.5%
浙江省	48	89.4%	85.5%	79.3%	56.5%

发明专利的价值一般高于实用新型专利。表 3-5 显示,北京市实用新型专利申请量与发明专利申请量比值最低,说明北京市在开发新技术上做出了较大的努力;浙江省相应的比值最高,说明其科研技术投入还有待加强。北京市在实用新型专利权维持方面,即有效实用新型存活率是最低的,主要受实用新型申请总量低影响,同时也反映了北京市对新技术的追求,其对实用新型专利申请的重视程度并不高。上海市的实用新型专利申请占有率较低,但其在实用新型专利权维护方面是最重视的。

广东省的发明专利申请数量最高,发明授权率也高达 73.5%,说明其在新技术开发方面积极性很高,并具有较强的技术实力,同时也表明广东省在该领域的成长环境良好。广东省的有效发明存活率为 85.9%,居于第一位,说明广东省在废弃电器电子产品处理行业的技术具有较高的市场价值或潜在的市场价值,这在一定程度上反映了广东省在该领域的技术处于中国领先地位。广东省相对较低的发明待审率说明其处于发展平稳期。综合来看,广东省各项专利申请数据指标与日本申请人表现出的类似。

湖南省在有效发明存活率和授权率方面差于北京市和广东省,结合图 3-23 来看,湖南省本行业真正发展是从 2005 年开始的,说明近几年废弃电器电子产品处理行业在湖南省得到了足够的重视,其在线路板、电池、整机拆分分支领域茁壮成长,并相应地取得了一定的成果。浙江省起步时间与湖南省接近,两省发明专利申请数量也没有显著的差别，但其发明专利申请授权率最高，并结合高达 56.5% 的发明待审率，这体现了浙江省在技术创新方面做出了较大投入，现正处于旺盛的上涨势头。

江苏省虽然在本领域内起步不算晚，发明专利申请数量也处于中等水平，但其发明专利申请授权率偏低，说明其在该领域内的技术积累不够，还有待技术升级。这与其相对较高的发明待审率相映衬。

北京市和上海市是中国教育发达地区，高校科研也很活跃，从图 3-28 可以看出两市大学申请人处于领先地位，甚至各自约占到了本市专利申请的一半。根据中国科研机构分布特点，北京市研究机构申请人数量最高。同时，结合其他数据来看，两市的技术发展还处于实验室阶段，有待于产业转化和应用。

广东省企业申请人占比最大，这与广东省产业发展状态相吻合。前述图表数据显示了废弃电器电子产品处理行业在广东省仍然处于上升阶段，广东省从业企业在技术方面敢于革新的勇气和较为深厚的技术积累为其行业高速发展奠定了一定基础。同时，从其他省市数据来看，企业都肩负着重要的技术革新责任。

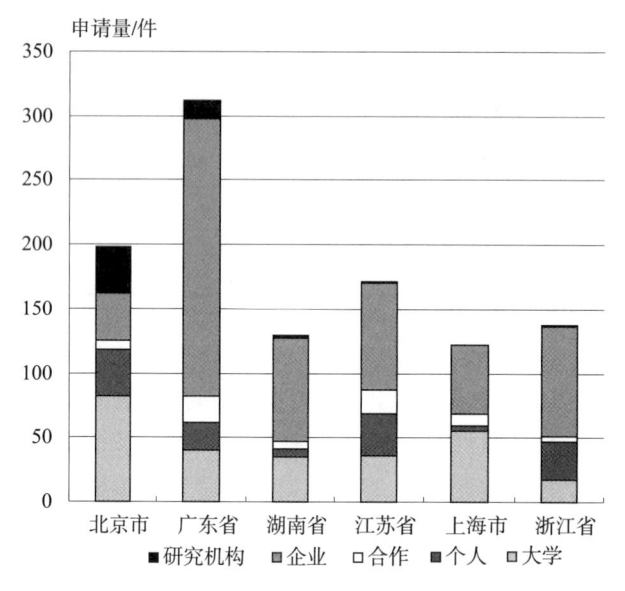

图 3-28 各省市专利申请人类型分布

合作申请作为体现"产学研"结合的综合表现，能反映出产业与技术联合的紧密性。从图 3-28 可知，广东省和江苏省合作申请量较多，反映出两省发达的产业总量及其背后迫切的技术需求。

3.2.5 主要专利申请人及其技术分析

图 3-29 中废弃电子电器领域专利申请数量排名靠前的 15 位申请人，其专利申请数量约占总专利申请量的 17%，其中有两位是外籍申请人，分别是日本的松下和住友。其余申请人的专利申请较为分散，行业中既有实力强劲的带头者，又有众多的追赶者，这也进一步说明该领域还处于发展前中期，有较好的发展环境。

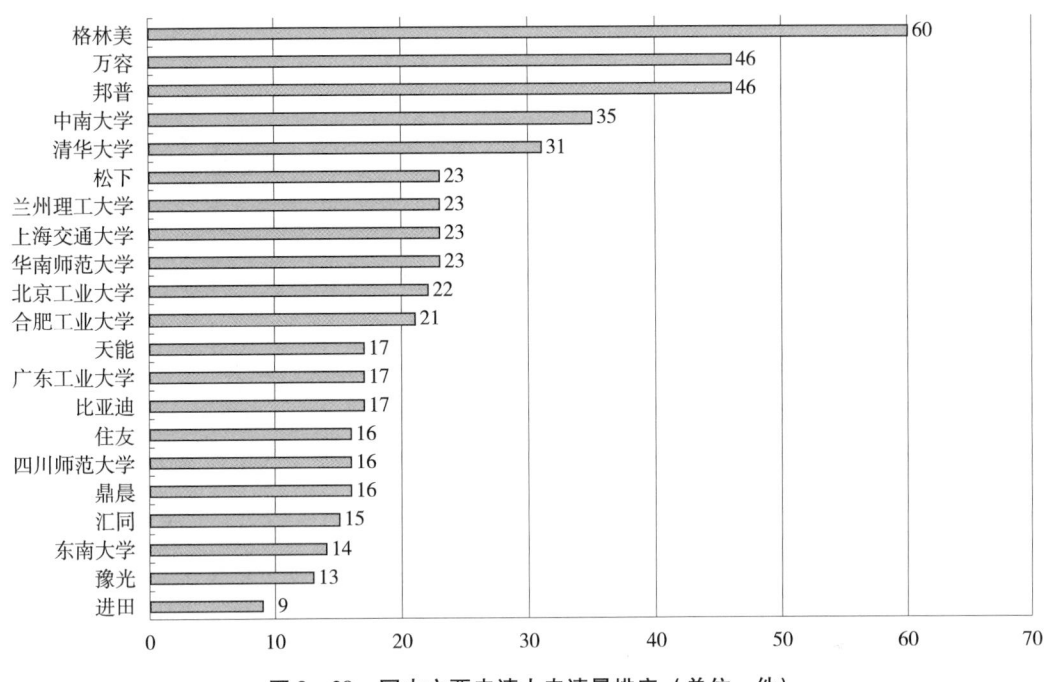

图 3-29 国内主要申请人申请量排序（单位：件）

从时间分布来看（见图3-30），松下1997~2012年专利申请没有间断，申请巅峰时期是1998~2002年，在1999年达到了最高的年申请量20件，在接下来的10年间平均专利申请数量超过6件，高于其他申请人全时期大部分单年申请量。中国申请人中，上海交通大学、清华大学是最早进入该领域的，从2001年起就间断性进行专利申请，之后还有中南大学、合肥工业大学等；格林美、邦普虽然进入时间较晚（2005年），但从2005年之后其专利申请量出现了明显的增长；2013年之后，曾在2009~2012年申请量较多的鼎晨、比亚迪、住友、松下并未提交新的专利申请，很可能退出了该领域；而兰州理工大学在2014~2015年的两年中提交了16件专利申请，作为该领域的新进入者，势头强劲；其他企业或高校专利申请的数量相对稳定，并无明显规律。

从图3-31可以看出，专利申请数量排名靠前的申请人主要关注领域仍旧是线路板和电池。申请人在两大重点关注领域重合度不高，大部分都偏重于其中一个，广东工业大学和华南师范大学这一现象尤为明显。除了格林美、鼎晨和松下之外，其他企业申请人偏重现象也较明显。例如，万容偏向于线路板和整机拆解，邦普则侧重于电池回收处理。高校申请人中，除了上述两所大学外，其他大学申请人在线路板和电池两个主要技术分支都有涉及。

所谓术业有专攻、集中力量好办事，对于刚起步或正在成长企业来说，实现一条能盈利的生产线才是根本，如无必须，短期或稍长期内并不需要涉足其他相关领域，这就造成了企业在单领域的技术积累。一个大学申请人的发明主体可以是一个个不同的科研团队，其各自可以根据市场需要确定研究方向，最终表现出的是可以在多个领域内有所发展。这种多领域发展也体现了相应大学在本领域的综合实力。上海交通大

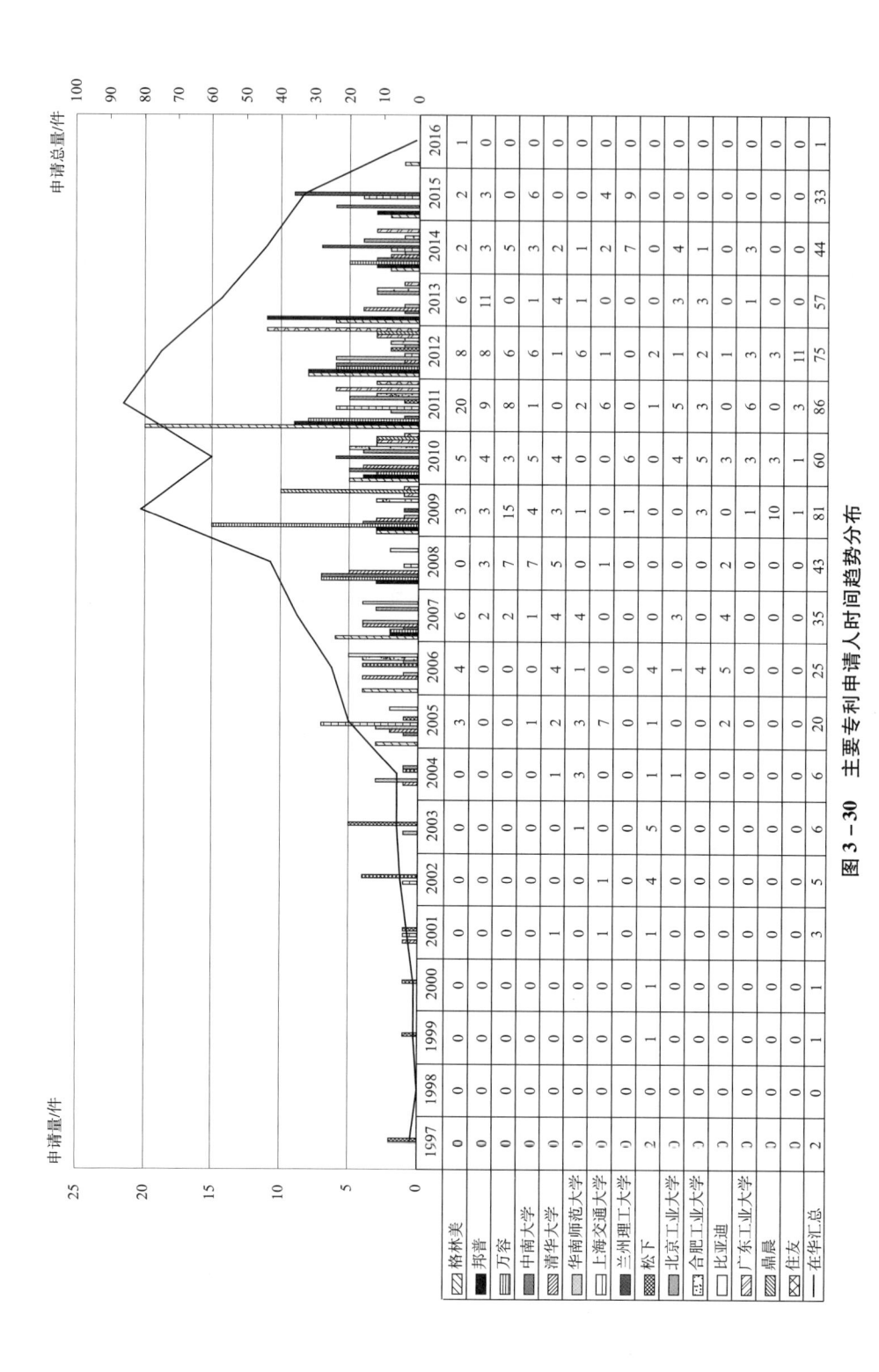

	1997	1998	1999	2000	2001	2002	2003	2004	2005	2006	2007	2008	2009	2010	2011	2012	2013	2014	2015	2016
格林美	0	0	0	0	0	0	0	0	3	4	6	0	3	5	20	8	6	2	2	1
邦普	0	0	0	0	0	0	0	0	0	0	2	3	3	4	9	8	11	3	3	0
万容	0	0	0	0	0	0	0	0	0	0	2	7	15	3	8	6	0	5	0	0
中南大学	0	0	0	0	0	0	0	0	1	0	1	7	4	5	1	6	1	3	6	0
清华大学	0	0	0	0	1	0	1	1	2	4	4	5	3	4	0	1	4	2	0	0
华南师范大学	0	0	0	0	0	0	1	3	3	1	4	0	1	0	2	6	1	1	0	0
上海交通大学	0	0	0	0	1	1	0	0	7	0	0	1	0	6	6	1	0	2	4	0
兰州理工大学	0	0	0	0	0	0	0	0	0	0	0	0	1	0	0	0	0	7	9	0
松下	2	0	1	1	1	4	5	1	1	4	3	0	0	4	5	2	3	0	0	0
北京工业大学	0	0	0	0	0	0	0	1	0	1	0	0	0	5	3	1	3	4	0	0
合肥工业大学	0	0	0	0	0	0	0	0	2	4	4	2	3	3	2	2	3	1	0	0
比亚迪	0	0	0	0	0	0	0	0	0	5	0	0	0	1	0	1	0	0	0	0
广东工业大学	0	0	0	0	0	0	0	0	0	0	0	0	1	3	6	3	1	3	0	0
鼎晨	0	0	0	0	0	0	0	0	0	0	0	0	10	0	0	3	0	0	0	0
住友	0	0	0	0	0	0	0	0	0	0	0	0	0	1	3	11	0	0	0	0
在华汇总	2	0	1	1	3	5	6	6	20	25	35	43	81	60	86	75	57	44	33	1

图 3-30 主要专利申请人时间趋势分布

学和合肥工业大学在总体数量上排名并不靠前，但在六个领域中涉及了五个，体现了其技术的全面积累和对本领域的重视。

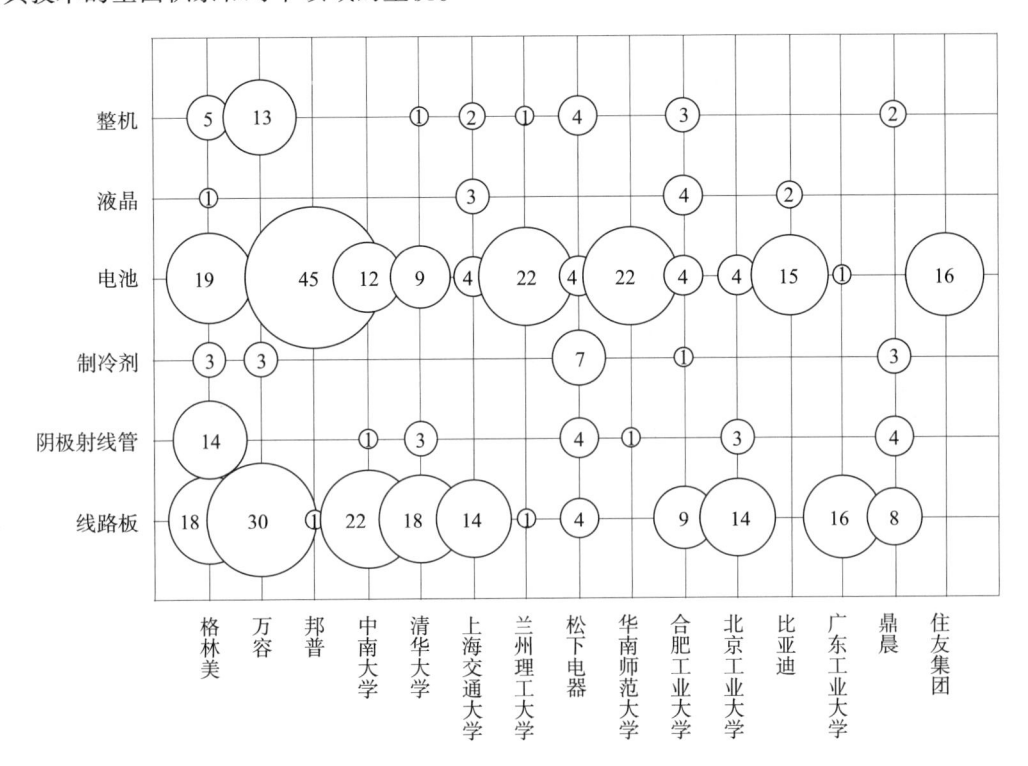

	格林美	万容	邦普	中南大学	清华大学	上海交通大学	兰州理工大学	松下电器	华南师范大学	合肥工业大学	北京工业大学	比亚迪	广东工业大学	鼎晨	住友集团
整机	5	13		①	2	①	4		3						2
液晶		①			3				4		2				
电池	19	45	12	9	4	22	4	22	4	4	15	①			16
制冷剂	3	3					7			①				3	
阴极射线管	14			①	3		4	①	3				4		
线路板	18	30	①	22	18	14	①	4		9	14		16	8	

图 3-31　主要专利申请人技术分支分布（单位：件）

从图 3-32、表 3-6 可知，主要专利申请人的专利申请整体质量良好，在发明授权、有效实用新型和有效发明存活率方面都很高。发明专利授权率超过 75% 的有九位，超过 90% 的有两位，最高者达 94.1%。有效实用新型存活率有四位申请人达到了 100%，其都为中国企业申请人。有效发明存活率有六位申请人达到了 100%，其中有四位是中国企业申请人，两位是中国高校申请人。这种强有力的专利技术支撑，说明了我国相关企业的健康成长状态良好。这一现象尤以格林美、邦普和比亚迪最突出，这也与这些企业现阶段发展势头相吻合。邦普和比亚迪发明待审率偏低，提醒了两者需要继续加大技术投入，并清晰地划分相应的技术势力范围。

从图 3-32 可以看出格林美在六个领域中都有涉及，且各领域的专利申请量都处于同行前列，体现了其在废弃电器电子产品处理行业的领先地位。格林美于 2002 年 1 月在深圳设立，在国内多省市地区设立了生产工厂，正在形成覆盖珠三角、长三角和中部地区的城市矿产资源循环产业布局，以废旧电池、电子废弃物、钴镍钨工业废弃物和稀贵金属废弃物为主体，年回收处理各种废弃资源总量达 100 万吨以上，循环再造钴镍、铜钨、金银、钯铑等十多种稀缺资源，塑木型材、新能源材料、环保砖等多种高技术产品，形成完整的资源化循环产业链。其经营领域的多样性与专利技术分布广形成了对应。

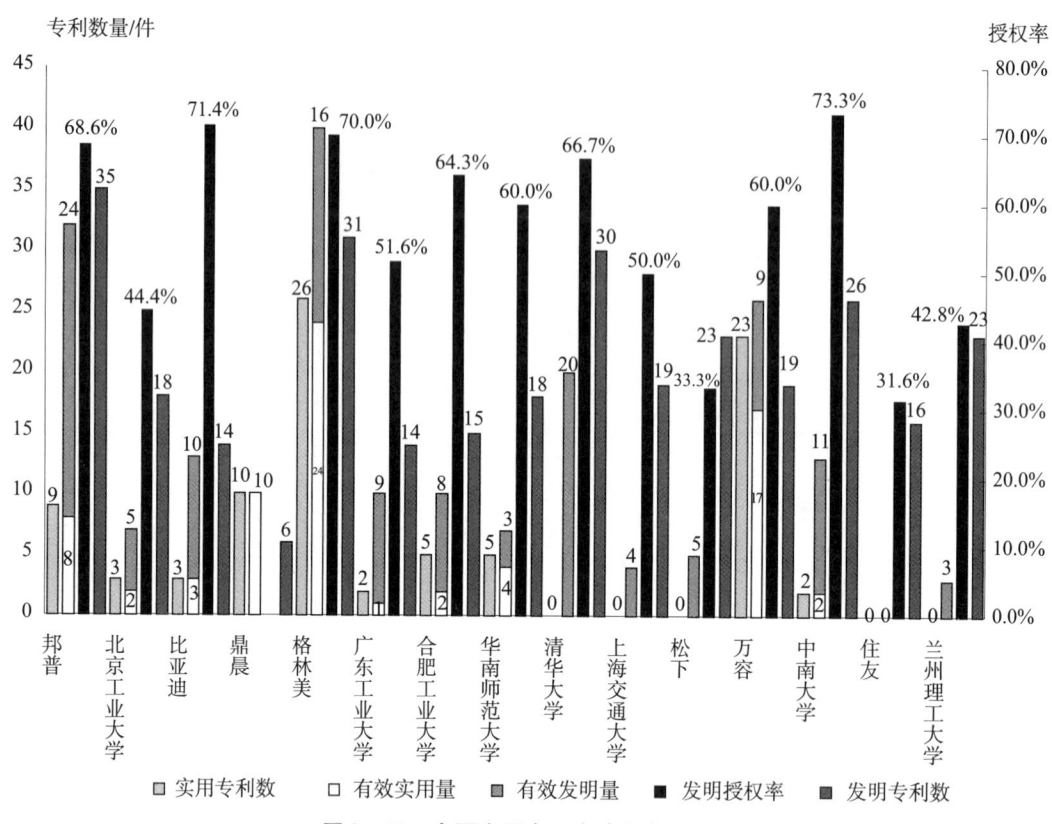

图 3-32 中国主要专利申请人专利质量

清华大学作为技术开创的先驱，在各技术领域都有相应的影响力。在废弃电器电子产品处理行业，清华大学在 2001 年首次提交了相应的专利申请，是上述主要中国申请人中最早的。其主要涉及废弃电池分支，这与本领域发展时代背景相呼应。

排名靠前的 15 位申请人中只有两位是外国申请人，分别是日本的松下和住友集团株式会社（简称"住友"）。从申请人时间变化趋势分布可知，松下在此领域内向中国提交的专利申请时间最早始于 1997 年，国内最早的专利申请分别由清华大学和上海交通大学于 2001 年提交，松下在此领域领先了国内申请人至少 4 年的时间。从技术分支时间趋势来看，针对中国专利申请，松下 1997 年的申请关注整机如电视机和显示器等的拆分，1999 年涉及线路板分支领域，2001 年进军阴极射线管分支领域，2002~2003 年主要转向于制冷剂分支领域，2003 年开始涉足电池分支领域。松下于 2001 年投资 18 亿日元建成拆解工厂，运营第一年就拆解了 50 万台废弃家电。从时间节点来看，其专利申请时间正好与投资建厂时间相呼应。松下从 1997 年到 2006 年，除 1998 年外，都有连续的专利申请，说明其在废弃电子电器领域持续关注和投入，具有较好的发展态势。

住友的第一件中国专利申请出现于 2009 年，2009~2012 年每年都有专利申请，大部分集中于 2012 年，且专利申请全部集中于电池分支领域，这说明电池分支是住友正在开发的领域。除 2009 年申请的 1 件专利在实质审查阶段视为撤回外，其他的都处于待审状态。住友经济实力雄厚，从其专利布局，以及矿工业和电器工业双重背景来看，其将强势进军废弃电池分支领域。虽然其目前没有有效专利，但这是我国技术发明者和企业经营者需要面对的有力竞争者，同时需要在以后技术和商业活动中避免直接碰撞带来的冲击。

表 3–6 中国主要专利申请人专利质量

申请人	待审发明申请/件	有效实用存活率	有效发明存活率	发明待审率
邦普	6	100.0%	100.0%	13%
北京工业大学	7	66.7%	62.5%	38.9%
比亚迪	2	100.0%	100.0%	14.3%
鼎晨	3	100.0%	0.0%	50.0%
格林美	14	100.0%	100.0%	45.2%
广东工业大学	3	50.0%	100.0%	21.4%
合肥工业大学	3	40.0%	88.9%	20.0%
华南师范大学	3	80.0%	25.0%	16.7%
兰州理工大学	16	—	100.0%	69.5%
清华大学	6	—	90.9%	20.0%
上海交通大学	6	—	66.7%	10.5%
松下	1	—	27.8%	4.3%
万容	5	73.9%	100.0%	26.3%
中南大学	11	100%	64.7%	23.1%
住友	15	—	0.0%	93.8%

3.2.6 专利交易活跃情况

表 3–7 显示了在废弃电器电子产品处理行业中国专利申请的转让和许可情况。在总共 2339 件申请中，有 139 件发生了专利转让和许可，占总量的 5.9%，其中 63.7% 至今仍然为有效专利。分析表明，每 17 件申请就有 1 件发生了交易行为，显示该领域总体上对技术引进的意愿较为强烈，专利交易市场活跃程度较高，而通过专利交易不仅能够实现技术引入取长补短，也有助于提高专利运营水平。在政府层面上，有必要搭建好专利交易平台，对专利交易行为进行指导和规范。

与各国横向对比，中国专利申请共有 125 件发生转让和许可，占本国申请比例达到 5.8%，交易活跃程度并未明显落后于发达国家，高于美国的 5.4%，基本上与日本的 5.9% 持平，但低于欧洲的 8.8%。这表明国内行业在引进方面并没有盲目寻求国外技术，与国外专利相比，国内专利具备了一定的市场竞争力。中国的有效专利占比明显高于欧洲和日本，也处于平均值之上。

表 3-7　中国专利申请的转让和实施许可情况

国家和地区	转让和许可专利数量/件	占申请量的比例	有效专利占比
中国	125	5.8%	82.4%
欧洲	3	8.8%	33.3%
日本	6	5.9%	66.7%
美国	2	5.4%	100%
中国香港特别行政区	2	100%	100%
总计	139	5.9%	63.7%

3.2.7 专利与产业的关联度

1. 专利布局与产业布局的关系

按照活跃程度全国废弃电器电子产品处理行业大致可以分为三个区域。

1）沿海地区。该地区包括长江三角洲地区、珠江三角洲地区和环渤海地区，是技术创新最为活跃的区域。该地区的广东、北京、江苏、浙江和上海都是申请量较大的省市。20 世纪 90 年代以来，沿海地区的港口作为欧美进口废金属等固体废弃物的集散地，就近产生了大批从事废弃电器电子拆解回收利用的企业，因此最早发展形成了产业集聚的优势，国家产业示范园区也数量众多。

2）中部地区。该地区包括湖南、安徽、河南、四川和湖北。废弃电器电子产品有其特殊性，分布分散且覆盖面广，回收环节对交通条件有着苛刻的要求，处于交通枢纽的省市优势明显。随着国内产生废弃电器电子产品的增多，该地区各省市依赖便利的交通运输条件和优惠的招商引资政策，产生了一批回收企业，以提升对废弃资源的消化能力。而沿海地区由于人力资源、土地成本和环境压力的增加，原有资源回收企业（如格林美等）逐渐倾向于向内迁徙。可以预见该地区在未来一段时间的技术创新前景依然值得期待。

3）西部、北部地区。该地区自身产生的废弃资源总量不大，也缺乏地理和交通优势，因此产业规模较小，技术创新最不活跃。

2. 技术发展与专利申请密切相关

图 3-33 是所有国籍申请人向中国提交的各分支领域专利申请量随时间分布趋势，电池和线路板分支早在 1992 年便有申请，制冷剂和阴极射线管分支随后也有申请。除液晶外的五个技术分支的发展趋势比较一致，在 2000 年以前，专利申请量维持在较低数量。液晶分支则因液晶技术在 2000 年的发展，直到 2002 年才出现相关回收专利。2010 年以后，电池和线路板发展较为迅速，尤其以电池分支更甚。从时间趋势可知最受关注的两项技术领域分别是电池和线路板，许多资源被投入，以加大相关的研究力度。

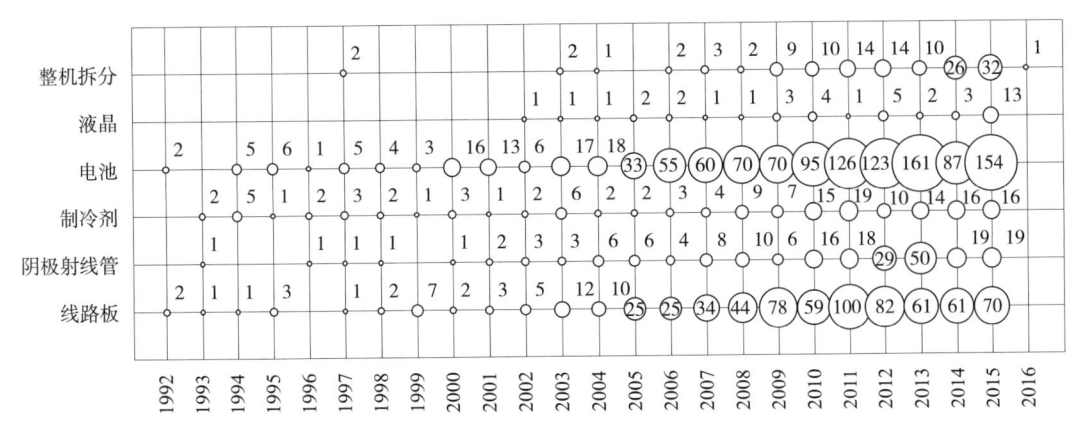

图 3-33 中国专利申请中各技术分支随时间分布趋势

制冷剂、整机和阴极射线管技术分支在 2008 年之后分别迎来了一个显著增长期，这与中国国内重视废弃电器电子产品回收再利用的大环境相关。整机拆分领域增长尤显突出，这与产业发展状况相匹配。在 2008 年以前，国内针对废弃电器电子产品回收再利用没有明确适用的规定，较早出现的国家相关标准，如《废弃机电产品集中拆解利用处置区环境保护技术规范》（HJT 181—2005）于 2005 年 8 月 15 日公布，2005 年 9 月 1 日实施。随之相关的标准，如《废弃产品回收利用术语》（GB/T 20861—2007）、《产品可回收利用率计算方法导则》（GB/T 20862—2007）也才于 2007 年确立。在 21 世纪初，中国整体技术水平发展不均衡，人工劳动成本相对较低，而整机拆分恰好不需要高技术含量而靠人工就能实现，虽然其拆分效率和回收率较低，但至少有利可图。但随着人工成本的增加、拆分效率和回收率的红线要求，迫使相应从业者进行技术革新，由此带来了一轮专利申请量的增长。

主要用于电视和显示器的阴极射线管，从技术角度来说处于逐渐被淘汰的命运，但由于其相应的廉价优势，还将在国内市场存在一定的时间。同时，由于早期废弃量的积压，阴极射线管处理技术的相关专利于最近开始出现了较明显的增长趋势。

3. 专利申请量与企业地位的匹配度

表 3-8 是国内相关专利申请排名靠前的几位申请人，其中企业有 13 个，科研单位有 17 个，企业和大学作为技术创新的主体齐头并进，技术开发处于成长期。在 13 家企业中有两家国外企业，可见在此领域来华国外企业的影响力暂时不大，但也不能忽视与其面临的竞争。

表 3-8 国内申请数量排名靠前申请人　　　　　　　　　　　　单位：件

申请人	相关专利申请数量	类型
格林美高新技术股份有限公司	60	企业
邦普循环科技有限公司	46	企业
湖南万容科技股份有限公司	46	企业
中南大学	35	科研单位

续表

申请人	相关专利申请数量	类型
清华大学	31	科研单位
上海第二工业大学	28	科研单位
华南师范大学	23	科研单位
兰州理工大学	23	科研单位
上海交通大学	23	科研单位
松下电器产业株式会社	23	企业
北京工业大学	22	科研单位
赣州市豪鹏科技有限公司	21	企业
合肥工业大学	21	科研单位
珠海格力电器股份有限公司	19	企业
比亚迪股份有限公司	17	企业
广东工业大学	17	科研单位
惠州市鼎晨实业发展有限公司	16	企业
四川师范大学	16	科研单位
住友金属矿山株式会社	16	企业
浙江汇同电源有限公司	15	企业
北京科技大学	14	科研单位
东南大学	14	科研单位
河南师范大学	13	科研单位
河南豫光金铅股份有限公司	13	企业
伟翔环保科技发展	13	企业
天津理工大学	12	科研单位
同济大学	11	科研单位
北京化工大学	10	科研单位
财团法人工业技术研究院	10	科研单位
哈尔滨市华振科技有限责任公司	10	企业
朱桂贤	10	个人

表3-9是2014年第3、4季度有关省（区、市）废弃电器电子产品处理企业的处理量。对比表3-8和表3-9可以看出，虽然有申请量排名靠前的企业总处理量较大，但绝大部分总处理量靠前的企业与其专利申请量的比重地位不符。如表3-10所示，处理量位于第2位的TCL以及排名分别为第4~6位的企业在表3-8中均没有出现。申请量排名和处理量排名均处于前列的仅有格林美。

表 3-9 国内主要企业处理量分布（2014 年第 3、4 季度处理量）

补贴企业	总处理量/件	补贴企业	总处理量/件	补贴企业	总处理量/件
TCL 奥博（天津）环保发展有限公司	1064977	江西格林美资源循环有限公司	1044352	荆门市格林美新材料有限公司	1087167
唐山中再生资源开发有限公司	890152	江西中再生资源开发有限公司	1013616	中再生洛阳投资开发有限公司	1013723
山西天元绿环科技有限公司	874125	山东中绿资源再生有限公司	920759	四川中再生资源开发有限公司	939594
黑龙江省中再生废旧家电拆解有限公司	851240	江苏苏北废旧汽车家电拆解再生利用有限公司	918673	清远市东江环保技术有限公司	832556
四川长虹格润再生资源有限责任公司	728666	鑫广绿环再生资源股份有限公司	861274	广东华清废旧电器处理有限公司	799941
南京凯燕电子有限公司	612332	安徽鑫港环保科技有限公司	758633	湖北金科环保科技股份有限公司	759286
华新绿源环保产业发展有限公司	607509	浙江盛唐环保科技有限公司	638331	成都仁新科技股份有限公司	679949
石家庄绿色再生资源有限公司	499320	浙江蓝天废旧家电回收处理有限公司	633517	湖南省同力电子废弃物回收拆解利用有限公司	666483
北京市危险废物处置中心	483961	烟台中祈环保科技有限公司	591821	格林美（武汉）城市矿产循环产业园开发有限公司	634743
吉林省三合废弃电器电子产品回收处置有限公司	483856	芜湖绿色再生资源有限公司	539154	湖南绿色再生资源有限公司	592745
陕西九洲再生资源有限公司	463429	浙江青茂环保科技有限公司	535068	广西桂物资源循环产业有限公司	540422
鑫广再生资源（上海）有限公司	325011	扬州宁达贵金属有限公司	401166	株洲凯天环保科技有限公司	540222
华新绿源（内蒙古）环保产业发展有限公司	324024	常州翔宇资源再生科技有限公司	378161	四川省中明环境治理有限公司	535784
什邡大爱感恩环保科技有限公司	303872	云南华再新源环保产业发展有限公司	307068	汕头市 TCL 德庆环保发展有限公司	513708
上海新金桥环保有限公司	267393	杭州松下大地同和顶峰资源循环有限公司	276488	汨罗万容电子废弃物处理有限公司	493608

续表

补贴企业	总处理量/件	补贴企业	总处理量/件	补贴企业	总处理量/件
泰鼎（天津）环保科技有限公司	235364	阜阳大峰野再生资源有限公司	241692	湖北蕲春鑫丰废旧家电拆解有限公司	491436
伟翔环保科技发展（上海）有限公司	222336	厦门绿洲环保产业股份有限公司	232103	河南恒昌贵金属有限公司	426414
伟翔联合环保科技发展（北京）有限公司	207542	安徽广源科技发展有限公司	230988	广东赢家环保科技有限公司	425146
山西洪洋海鸥废弃电器电子产品回收处理有限公司	185195	苏州伟翔电子废弃物处理技术有限公司	225257	南阳康卫（集团）有限公司	412452
天津和昌环保技术有限公司	183025	安徽超越环保科技有限公司	207547	佛山市顺德鑫还宝资源利用有限公司	391138
苏州同和资源综合利用有限公司	170308	赣州市巨龙废旧物资调剂市场有限公司	193024	乌鲁木齐惠智通电子有限公司	387740
邢台恒亿再生资源回收有限公司	145966	青岛新天地生态循环科技有限公司	192426	河南格林美资源循环有限公司	374304
文安县豫丰金属制品有限公司	142185	江西同和资源综合利用有限公司	173317	大冶有色博源环保股份有限公司	365134
天津同和绿天使顶峰资源再生有限公司	133495	新疆金塔有色金属有限公司	135969	郑州格力绿色再生资源有限公司	335671
宁夏亿能固体废弃物资源化开发有限公司	78103	安徽福茂再生资源循环科技有限公司	129535	武汉博旺兴源环保科技股份有限公司	334764
河北万忠废旧材料回收有限公司	65996	南京环务资源再生科技有限公司	113276	郑州弓长昱祥电子产品有限公司	324308
上海电子废弃物交投中心有限公司	60314	台州大峰野金属有限公司	102955	重庆市中天电子废弃物处理有限公司	304757
陕西新天地废弃电器电子产品回收处理有限公司	51683	福建省宏源废旧家电回收处理有限公司	91037	兰州泓翼废旧电子产品拆解加工中心	231829
佳木斯龙江环保再生资源有限公司	50326	遵义绿环废弃电器电子产品回收处理有限公司	87241	重庆中加环保工程有限公司	189644
森蓝环保（上海）有限公司	43824	南通森蓝环保科技有限公司	78581	甘肃华壹环保技术服务有限公司	141348

续表

补贴企业	总处理量/件	补贴企业	总处理量/件	补贴企业	总处理量/件
哈尔滨市群勤环保技术服务有限公司	35423	贵阳物资回收有限公司	58878	青海云海环保服务有限公司	62914
吉林市金再废弃电器电子产品回收利用有限公司	13024	福建全通资源再生工业园有限公司	44371	茂名天保再生资源发展有限公司	9836
通辽华强废旧家电处理有限公司	11339	三明市万源再生资源有限公司	27635	河南艾瑞环保科技有限公司	6754

表3-10 国内主要企业处理量前30名分布（2014年第3、4季度处理量）

序号	企业名称	总处理量/件	序号	企业名称	总处理量/件
1	荆门市格林美新材料有限公司	1087167	16	安徽鑫港环保科技有限公司	758633
2	TCL奥博（天津）环保发展有限公司	1064977	17	四川长虹格润再生资源有限责任公司	728666
3	江西格林美资源循环有限公司	1044352	18	成都仁新科技股份有限公司	679949
4	中再生洛阳投资开发有限公司	1013723	19	湖南省同力电子废弃物回收拆解利用有限公司	666483
5	江西中再生资源开发有限公司	1013616	20	浙江盛唐环保科技有限公司	638331
6	四川中再生资源开发有限公司	939594	21	格林美（武汉）城市矿产循环产业园开发有限公司	634743
7	山东中绿资源再生有限公司	920759	22	浙江蓝天废旧家电回收处理有限公司	633517
8	江苏苏北废旧汽车家电拆解再生利用有限公司	918673	23	南京凯燕电子有限公司	612332
9	唐山中再生资源开发有限公司	890152	24	华新绿源环保产业发展有限公司	607509
10	山西天元绿环科技有限公司	874125	25	湖南绿色再生资源有限公司	592745
11	鑫广绿环再生资源股份有限公司	861274	26	烟台中祈环保科技有限公司	591821
12	黑龙江省中再生废旧家电拆解有限公司	851240	27	广西桂物资源循环产业有限公司	540422
13	清远市东江环保技术有限公司	832556	28	株洲凯天环保科技有限公司	540222
14	广东华清废旧电器处理有限公司	799941	29	芜湖绿色再生资源有限公司	539154
15	湖北金科环保科技股份有限公司	759286	30	四川省中明环境治理有限公司	535784

3.3 废弃电器电子产品处理基金补贴企业专利分析

3.3.1 总体分析

本书共检索涉及基金补贴企业110家（见表3-11），共681件专利。考虑基金补贴企业的母公司、兄弟公司（称为关联企业）的情况，共检索到791件专利，这些专利除了与废弃电器电子产品处理密切相关的之外，也包括了与废弃电器电子产品处理有一定联系的专利，如塑料处理等。下面在这一数据基础上对该领域的专利技术进行分析。

表3-11 110家基金补贴企业

批次	序号	地区	企业名称
第1批	1	北京	北京华新绿源环保产业发展有限公司
	2	天津	TCL奥博（天津）环保发展有限公司
	3		天津同和绿天使顶峰资源再生有限公司
	4		泰鼎（天津）环保科技有限公司
	5	山西	阳泉天元废旧电器回收处理有限公司
	6		临汾拥军再生资源利用有限公司
	7		山西洪洋海鸥废弃电器电子产品回收处理有限公司
	8	黑龙江	黑龙江中再生废旧家电拆解有限公司
	9	上海	上海新金桥环保有限公司
	10		伟翔环保科技发展（上海）有限公司
	11	辽宁	辽宁牧昌国际环保产业集团有限公司
	12	江苏	南京凯燕电子有限公司
	13		苏州同和资源综合利用有限公司
	14		苏北废旧汽车家电拆解再生利用有限公司
	15		苏州伟翔电子废弃物处理技术有限公司
	16		扬州宁达贵金属有限公司
	17		南通森蓝环保科技有限公司
	18		常州翔宇资源再生科技有限公司
	19		南京环务资源再生科技有限公司
	20	浙江	浙江玉环县青茂废旧物资有限公司
	21		浙江盛唐环保科技有限公司
	22		浙江蓝天废旧家电回收处理有限公司
	23		台州大峰野金属有限公司
	24	福建	厦门绿洲环保产业股份有限公司
	25		福建全通资源再生工业园有限公司
	26	江西	江西格林美资源循环有限公司
	27		江西同和资源综合利用有限公司
	28		江西中再生资源开发有限公司
	29		赣州巨龙废旧物资调剂市场有限公司
	30	河南	中再生洛阳投资开发有限公司
	31	湖北	荆门市格林美新材料有限公司
	32		湖北金科电器有限公司
	33		湖北鑫丰废旧家电拆解有限公司
	34		武汉市博旺兴源物业服务有限公司

续表

批次	序号	地区	企业名称
第1批	35	广东	佛山市顺德鑫环宝资源利用有限公司
	36		广东赢家环保科技有限公司
	37		惠州市鼎晨实业发展有限公司
	38	四川	仁新电子废弃物资源再生利用（四川）有限公司
	39		四川长虹电器股份有限公司
	40		四川中再生资源开发有限公司
	41		四川省中明环境治理有限公司
	42	贵州	遵义绿环废弃电器电子产品回收处理有限公司
	43		贵阳市物资回收公司
第2批	1	天津	天津和昌环保技术有限公司
	2	吉林	吉林省三合废弃电器电子产品回收处置有限公司
	3		吉林市金再废弃电器电子产品回收利用有限公司
	4	上海	森蓝环保（上海）有限公司
	5		鑫广再生资源（上海）有限公司
	6	山东	山东中绿资源再生有限公司
	7		鑫广绿环再生资源股份有限公司
	8		青岛新天地生态循环科技有限公司
	9		烟台中祈环保科技有限公司
	10	湖北	大冶有色博源环保股份有限公司
	11	湖南	湖南绿色再生资源有限公司
	12		湖南万容电子废弃物处理有限公司
	13		湖南省同力电子废弃物回收拆解利用有限公司
	14		株洲凯天环保科技有限公司
	15	广东	清远市东江环保技术有限公司
	16	广西	广西桂物资源循环产业有限公司
	17	重庆	重庆市中天电子废弃物处理有限公司
	18		重庆中加环保工程有限公司
	19	四川	什邡大爱感恩环保科技有限公司
	20	甘肃	兰州泓翼废旧电子产品拆解加工中心
	21	新疆	新疆金塔有色金属有限公司

续表

批次	序号	地区	企业名称
第3批	1	北京	伟翔联合环保科技发展（北京）有限公司
	2	河北	石家庄绿色再生资源有限公司
	3		唐山中再生资源开发有限公司
	4		邢台恒亿再生资源回收有限公司
	5	黑龙江	哈尔滨市群勤环保技术服务有限公司
	6	上海	上海电子废弃物交投中心有限公司
	7	浙江	杭州松下大地同和顶峰资源循环有限公司
	8	安徽	芜湖绿色再生资源有限公司
	9		安徽广源科技发展有限公司
	10		滁州市超越新兴废弃物处置有限公司
	11		安徽福茂再生资源循环科技有限公司
	12		安徽鑫港炉料股份有限公司
	13		阜阳大峰野再生资源有限公司
	14	河南	郑州格力绿色再生资源有限公司
	15		河南格林美中钢再生资源有限公司
	16		郑州弓长昱祥电子产品有限公司
	17		南阳康卫（集团）有限公司
	18		河南恒昌贵金属有限公司
	19		河南艾瑞环保科技有限公司
	20	湖北	格林美（武汉）城市矿产循环产业园开发有限公司
	21	四川	四川长虹格润再生资源有限责任公司
	22	广东	广东华清废旧电器处理有限公司
	23		汕头市TCL德庆环保发展有限公司
	24	陕西	陕西九洲再生资源有限公司
	25	甘肃	甘肃华壹环保技术服务有限公司
	26	青海	青海云海环保服务有限公司
	27	宁夏	宁夏亿能固体废弃物资源化开发有限公司
	28	新疆	乌鲁木齐惠智通电子有限公司

续表

批次	序号	地区	企业名称
第4批	1	北京	北京市危险废物处置中心
	2	河北	河北万忠废旧材料回收有限公司
	3		文安县豫丰金属制品有限公司
	4		河北海晶再生资源开发有限公司
	5	内蒙	华新绿源（内蒙古）环保产业发展有限公司
	6		通辽华强废旧家电处理有限公司
	7	辽宁	大连大峰野金属有限公司
	8		辽宁华强环保集团废旧家电处理有限公司
	9	黑龙江	佳木斯龙江环保再生资源有限公司
	10	福建	福建省宏源废旧家电回收处理有限公司
	11		三明市万源再生资源有限公司
	12	广东	茂名天保再生资源发展有限公司
	13	云南	云南华再新源环保产业发展有限公司
	14		云南巨路环保科技有限公司
	15	陕西	陕西新天地废弃电器电子产品回收处理有限公司
第5批	1	河北	秦皇岛天宝资源再生环保科技有限公司
	2	内蒙古	内蒙古新创资源再生有限公司
	3	湖北	湖北东江环保有限公司

1. 基金补贴企业专利申请量总体分析

图3-34中显示了基金补贴企业和关联企业的申请量随年度变化的趋势。从图中可以看出，在2005年之前，无论是补贴企业还是关联企业，申请量都非常少。专利申请数据所反映出的信息与国内当时的行业状况相符，国内相关从业者在2005年之前技术含量普遍较低，没有形成规模生产，对技术开发的需求并不旺盛，只是简单地采用购买设备或现有技术的方式处理废弃电器电子产品，如采用直接分拆、简单的金属提取等方法来处理废弃电器电子元器件。专利申请在此时也是"新鲜事物"，很多技术人员并不了解，同时相关的专利保护也不完善。

2005~2008年，专利申请量较为稳定，连续4年都保持在十几件的水平。此时，随着专利知识的普及，部分申请人已经具有专利意识，对企业所涉及的相关技术开始申请一定数量的专利。例如，荆门市格林美（属于基金补贴企业）在2005年申请了第1件专利，发明名称为"涉及钴粉制造方法与设备"；2007年四川长虹电器股份有限公司（属于基金补贴企业）申请涉及废弃线路板的专利3件；上海电子废弃物交通中心有限公司（属于基金补贴企业）与上海大学联合申请涉及干粉隔热保温材料及其制备方法的专利1件。相关企业随着产业发展壮大，对技术研发的迫切需求、专利知识的普及以及专利保护的完善，已经开始将新研发的技术成果转化为专利。

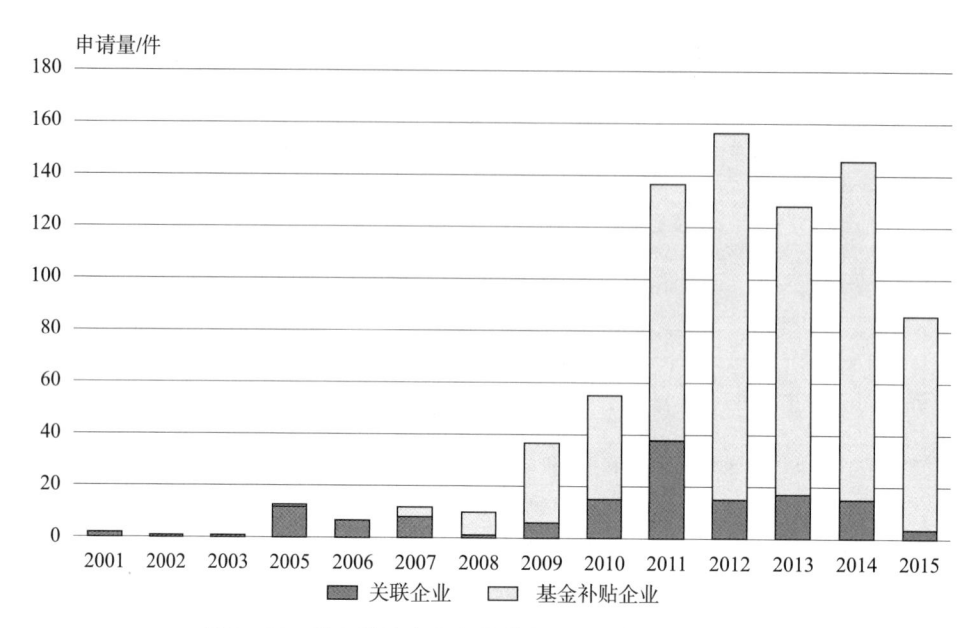

图 3-34 基金补贴企业和关联企业申请量随年变化趋势

而从 2009 年开始，专利申请数量出现了跨越式增长，2009 年的专利申请量较 2008 年增长了 3 倍，并连续多年呈现稳步增长的趋势。2012 年第一批废弃电器电子产品处理基金补贴企业名单公布，而当年的专利申请量也达到了历年来的最大值，为 156 件。此时废弃电器电子产品回收产业无论生产规模还是技术研发的需求也都达到了一个新的高度。究其原因，主要与国内政策、经济大环境都密切相关。国家四部委（财政部、环保部、发改委、工信部）于 2012 年 7 月 11 日公布了第一批废弃电器电子产品处理基金补贴企业名单，之后分别在 2013 年 2 月和 12 月、2014 年 6 月、2015 年 8 月公布了第 2~5 批基金补贴企业的名单，截至目前，共有 110 家企业获得基金补贴。相关企业由于资金支持，加大了生产效能，同时将科技创新提上日程，加速了专利申请的开展。2009 年 1 月 1 日起，《中华人民共和国循环经济促进法》正式实施，标志着中国从传统工业经济增长模式向循环经济增长模式的转变。2009 年 2 月 25 日，《废弃电器电子产品回收处理管理条例》正式颁布，2011 年 1 月 1 日实施，为中国建立资源节约型、环境友好型废弃电器电子产品回收处理行业提供法律依据。此外，2009 年 6 月，国家开展家电"以旧换新"活动，初期在 9 个试点省市实施，然后在全国进行推广。家电"以旧换新"政策一方面大力促进了新产品的销售，另一方面促进了废弃电器电子产品回收处理体系的建设。在立法与政策的双重推动下，2010 年，中国废弃电器电子产品回收处理及综合利用行业由个体作坊式为主向规范化、规模化和产业化转变，与此同时国家政府给予相关企业单位极大的财政支持。

值得注意的是，2008 年基金补贴企业的专利申请量第一次超越关联企业，说明这些企业已经初步形成了技术优势、研发优势，相关的科研人员、经费支持也从关联企业向这些优势企业转移。获得基金支持后，补贴企业的申请量占比大幅增长，这充分说明国家对相关企业进行补贴后，资金和政策的向好助推了基金企业本身及其母公司与兄弟企业对科技创新的投入，专利量也随之增长。

2. 不同批次、省市基金补贴企业的专利申请量分析

截至2015年，相关企业专利申请量如表3-12所示。可以看出，第一批补贴企业专利申请量最大，这是因为第一批基金补贴企业中集中了大部分优势企业，如格林美系企业、四川长虹电器股份有限公司、扬州宁达贵金属有限公司、伟翔电子废弃物处理技术有限公司等；除此以外，第一批企业发展时间相对较早，前期已经形成了良好的发展环境，相应的专利技术也得到开发，因而专利申请量也较多。

表3-13是各省市基金补贴企业的数量以及专利申请量。可以看出，基金补贴企业多集中在经济较发达地区，相应省份的企业专利申请量也比较可观，除此之外，基金补贴支持力度较大的还包括河北省、河南省、湖北省等。整体来说，基金补贴企业较多的省份专利申请数量也相应较高。值得注意的是，河南省、河北省作为分别有7家和8家基金补贴企业的省份，其专利申请量较少；与之相反，宁夏回族自治区虽然只有1家补贴企业，但其专利申请数量却为7件。为此，本书将申请量与基金补贴企业数量的比值作为研究指标（效能）绘制曲线，并进行了专门的研究，如图3-35所示。

表3-12 不同批次补贴企业的专利申请量

批次	专利申请数量/件
第1批（43个）	378
第2批（21个）	92
第3批（28个）	74
第4批（15个）	1
第5批（3个）	0

表3-13 各省市补贴企业专利申请的数量

排序	地区	补贴企业数量/件	申请量/件	效能（申请量/企业数量）
1	湖北	7	189	27
2	江苏	8	116	14.5
3	上海	5	79	15.8
4	广东	7	57	8.14
5	四川	6	52	8.67
6	江西	4	38	9.5
7	安徽	6	29	4.83
8	湖南	4	23	5.75
9	浙江	5	21	4.2
10	北京	3	19	6.33

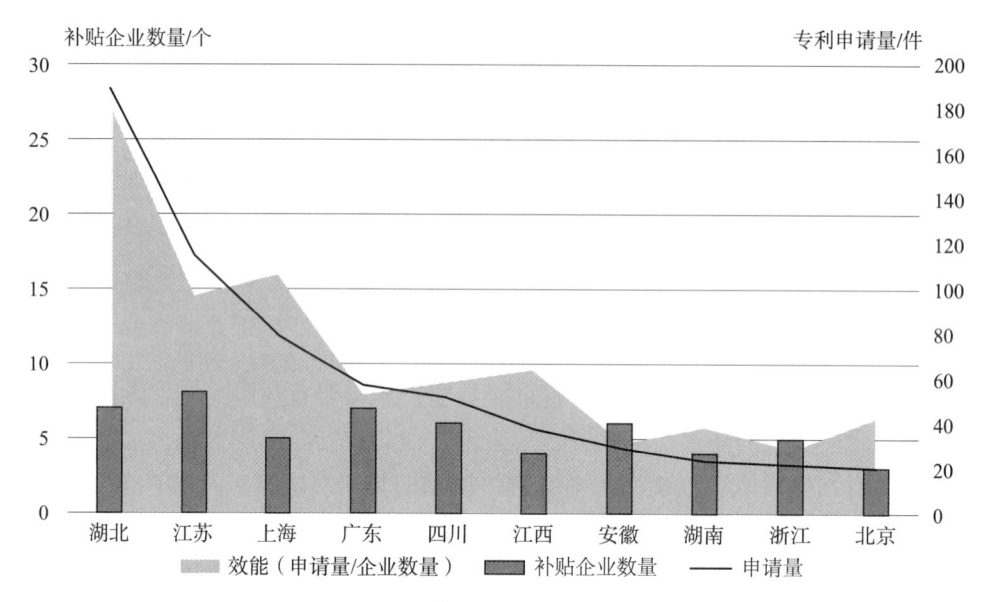

图 3-35 基金补贴企业效能分析

效能排行前七的是湖北（27）、上海（15.8）、江苏（14.5）、江西（9.5）、四川（8.67）、广东（8.14）、宁夏（7）。可见，部分省区市补贴企业已经开始重视技术创新和知识产权保护，部分省份企业在获得基金补贴后并未将经济支持和政策利好转化为企业科技创新的动力，还停留在利用现有传统技术层面。

3. 基金补贴企业的专利质量分析

在 110 家补贴企业中，未申请专利的达到 62%；仅有 42 家（占 38%）的企业进行了专利申请（791 件），其中申请量 20 件以下约占 80%。格林美系企业的专利申请量达到 304 件。可以看出，补贴企业整体对专利的重视程度远远不够，且分化明显。首先，这与行业特点有关，废弃电器电子产品处理属于劳动密集型而非技术密集型产业，多数企业还是依靠简单的人力来支撑起生产链的运作，行业进入门槛低，并不需要太多技术上的投入。其次，企业的知识产权保护意识不足，规模较小的企业尚未认识到专利的重要性，对于处理技术要么是"拿来"主义，直接使用一些常规的处理技术，要么是闭门造车，即使自己研制出新技术，也只是作为自己的商业秘密，而不会想到去申请专利。基金补贴企业中只有不到四成的企业提交了专利申请，说明具有技术实力的企业属于少数，技术创新能力还十分欠缺（见表 3-14）。

在补贴企业申请的专利中，发明专利 311 件，实用新型 480 件（见表 3-15）。实用新型申请量较多，而实用新型由于未经实质审查，后续可能面临被无效的风险，专利权的稳定性也有待验证；并且，大量的已授权实用新型专利因未缴年费而终止。

表 3-14 补贴企业的专利数量分布

申请项数分布/件	基金补贴企业数量/个
0	68
1~5	10
6~10	8
11~15	10
16~20	5
21~25	2
26~30	3
31~35	0
36~40	2
41~45	0
46~50	1
>50	1

表 3-15 发明与实用新型申请的比例

申请类型	汇总/件
发明	311
实用新型	480

表 3-16 和表 3-17 显示了发明和实用新型专利的相关法律状态。

通过表 3-16 中数据可知，发明专利申请的授权率约为 46.3%，且还有 115 件处于待审状态，发明专利授权率较低，相关企业还应该加强专利相关知识的学习，进一步提高授权率，减少不必要的资金和人力的浪费。144 件授权后的发明专利的存活率较高，为 99.3%，仅有 1 件因未缴纳年费终止，其申请号为 CN200710042763.2，申请人为上海电子废弃物交投中心有限公司和上海大学，主要涉及一种废弃线路板的机械粉拆。分析其失效的原因，可能是所涉及的专利已经是落后工艺，现有的生产实践中已经不再使用该技术，因而继续缴费维持该专利对企业来说意义不大。

表 3-16 发明专利申请的法律状态   单位：件

法律状态	授权	视为撤回/驳回	待审	（部分）无效	未缴年费终止	期满终止	专利权有效
专利数量	144	52	115	0	1	0	143

通过表 3-17 中数据可知，实用新型的授权率为 99.6%，存活率为 85.8%。就实用新型专利而言，补贴企业的数据偏低，这也进一步说明部分企业可能仅仅是为了完成指标或是任务申请了专利，所申请的专利并不能转化为企业的效益，因而在授权后就因未交年费终止了。

表 3-17 实用新型专利申请的法律状态　　　　　　　　　　　　　　　　单位：件

法律状态	授权	放弃专利权	（部分）无效宣告	未缴年费终止	期满终止	专利权有效
专利数量	478	5	0	54	9	410

从基金补贴企业的专利申请质量来看，在发明和实用新型授权方面都较为薄弱，有效实用新型存活率一般，但发明存活率较高。这说明申请发明专利的补贴企业对发明专利更为重视，企业的健康成长状态良好。这一现象尤以格林美最突出，这也与该企业现阶段发展势头相吻合。

4. 主要申请人及技术热点分析

表 3-18 基金补贴企业中存在 10 件以上专利的企业列表　　　　　　　　单位：件

企业名称	批次	地区	专利申请数量
荆门市格林美新材料有限公司	第1批	湖北	145
格林美（武汉）城市矿产循环产业园开发有限公司	第3批	湖北	49
江西格林美资源循环有限公司	第1批	江西	50
四川长虹电器股份有限公司	第1批	四川	24
扬州宁达贵金属有限公司	第1批	江苏	30
惠州市鼎晨实业发展有限公司	第1批	广东	29
常州翔宇资源再生科技有限公司	第1批	江苏	26
森蓝环保（上海）有限公司	第2批	上海	23
浙江盛唐环保科技有限公司	第1批	浙江	21
苏州伟翔电子废弃物处理技术有限公司	第1批	江苏	19
华新绿源环保产业发展有限公司	第1批	北京	18
TCL奥博（天津）环保发展有限公司	第1批	天津	18
鑫广再生资源（上海）有限公司	第2批	上海	17
湖北金科环保科技股份有限公司	第1批	湖北	16
南京凯燕电子有限公司	第1批	江苏	15
广东赢家环保科技有限公司	第1批	广东	15
上海电子废弃物交投中心有限公司	第3批	上海	15
南通森蓝环保科技有限公司	第1批	江苏	13
南京冷务资源再生科技有限公司	第1批	江苏	13
鑫广绿环再生资源股份有限公司	第2批	山东	13
安徽广源科技发展有限公司	第3批	安徽	13
安徽首创环境科技有限公司	第3批	安徽	13
上海新金桥环保有限公司	第1批	上海	12
伟翔环保科技发展（上海）有限公司	第1批	上海	12

从表 3-18 可以看出，在 110 家补贴企业中，格林美系企业、四川长虹电器股份有限公司、扬州宁达贵金属有限公司、惠州市鼎晨实业发展有限公司、常州翔宇资源再生科技有限公司、森蓝环保（上海）有限公司、浙江盛唐环保科技有限公司等公司实力较强，作为反映其技术水平的专利申请数量也相应地比其他企业具有明显优势。

补贴企业中，荆门市格林美新材料有限公司的申请量在众多补贴企业中遥遥领先。若是综合考虑整个格林美系企业（包括格林美集团所有成员公司），其专利申请量达到 304 件。荆门市格林美新材料有限公司作为申请人的专利申请量最大，江西格林美资源循环有限公司和格林美（武汉）城市矿产循环产业园开发有限公司相近，第 3 批获得补贴的河南格林美资源循环有限公司申请量最少，目前只有两件申请。经过去重，4 家公司实际申请专利件数总数为 214 件，占格林美系企业总申请量的 40%。

四川长虹电器股份有限公司共申请专利 5335 件，其中与废弃电器电子产品处理密切相关的专利共 24 件，占 0.4%。长虹作为家电行业的龙头企业，处理废弃电器电子并不是企业的主要业务，但从专利数量来看，在补贴企业中也还是排名靠前的。

另外，扬州宁达贵金属有限公司、惠州市鼎晨实业发展有限公司、常州翔宇资源再生科技有限公司、森蓝环保（上海）有限公司、浙江盛唐环保科技有限公司等公司专利申请量也具有明显优势，关于这些主要申请人及其技术分析将在后续章节专门进行针对性的分析。

废弃电器电子产品回收再利用涵盖的处理种类繁多，大型家用电器有电视机、电脑、洗衣机、冰箱和空调等，小型家用电器有电话、灯等，以及其他电器如汽车、电动玩具、电子电气工具和医疗设备等。因不同电子电器产品具有独特的结构和组成方式，在回收和再处理过程中往往工艺各异，且都较繁琐。

图 3-36 显示了基金补贴企业的技术研发热点，可以看出，废弃线路板（97 件专利申请）、汽车（66 件）、阴极射线管（47 件）等都是这些企业专利申请的热点地带，且随着时间的推移，近两年这些领域的申请量持续增加。

课题组将多家格林美合并后，将所有的补贴企业中涉及废弃电器电子产品回收领域的专利数进行排行，选择了专利数量在 13 件以上的 9 家专利优势企业，对其所涉及技术主题进行了分析（见表 3-19）。

可以看出，在线路板回收领域，常州翔宇资源再生科技有限公司以 21 件专利申请位居首位，其专利主要涉及线路板的粉碎和分选，多是对工艺和设备的改进。例如，申请号为 CN101569889 A 的专利"废线路板全组分高值化清洁利用新工艺"，已经提出了对废线路板处理整体工艺的保护，从拆卸分离到破碎分选、焚烧等，形成一个完整的工艺，其中发明专利申请占比 42.8%。

在汽车回收领域，格林美（武汉）城市矿产循环产业园开发有限公司和鑫广再生资源（上海）有限公司申请量较多。在鑫广再生资源（上海）有限公司的专利申请中，共有 3 件专利涉及拆解工艺本身，其余主要以设备改进为主，如后桥拆卸转运料架、报废车体移动料架、含液总成拆解工作台等，其中并没太多独创性的专利申请，主要是对现有技术的改进，发明专利申请占比仅为 30%。而格林美（武汉）城市矿产循环产业园开发

（a）三维图示

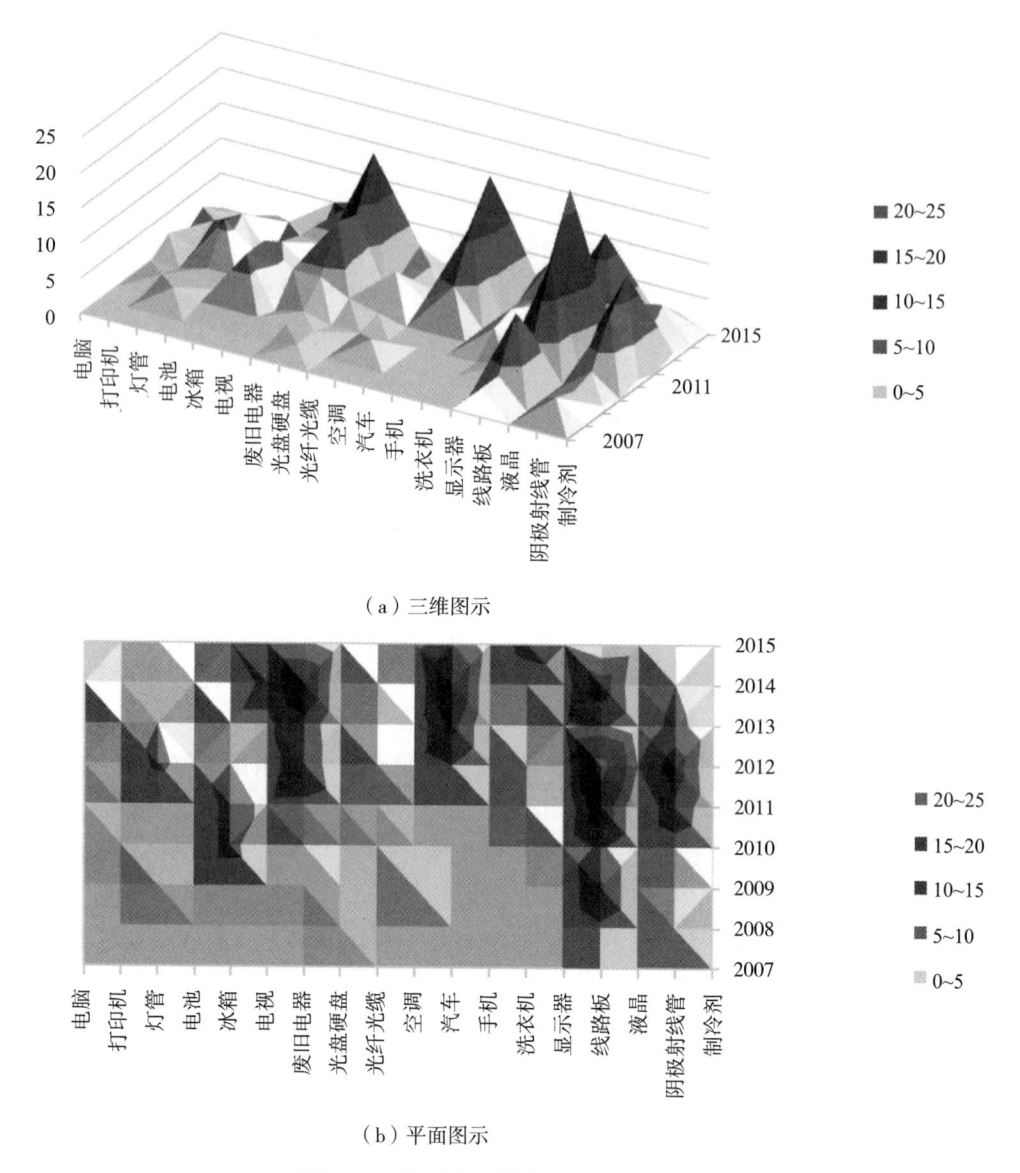

（b）平面图示

图3-36 补贴企业技术热点（单位：件）

有限公司的专利申请则主要涉及清洗（CN203974769、CN203937632）和输送系统（CN204021788、CN203529251、CN103523448、CN104029659、CN204340841），发明专利占比为30%。

在阴极射线管回收领域，南京环务资源再生科技有限公司、南京凯燕电子有限公司均以6件专利申请居首。其中，南京环务资源再生科技有限公司所申请的专利全部是对装置的改进（如破碎、固定、清洗装置等），而南京凯燕电子有限公司的专利申请除了装置的改进外，还有3件对方法的改进。南京环务资源再生科技有限公司的实用新型专利申请占比16.7%，南京凯燕电子有限公司的实用新型专利申请占比50%。

表 3-19 补贴企业技术集中领域分布

技术领域	企业名称	专利申请数量/件
线路板	常州翔宇资源再生科技有限公司	21
	TCL奥博（天津）环保发展有限公司	7
	惠州市鼎晨实业发展有限公司	7
	四川长虹电器股份有限公司	7
汽车	格林美（武汉）城市矿产循环产业园开发有限公司	8
	鑫广再生资源（上海）有限公司	7
	江西格林美资源循环有限公司	5
阴极射线管	南京环务资源再生科技有限公司	6
	南京凯燕电子有限公司	6
	荆门市格林美新材料有限公司	5

3.3.2 主要申请人及其技术分析

由前面的分析可知，补贴企业中专利申请量排在前面的包括格林美股份有限公司、四川长虹电器股份有限公司、扬州宁达贵金属有限公司、惠州市鼎晨实业发展有限公司、常州翔宇资源再生科技有限公司等。下面将对这些主要申请人及其技术特点进行详细分析。

1. 格林美股份有限公司

格林美股份有限公司于2001年12月28日在深圳注册成立，前身为格林美环境材料有限公司，2006年12月改制为股份制企业，已在湖北、江西、河南、天津、江苏等地建成八大循环产业园，构建了废旧电池与钴镍钨稀有金属废物循环利用、报废电子电器循环利用与报废汽车循环利用三大核心循环产业群，年处理废弃物总量200万吨，循环再造钴、镍、铜、钨、金、银、钯、铑、锗、稀土等20多种稀缺资源以及新能源材料、塑木型材等多种高技术产品，形成完整的稀有金属资源化循环产业链，成为国内一流、国际先进水平的国家城市矿山循环利用示范基地。

2012年7月，格林美旗下的湖北荆州格林美和江西格林美被纳入第1批基金补贴企业。2013年，河南格林美和格林美武汉城市矿产公司同时入选了第3批废弃电器电子产品处理基金补贴企业。至此，格林美的四个电子废弃物处理基地全部获得基金补贴资格。这四个基地目前的电子废弃物年处理能力达到15万吨（报废家电700万台套）以上。

格林美共申请530件专利。补贴企业中，以荆门市格林美新材料有限公司为申请人的专利申请量最大，共145件（包括6件外观设计），占格林美总申请量的比例59%。以江西格林美资源循环有限公司为申请人的有50件（包括9件外观设计），和格林美（武汉）城市矿产循环产业园开发有限公司的申请量49件相近。第三批获得补贴的河南格林美资源循环有限公司的申请量最少，目前只有两件申请。这4家公司中与废弃电器电子产品处理密切相关的专利申请分别有 31 件、13 件、7 件和 0 件。这些专利有的是一家公司单独申请，大部分还是几家公司共同申请的。经过去重，4 家公司实际申请专利数量为 214 件，占格林美总申请量的 40%（见图 3-37）。下面将对这 4 家公司的专利申请情况进行具体分析。

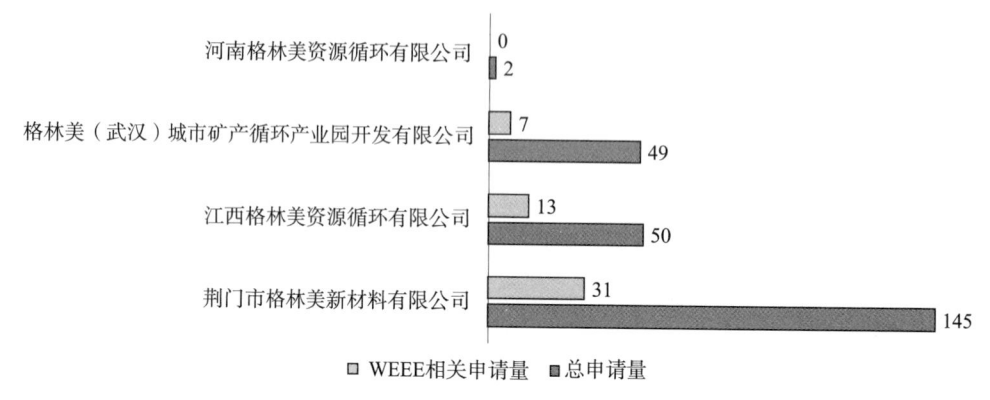

图 3-37　格林美四家补贴子公司专利申请量（单位：件）

公司	WEEE相关申请量	总申请量
河南格林美资源循环有限公司	0	2
格林美（武汉）城市矿产循环产业园开发有限公司	7	49
江西格林美资源循环有限公司	13	50
荆门市格林美新材料有限公司	31	145

荆门市格林美新材料有限公司（简称"荆门格林美"）是深圳市格林美高新技术有限公司的全资子公司，成立于 2003 年 12 月，拥有行业中唯一的循环技术工程研究中心"湖北省二次有色金属资源循环利用工程技术中心"，年处理废旧电池和各类废弃钴镍资源 50000t 以上，年循环再造超细钴镍粉末 3000t 以上。公司在电子废弃物及废旧电池等含钴镍废料的循环利用技术及设备方面申请了 110 余件专利，其中有 2 件 PCT 专利，4 件国际专利（1 件在美国已经授权，1 件在欧洲已经授权）。公司参与制定修订了 50 余项国家/行业标准，其中主导制定了《钴及钴合金废料废件》等 5 项国家标准和《还原钴粉》等 3 项行业标准，参与制定了《镍及镍合金废料废件》等 2 项国家标准。公司研发的超细钴粉、超细镍粉制造技术均已通过由中国有色金属行业协会组织的专家鉴定，居国内和国际领先水平，获得 2009 年中国有色金属技术一等奖和 2010 年国家科技进步二等奖，2012 年获国家优秀专利奖。

从图 3-38 可知，在 2010 年之前，荆门格林美的专利申请量比较少，2006~2008 年都没有申请专利，说明公司在成立之初并不是很注重对技术进行专利保护。2010 年之后专利申请量出现爆发式增长，这与国家在 2009 年出台《废弃电器电子产品回收处理管理条例》、家电"以旧换新"等政策有一定关系。特别是在获得基金补贴之后的 2013 年，专利申请量达到顶峰，表明基金补贴对企业在技术上的发展起到了极大的促进作用。公司近几年专利申请的脚步有所减缓。其中与废弃电器电子产品处理相关的专利申请量则保持稳定，每年的申请量都在 10 件以内。

尽管 2005 年只申请了两件专利，但 2005 年 12 月 6 日荆门格林美申请的第一件专利"循环技术生产超细钴粉的制造方法与设备"（申请号为 CN200510127614.7）获得了第十二届中国专利奖。这件专利是关于电池废料的循环利用技术（见图 3-39），为荆门格林美的发展奠定了技术基础。目前该专利仍处于有效的状态。

第3章 废弃电器电子产品处理产业专利分析

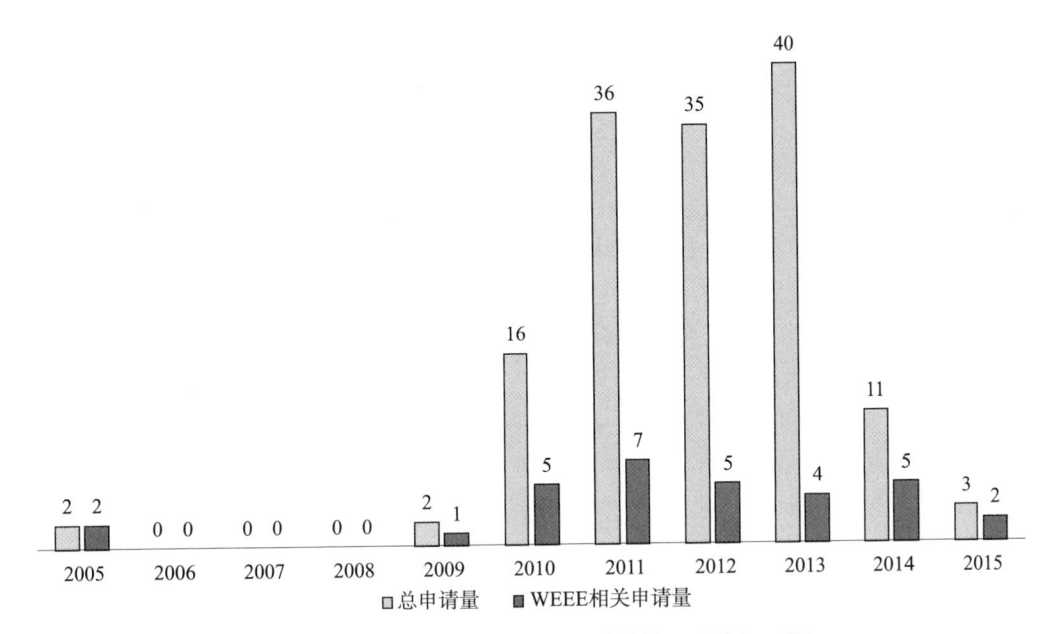

图 3-38 荆门格林美专利逐年申请量情况（单位：件）

荆门格林美的 145 件专利中，与废弃电器电子产品处理密切相关的专利数量为 31 件，占总数的 21%。具体涉及的领域如图 3-40 所示。公司技术集中在阴极射线管、电池和线路板的处理上，少量涉及冰箱和电脑显示器的处理，另外还有 5 件与拆解作业台、拆解系统相关的专利。

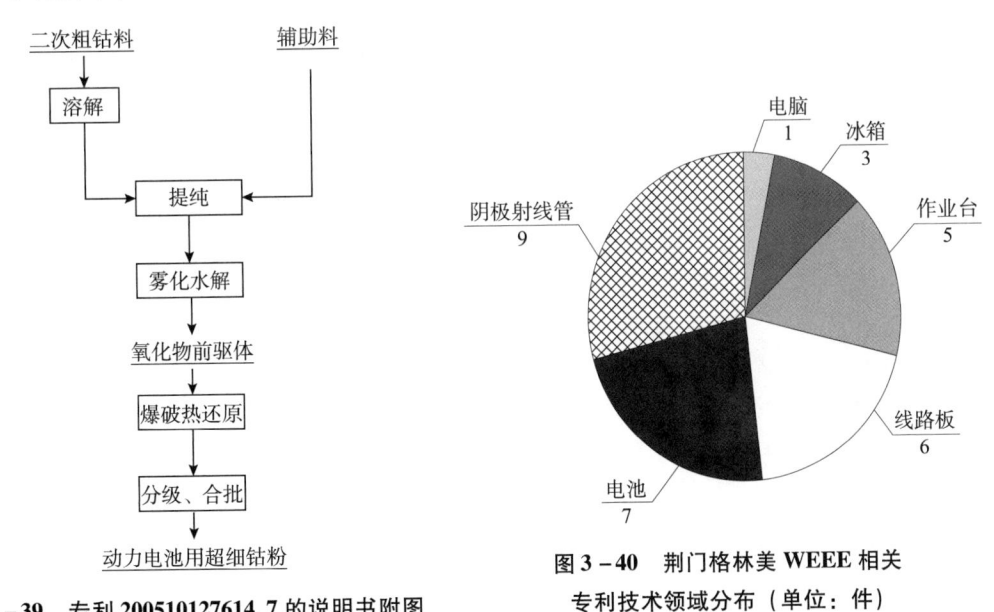

图 3-39 专利 200510127614.7 的说明书附图

图 3-40 荆门格林美 WEEE 相关专利技术领域分布（单位：件）

这 31 件专利大部分都是与其他子公司以及母公司合作申请。如图 3-41 所示，荆门格林美单独申请的专利有 4 件，其他都是与母公司或其余两家补贴子公司共同申请。

与母公司两者共同申请的专利最多,有19件。荆门、武汉和江西格林美三者共同申请的专利也达到5件。格林美旗下子公司众多,相互之间的合作也很紧密,在技术上相互促进,共同发展。

值得一提的是,荆门格林美还有两件PCT申请,分别是"一种电子废弃物永磁废料中回收稀土的工艺"(申请号为CN103509952A)和"控制破碎分离低值物质与贵物质的方法及装置"(申请号为CN103506368A)。另外,"汽车和电子废弃金属的回收工艺"(申请号为CN1775389A)在美国提交了申请,并已进入韩国、日本、德国等多个国家的审查。在补贴企业中也仅有格林美提交了PCT申请并在其他国家进行专利申请。格林美的专利技术已经向全球进行布局。

荆门格林美在专利权质押方面也走在全国前列,多次通过专利权质押获得了高额贷款。例如,2012年荆门格林美用39件专利质押换来国家开发银行湖北分行提供的高达3亿元的质押贷款协议,创下了全国单个企业、单次获得专利质押贷款协议的最高金额纪录。

江西格林美资源循环有限公司(简称江西格林美)成立于2010年,年处理各类电子废物5万吨。其申请的50件专利中有13件与废弃电器电子产品处理密切相关,涉及的技术领域如图3-42所示。其余37件专利主要涉及汽车处理、塑料处理等。江西格林美的技术主要分布在电视机的处理领域,共有5件专利,主要是关于液晶显示屏的处理。还有4件是关于线路板的处理,主要是脱焊、拆卸的方法。

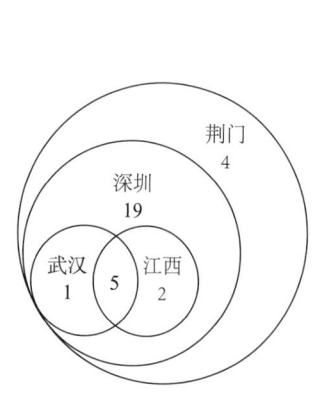

图3-41 专利申请呈现子母公司共同申请的特点(单位:件)

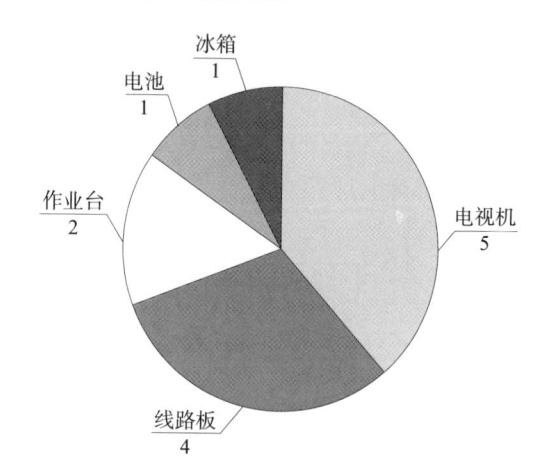

图3-42 江西格林美专利技术领域分布(单位:件)

格林美(武汉)城市矿产循环产业园开发有限公司由武汉格林美资源循环有限公司和荆门市格林美新材料有限公司共同出资组建,年处理3万吨各种电子废弃物(废旧家电150万台),并直接将废塑料循环再造塑木型材,年生产塑木型材2万吨。公司共有专利49件,其中42件与废弃汽车处理或者塑木处理相关,只有7件专利涉及液晶显示器和废弃电器拆解作业台。

河南格林美资源循环有限公司作为申请人的只有两件专利,都与报废汽车处理有关。

综合以上分析，格林美四家补贴子公司的技术领域主要分布在线路板、电视和电池的处理。专利申请起步慢但发展较快，技术具有创新高度，获得过中国专利奖。在美国、德国等国外也进行了专利布局。

2. 四川长虹电器股份有限公司

四川长虹电器股份有限公司始创于1958年，公司前身国营长虹机器厂是我国"一五"期间的156项重点工程之一，是当时国内唯一的机载火控雷达生产基地。历经多年的发展，四川长虹电器股份有限公司完成由单一的军品生产到军民结合的战略转变，成为集电视、空调、冰箱、IT、通信、网络、数码、芯片、能源、商用电子、电子部品、生活家电及新型平板显示器件等产业研发、生产、销售、服务为一体的多元化、综合型跨国企业集团，逐步成为全球具有竞争力和影响力的3C信息家电综合产品与服务提供商。2005年，四川长虹电器股份有限公司跨入世界品牌500强。

四川长虹电器股份有限公司共申请专利5335件，其中与废弃电器电子产品处理密切相关的专利共24件，占0.4%。四川长虹电器股份有限公司作为家电行业的龙头企业，处理废弃电器电子并不是企业的主要业务，只在安县花荄镇设置了拆解厂区开展相关业务。但从专利数量来看，在补贴企业中也还是排名靠前的。从公司每年的申请量来看，基本是比较平稳的发展，每年都有一些专利储备（见图3-43）。在2012年获得补贴基金期间出现了申请量的小高峰。从涉及的领域来看，主要是线路板、电视和冰箱。

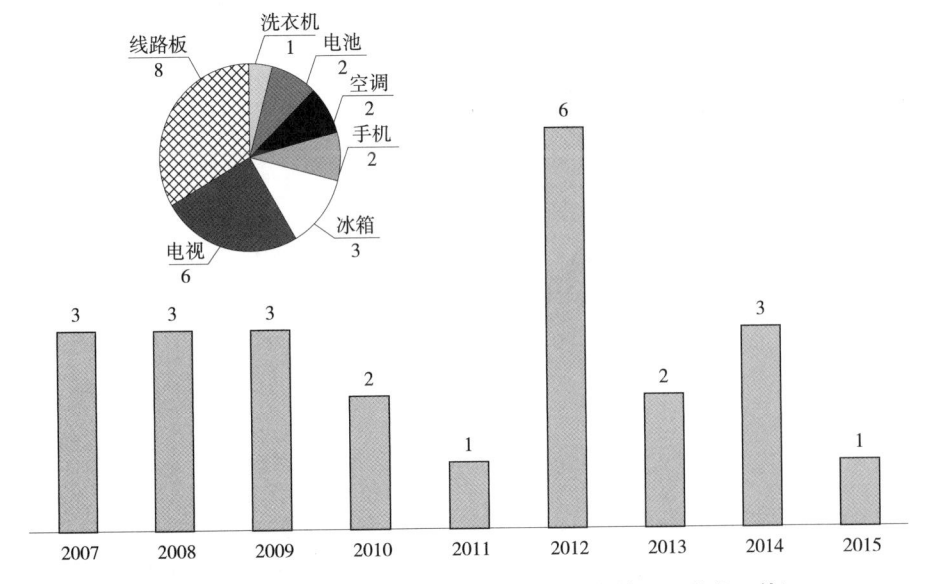

图3-43 长虹WEEE相关专利技术领域分布情况（单位：件）

3. 扬州宁达贵金属有限公司

扬州宁达贵金属有限公司（简称"宁达"）成立于2004年4月，是第1批基金补贴企业。公司共申请30件专利，其中一半是关于冶金化工废料的处理（主要是含铑废料的处理），另一半与废弃电器电子产品处理相关，具体涉及的领域有线路板、液晶显示屏、CRT和从废旧电子电器回收塑料的处理（见图3-44）。

公司的业务以线路板的处理为主，共有6件专利，都是用于线路板分离的装置，使用机械解离法，包括采用回转筛、磁选机等，技术方案中还注意到了对烟气的处理。4件有关塑料的专利是在同一天申请的发明专利，是对废旧电子电器回收塑料的分离或破碎方法，采用的技术包括静电分离、组合破碎和组合分选、循环破碎等。3件液晶显示屏的专利包括采用吸盘的方式分离显示屏，以及从废液晶显示屏中综合回收铟、玻璃、偏光片。两件阴极射线管专利是同一天申请的实用新型和发明，涉及一种自动切割分离机。

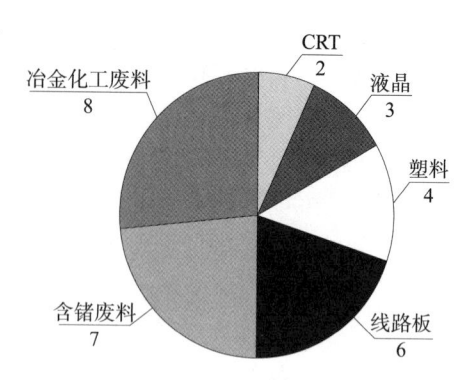

图3-44 宁达的专利技术领域分布（单位：件）

15件与废弃电器电子产品处理相关的专利中，有4件实用新型、11件发明专利。4件实用新型中，除了一件由于重复授权而放弃外（CN102476228A 废电子线路板元器件自动解离机与CN201871840U 一种废电子线路板元器件自动解离机分别是同日申请的发明和实用新型），其余3件均处于专利权维持有效的状态。11件发明中目前仅1件维持有效，5件经过实审后最终视为撤回。还有5件较新的申请尚未提出实审请求（见图3-45）。

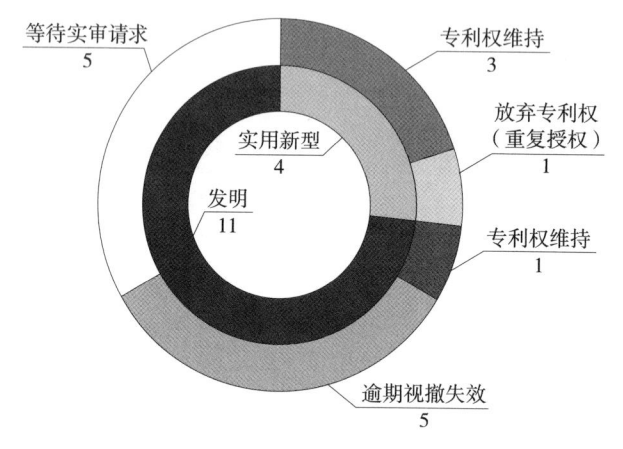

图3-45 宁达的专利法律状态（单位：件）

此外，宁达申请专利的策略是同时申请实用新型和发明（见表3-20），4件实用新型均在同日申请了相同主题的发明。目前，唯一一件获得专利权的发明（申请号为CN102476228A）其实是通过放弃了同日申请的实用新型而取得。另外两件实用新型（申请号为CN201871840U和CN202945156U），都由于同日申请的发明在实审阶段视为撤回而获得专利权。宁达公司还有一件发明（申请号为CN104028545A）处于等待实审请求的状态，但同日申请的实用新型已经获得授权。可以预见的是，无论该发明是否能通过实审，都保证了该技术主题下至少有一个授权专利。

表 3-20 宁达同日申请的实用新型与发明

申请日	公开号	发明名称	法律状态
2010.11.22	CN102476227A	一种废电子线路板元器件自动解离机	逾期视为撤回
	CN201871840U	一种废电子线路板元器件自动解离机	专利权维持
2010.11.22	CN102476228A	废电子线路板元器件自动解离机	专利权维持
	CN201871841U	废电子线路板元器件自动解离机	放弃专利权（重复授权）
2012.11.30	CN103011574A	一种废旧 CRT 显示器自动切割分离机	逾期视为撤回
	CN202945156U	一种废旧 CRT 显示器自动切割分离机	专利权维持
2014.06.23	CN104028545A	废弃线路板不同元器件的分离装置	等待实审请求
	CN203886922U	废弃线路板不同元器件的分离装置	专利权维持

当企业的技术创新还达不到一定高度的时候，采用同日同时申请相同主题的发明和实用新型可以说是一种保险的申请策略。实用新型对创造性的要求相对较低，比较容易获得授权，并且审查周期较短。假如发明由于不具备创造性而不能被授权时，可以保证实用新型的专利权。而当发明也被授权时，可以通过放弃实用新型来获得具有较长保护期限且专利权更稳定的发明专利。

宁达在这几年的专利申请量比较平稳，每年都有一定的专利申请，具有较强的专利保护意识，在技术的研发上保持稳定投入，20 多人的技术团队也能够保证公司在技术上的持续发展（见图 3-46）。从 2010 年开始申请有关线路板处理的专利，在 2010~2014 年主要申请的专利都是与废弃电器电子产品处理有关的，每年也都有 2~4 件的申请量。

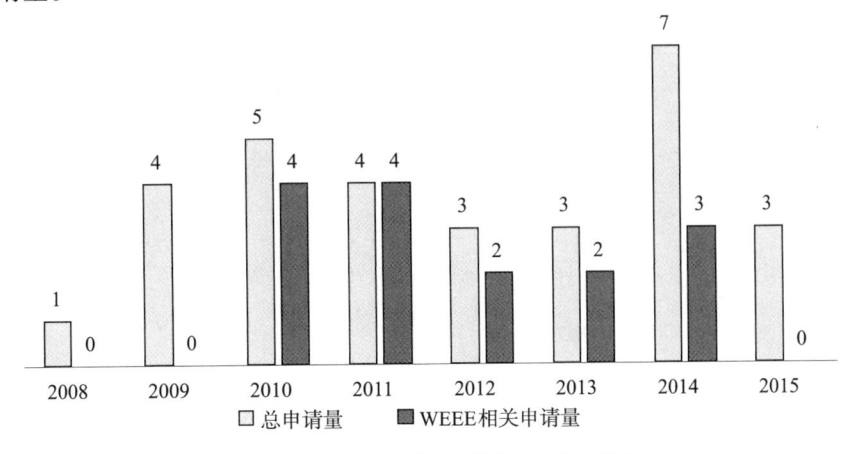

图 3-46 宁达专利申请量（单位：件）

4. 惠州市鼎晨实业发展有限公司

惠州鼎晨实业发展有限公司（简称"鼎晨"）的专利申请量为 29 件，是广东省内补贴企业中申请量最大的一家企业。鼎晨是奥美特基团下属全资子公司，成立于 2005 年 9 月，有员工 300 多名，目前主要生产项目包括废家电拆解、废塑料再生加工和木塑复合材料加工三个项目。

鼎晨申请的 29 件专利中，发明专利 13 件，实用新型 16 件，涉及的领域包括线路板、电视、冰箱等的处理（见图 3-47）。其中有关线路板处理的专利最多，共 7 件，包括磁选、涡流分选、静电分选等干法处理技术和化学置换、电解等湿法回收技术。围绕线路板的处理，鼎晨还多方位布局了多件专利。在线路板的干法、湿法处理之前需要进行破碎处理，有关线路板破碎机也有两件专利；干法处理后分选出来的塑料可以进一步制备成再生板材等复合材料，这方面也有 4 件专利。最难能可贵的是，考虑到废弃电器电子产品处理过程中会产生有害气体而带来二次污染，为了处理产生的这些废气，鼎晨就此申请了 3 件有关废气处理的专利，内容包括湿法除尘、吸附催化处理，真正实现污染物的零排放。就这样，从线路板的处理出发，鼎晨形成了一整套技术网络，从破碎、处理、后续利用以及废气处理，全方位对自己的技术进行了严密的保护（见图 3-48）。

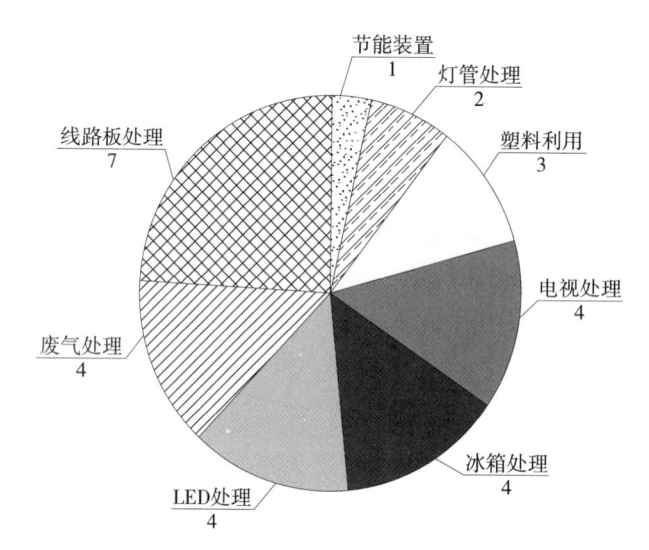

图 3-47 鼎晨专利技术领域分布（单位：件）

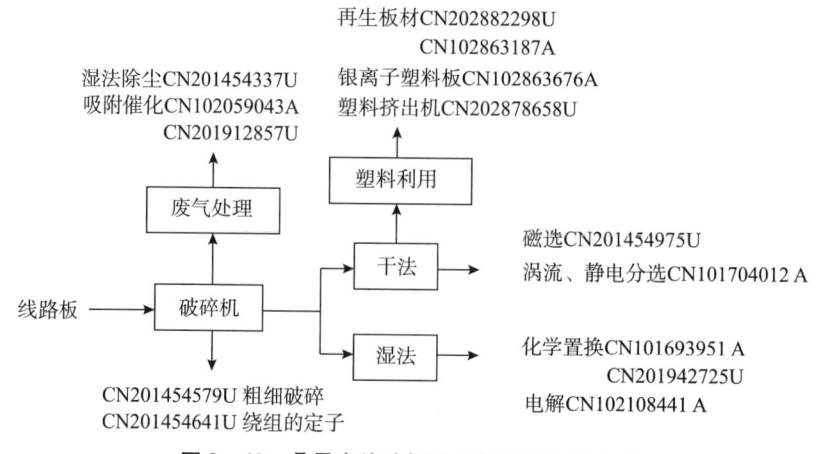

图 3-48 鼎晨在线路板处理领域的专利布局

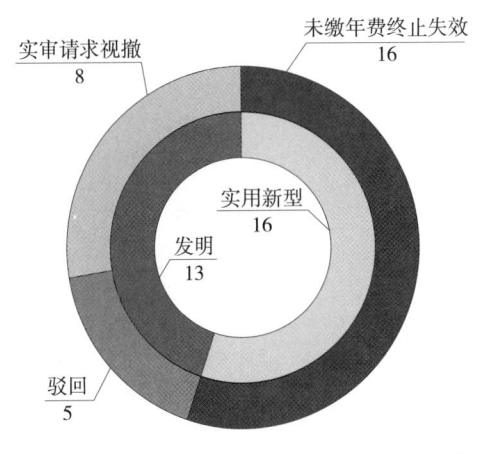

图3-49 鼎晨专利的法律状态（单位：件）

虽然鼎晨拥有的专利数量不算少，专利的布局也很有策略，但实际没有达到保护企业技术的目的。鼎晨共有29件专利，目前没有一件是有效的。16件实用新型全部由于未缴年费而终止失效，其中，最早在2009年申请的专利2013年时就由于未缴年费而终止失效，但随后公司进行了权利恢复，补交了年费后，2015年再次由于未缴年费而失效。13件发明专利中，5件经过实审后被驳回，其余均因为超过实审请求时限而视为撤回（见图3-49）。

这也是不少企业面临的一个问题。专利的维持需要每年缴纳一定数额的年费，这对一些企业来说也是一笔成本。当企业在短期内看不到申请的专利能否带来实际利益时，可能就会考虑不再缴费而放弃已授权的专利。申请的发明专利大部分经实审后被驳回，在一定程度上也挫伤了企业对自身技术的信心，剩余的发明申请也不再请求实审，最终视为撤回。

此外，鼎晨的技术人才缺乏，29件专利中仅由3位发明人完成，其中有27件都是公司董事长林春涛一人完成申请。在2012年之后，公司再没有新的专利申请。技术人才的缺乏使得公司在技术上的创新难以长时间持续，也使得公司的技术在创新的高度上差强人意。5件进入实审的发明专利均被驳回正体现了公司在发展自身核心技术的道路上还有很长的路要走。

鼎晨实业发展有限公司还有一家下属子公司鼎晨新材料有限公司，经检索也有11件专利申请，其中大部分是有关废旧塑料的处理，只有1件实用新型涉及废旧冰箱破碎机，但该专利也由于未缴年费而终止失效。

5. 常州翔宇资源再生科技有限公司

常州翔宇资源再生科技有限公司（简称"翔宇"）成立于2008年12月，是常州市武进区牛塘资产经营公司、江苏技术师范学院和泰州兴化智宇有色金属加工厂依托资源循环利用实践教育中心主任周全法教授主持的国家"十一五"科技支撑计划项目"废线路板全组分高值化清洁利用关键技术和示范"成果成立的高科技公司。2011年12月翔宇转制为民营高科技企业，产值已经超过3亿元，被常州市列为重点扶持上市的12家企业之一。

翔宇与江苏理工学院共建资源循环研究院，内设省级工程中心1个、重点实验室2个、市级工程技术研究中心1个，主要从事电子废弃物的无害化处置与资源化利用研究。此外，公司还与清华大学、南京大学、四川大学等知名高校签订产学研合作协议，集聚和吸引了一批优秀技术专家，已初步成为中国电子废弃物处理处置行业高端人才集聚地。

翔宇共申请26件专利，大部分与线路板的处理有关，塑料处理属于线路板下游工艺，加起来总共22件（见图3-50）。

对这22件线路板处理专利进行分析，可得到其技术分布网络，如图3-51所示。整体来说，翔宇在废弃线路板处理技术上的专利布局比较完整，从上游的回收到下游的塑料再利用都有相关专利，有以下几个特点：①在上游的最前端，对覆铜板的处理也有一件专利。覆铜板是电子工业的基础材料，主要用于加工制造印制线路板，在覆铜板的生产过程中会产生大量的边角料和报废覆铜板。另外，线路板生产时亦会产生大量边角废料。翔宇公司从线路板的更前端出发，在技术链的始端就实行专利技术的保护。②对外围的一些小技术点也进行了专利保护，如线路板的输送设备、生产线的控制箱等。针对粉碎产生的二次污染物废气也相应地布局有除尘方面的专利，包括脉冲除尘和旋风除尘技术。③公司的主要技术分布在线路板的粉碎和分选。粉碎方面，申请有涡轮式和锤式两种粉碎机。分选方面，布局了静电分选、涡轮分选、气流分选、分体分级等多种分选方法。公司对线路板主要是采取干法处理，容易产生灰尘，因此相应地有除尘方面的专利技术。④虽然公司具有废旧高分子材料再生利用生产线，但是在塑料利用方面的专利布局不多，仅有一件。

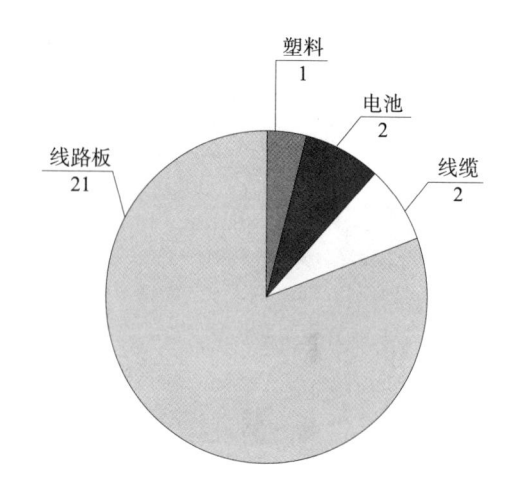

图3-50 翔宇专利技术领域分布（单位：件）

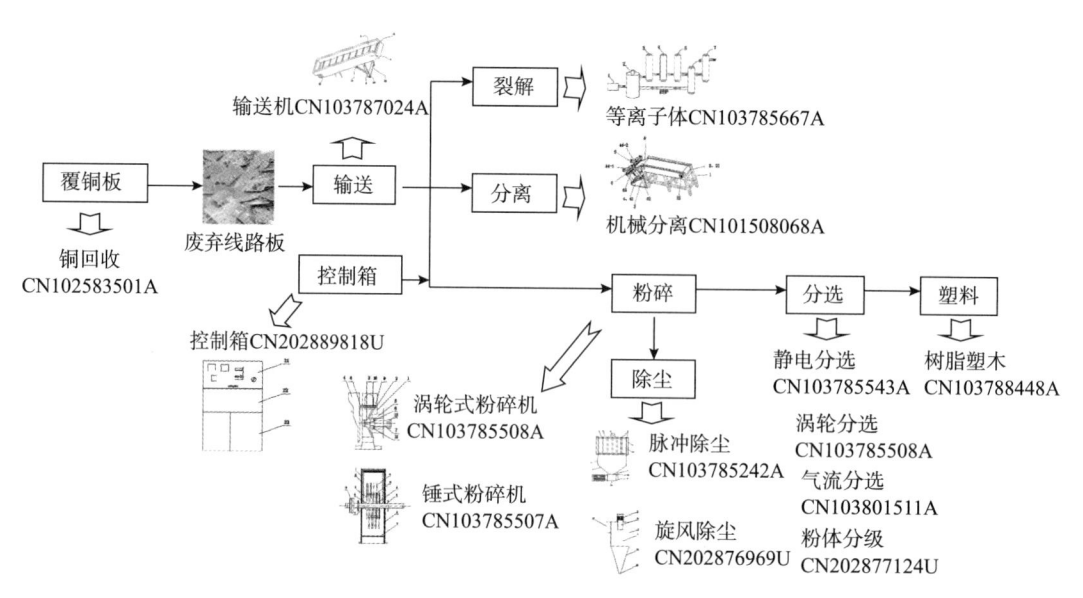

图3-51 翔宇线路板处理领域的专利布局

公司早期申请的专利"废线路板全组分高值化清洁利用新工艺"（申请号为CN101569889A），已经提出了对废线路板处理整体工艺的保护，包括拆卸分离、破碎分选、焚烧等,形成一个完整的工艺流程。之后,针对工艺的各个环节,再分别申请一系列的相关技术点的专利,主要集中在 2012 年进行了申请。

22 件线路板处理专利中,有 10 件处于专利权维持状态,其中仅有 1 件是发明。有 7 件发明视为撤回,只是提交了专利申请,但是没有进一步推进实审工作。前述申请号为 CN101569889A 的专利也视为撤回,说明尽管公司在早期已经开始对技术进行全盘考虑,但整体工艺的创新性还是未能达到发明专利的高度。实用新型中,因未缴年费而终止的专利是 CN201419317Y,这是公司在 2009 年申请的第一件专利,专利权维持时间有 6 年多(见图 3-52)。

公司 26 件专利中,发明占 14 件,实用新型有 12 件。翔宇公司在申请专利时同样采取了对相同主题同时申请发明和实用新型的策略,有 8 件实用新型同时又申请了发明。

翔宇公司还有一个突出特点是大部分专利都与江苏技术师范学院作为共同申请人进行申请。江苏技术师范学院作为翔宇的创始人之一,凭借自身的技术研究优势,为翔宇的发展提供了技术基础。

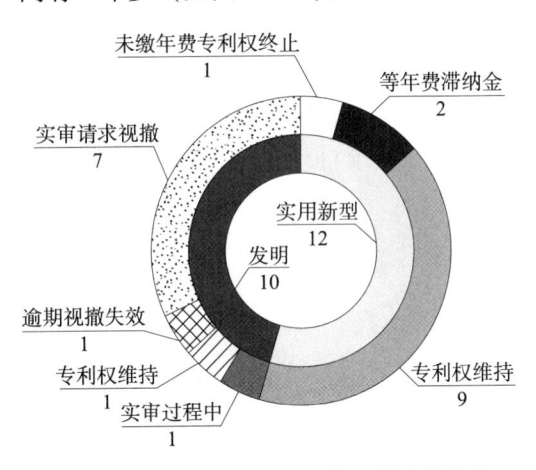

图 3-52 翔宇线路板专利的法律状态（单位：件）

6. 湖北金科环保科技有限公司

湖北金科环保科技有限公司(简称"金科")前身为湖北金科电器有限公司,成立于 2009 年 7 月 6 日,2012 年成为首批 43 家废弃电器电子产品基金处理补贴企业之一。目前公司具有 10 万吨废弃电器电子产品拆解处理能力,15 万吨废旧塑料分拣破碎处理能力,1 万吨改性塑料生产能力,1 万吨木塑建材生产能力。

金科公司的专利数量不算多,总共才 16 件,在补贴企业中排名 12,在湖北省中仅次于荆门市格林美新材料有限公司,但金科近年发展迅速,所以有必要研究该公司的发展与专利之间的关系。金科的专利布局主要有以下几个特点。

1) 专利涉及领域广。金科共申请专利 16 件,其中涉及废弃电器电子产品处理的共 6 件(见图 3-53)。尽管专利数量不大,但是涵盖了洗衣机、电视机、冰箱、空调等所有的家电领

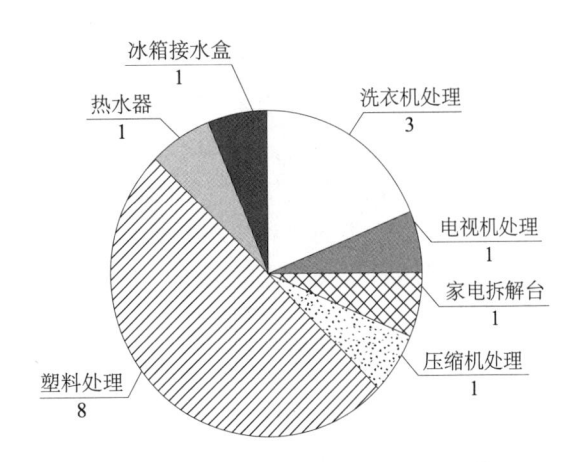

图 3-53 金科专利技术领域分布（单位：件）

域，可以看出公司在专利布局上全面考虑了废弃电器电子产品的所有领域，使专利的触角伸到每个角落。这6件专利中，占比最大的是有关洗衣机的处理，共有3件，分别涉及洗衣机滚筒退轴、波轮去芯、甩桶去芯的装置，说明公司的核心技术在洗衣机的拆解处理领域。

2）技术研究团队比较庞大。16件专利共涉及32位发明人，每件专利都有2~5名共同发明人。这说明了金科拥有一支比较庞大的科研队伍，具有比较强的技术研究开发能力。公司总经理代友炼参与发明人的专利仅两件，也说明公司分工明确，管理层与技术团队的工作责任分明。

3）重视技术研发。在上市之前，公司已经储备了一批专利。2014年上市之后，公司继续申请了6件专利（见图3-54）。公司在发展规模壮大之后仍然十分重视技术的研发，这为公司在未来的发展起到保驾护航的作用。据了解，金科与湖北工业大学、上海交通大学、中国电子工程设计院等均签署有合作研发项目。

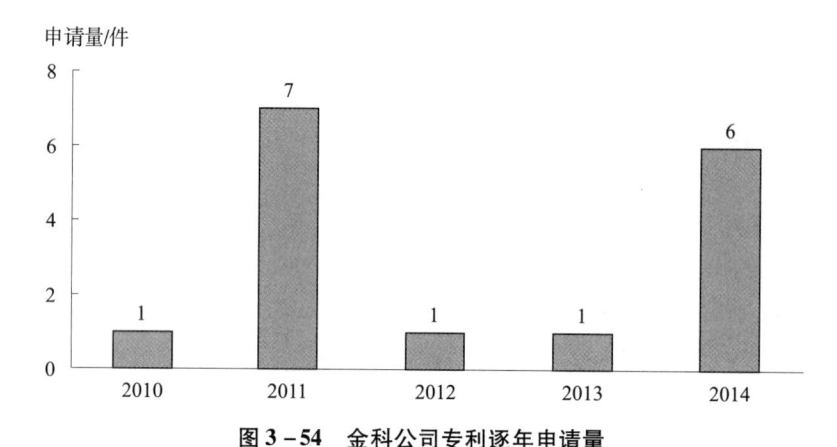

图3-54 金科公司专利逐年申请量

4）专利权维持上有欠缺。上述6件专利均为实用新型，其中3件处于专利维持状态，还有3件处于年费滞纳状态。公司在专利的维持力度方面似乎不够。事实上，金科于2010年5月10日申请的第一件有关太阳能热水器的专利由于未缴年费，已经于2014年1月16日失效，专利权维持了不到4年时间。2011年11月11日共申请了6件实用新型，也都处于年费滞纳状态。公司成立之初以生产、销售电冰箱、电器产品、太阳能节能产品等为主，在2010年5月10日就申请了第一件专利，可谓有较强的专利保护意识，但是在专利权的维持上力度稍有欠缺。

金科还有一半的专利与塑料处理有关，具体包括塑料清洗、破碎、制备复合模板等。塑料的处理广义来说也属于废弃电器电子产品处理的下游产业，金科在这方面进行专利布局，反映出公司对于废弃电器电子产品处理后产生的塑料进行二次利用具有一定的实力。值得一提的是，金科的16件专利中仅有两件是发明专利，这两件都是有关塑料的二次利用，包括空心玻璃微珠塑料复合建筑模板和聚乙烯防腐管道改性再生专用料，并且都已经获得授权，处于专利权维持状态。发明专利经过了实审环节，说明金科在塑料利用领域的技术确实具有创新性，发明专利的权利也更加稳定，这将成为公司重要的技术基础。金科在塑料处理领域的专利布局与公司在塑料处理方面的生产能力是相一致的。

3.4 本章小结

1. 从全球来看，废弃电器电子产品处理产业的专利申请量增长平缓，自 2011 年后有逐渐降低的趋势，而中国该产业的专利申请量从 2002 年以后一直保持快速增长

本书研究的废弃电器电子产品处理行业的专利申请数量为 5557 件，中国专利库检索获得 2339 件，国际专利库检索获得 3218 件。在国际范围内，废弃电器电子产品处理行业技术在 1992~2012 年以波浪式缓慢发展，2000 年达到波峰，为 190 件，2005 年重新回到波谷，为 129 件。1992~2001 年属于产业成长期，年申请人的数量和申请量迅速增加，2000 年达到最大，分别为 248 人次和 190 件。之后，从 2002 年开始申请人数量和专利申请数量都出现了下滑现象，处于成长末期的中等水平。从 2006 年开始产业又迎来了发展的春天，申请人数量和专利申请数量都有大幅增长，到 2008 年一举超过了成长期的最高点。之后呈现波浪式增长，2011 年之后出现减少趋势。

中国专利在 1992~2002 年申请量不大，从 2002 年以后快速增长，2011 年之后申请量呈现波动式平稳发展。与此同时，国外在华申请量仍然不大。韩国自 2004 年才开始有所申请。同时从时间分布上来看，外籍在华申请量以美、日、欧三者为主，也较均匀，没有明显坡度或洼值，从 2009 年以后日本籍申请量有上升趋势。

2. 全球专利申请量中以中国籍申请为主，日本籍紧随其后，体现了我国废弃电器电子产品处理产业对技术创新和知识产权保护的重视程度不断提升

全球范围内，2014 年后中国籍专利申请总量一举超过前期稳居第一的日本，达到了 2145 件，目前其总量占国际总量的 39%。现在日本籍专利申请数量紧随中国之后，达到了 1983 件，占总量的 36%。其后依次为美国（458 件，占 8%）、欧洲（380 件，占 7%）、韩国（353 件，占 6%），其他国家和地区（占 4%）。欧洲籍申请量呈 V 字形分布，在 2002 年达到最低点，仅有 3 件专利申请，两翼最高，平均为 33 件。韩国籍专利申请量总体呈增长趋势，从 1992 年的 3 件到 2011 年达到最多的 58 件。美国籍在 1992~2012 年专利申请量较平稳，维持在 21 件。

全球主要专利申请人分别为日立、松下、夏普、索尼、住友、东芝和丰田，都属于日本籍。松下从 1996 年开始在废弃电器电子产品处理行业就有长期稳步发展，年申请量为 8.4 件。从 2003 年左右开始，索尼、日立与东芝专利申请量基本没有明显减少；而夏普、住友和丰田的申请量从 2003 年之后有了明显的增长，年均申请量为 5 件。日立、松下、夏普、索尼和东芝在至少五个分支领域都有涉及，且专利数量分布较均；丰田和住友主要关注电池分支领域，专利申请量分别占到了自身总量的 95% 以上。这七位申请人区域布局的专利量都较少，仅分别占到本国申请量的 3%~18%。

中国专利以中国籍申请人为主，国外在华的申请并不多，总共只占 8%，其中日本相对较多，占比 4%，而美国占 2%，欧洲和韩国分别占 1%。中国籍申请人在 1992~

2002年申请量不大，件数为个位数，从2002年以后呈现出快速增长，2013年申请量超过了300件。

广东省、北京市、江苏省、上海市、浙江省和湖南省在国内专利申请数量排名靠前。广东省占比最大，为总量的16%，其后依次为北京市和江苏省（9%）、上海市和浙江省（7%）以及湖南省（6%）。万荣、格林美、清华大学、广东工业大学、中南大学、北京工业大学、上海交通大学、合肥工业大学、鼎晨、比亚迪、邦普、华南师范大学、松下和住友的专利申请量在中国专利申请总量中排名靠前。其中松下和住友为日本籍，其他申请人均为中国籍。格林美是唯一在六个分支中都有涉及的申请人。

3. 从技术领域分布来看，废弃电池处理领域占全球专利申请量以及中国专利申请的最大比例，废弃液晶处理占比最少

废弃电池处理领域专利申请量占整个技术分支总量的45%，其后是线路板分支（占28%），整机分支、阴极射线管分支和制冷剂分支占比接近，约为9%，液晶分支专利申请量占比最少，仅为2%。在各技术分支中电池分支年申请量最多，中国在2013年达到173件，日本在2012年也达到了96件。

中国籍专利申请人单年申请量最大的为电池分支，于2013年达到了175件。液晶分支作为废弃电器电子产品处理行业新兴点，其专利申请出现的时间最晚为2002年，年平均申请量也仅为3件。在中国专利申请和中国籍专利申请中，电池和线路板分支申请量分别占到了45%和28%，这两个分支主要的技术关注点在于金属提取。中国专利申请的申请人类型主要为企业，占到50%以上。大学也是一支重要的主力军，合作申请的数量占比较小。中国、日本和欧洲申请人在六个分支领域都有涉及，中国申请人在电池和线路板分支领域申请量最大，分别达到了1034件和627件。除液晶分支外，日本的其他申请量都达到了两位数，电池分支是其主要关注重点，专利申请量达到了48件；美国申请人在电池和线路板分支相对较多，分别达到了18件和11件；欧洲申请人在电池分支上申请量相对其他分支也最多，达到了19件。

4. 我国基金补贴企业主要关注的领域是线路板处理装备和技术，有一定量的专利布局，但其中产学研合作还较少，并且对已获得的专利权的转化、运用和持续投入不够

本书共检索涉及基金补贴企业110家，共681件专利。补贴企业在废弃电器电子产品处理行业的专利申请趋势变化与全国总体变化趋势相同。2005年以前基金补贴企业专利申请量只有1件。2005~2007年稳步增加，2007年申请量为3件。2008年之后基金补贴企业专利申请数量显著增加，2012年达到极值141件，较前一年增长140%，2012年之后申请量回落到100件左右，但依然保持10%左右的增速。

补贴企业技术分支分布情况与中国整体专利申请分布相同，废弃线路板是其关注的重点，申请量为83件。部分企业形成了线路板处理生产线的专利布局，针对各技术点部署了一系列专利，如翔宇、鼎晨等。不少企业也在关注二次污染的问题，如对拆解过程中产生废气的处理，以及对塑料的二次利用等。在专利申请策略上，不少企业选择对相同主题的技术同时申请发明和实用新型，如宁达。同时补贴企业还主要涉及废旧电器电子产品的拆解,如废旧电器(47件)、阴极射线管(44件)、汽车(44件)、冰箱(40件)、电视(24件)、灯管(18件)的专利申请量也较高。格林美属于龙头企业,其专利申请数量是补贴企业中最多的,其企业地位与专利数量之间是匹配的,专利质量也表现出较高的水平,获得过中国专利奖,进行了专利质押,并且提交有国际申请。

在各合作申请中,大学和企业的合作申请量占比达6%。从合作申请所属分支领域来看,主要集中于线路板和电池分支,占比达87%。最早出现合作申请密集期的是个人-个人的合作模式,比大学-企业合作模式的密集期2007年要早5年。结合国际发展经历来看,我国应该重视产学研的结合,首先应在技术上提高,如此才能有产业的健康发展。从各国产学研发展经验来看,电池和线路板分支是重点关注领域,液晶也是不容忽视的。

我国企业专利权的维持力度不够,出现专利授权后没有及时缴费而导致专利权失效等情况。不少企业只提交了申请,对后续的审查不再关注。例如,鼎晨的专利布局充分合理、可圈可点,但所有专利都处于无效状态,缺失了专利权保驾护航的作用。各主要申请人专利类型分布中实用新型专利占据大部分,能够最终获得授权的发明专利比较少。技术的发展与研究团队密切相关。翔宇通过与江苏技术师范学院的合作,完成较理想的专利布局。格林美各子公司之间相互合作,较好地促进技术交流发展。而鼎晨主要由公司老板一人申请,技术上显得后劲不足。

第4章 专利导航产业发展路线

专利导航是为了适应日益复杂的国际产业竞争环境和国内产业转型升级的需要应运而生的。本章通过对专利所承载的技术、法律、市场等多方面信息进行深入挖掘和综合分析，全面、准确地揭示相关产业领域市场竞争、产业竞争、技术竞争等方面的竞争格局和动态，有利于拨开产业转型升级面临的重重迷雾，为产业发展更科学合理、更有针对性地转型升级，突破国外企业的封堵提供强有力的引领和指引。

4.1 技术发展方向定位

科学的研发决策还需要建立在掌握技术热点、空白点、目标市场的技术分布情况以及竞争格局等更深层次的情报之上。通过专利分析找出技术热点，对企业规避专利壁垒、进行自主专利布局有着巨大的指导意义。针对技术热点，企业可以灵活制定策略，合理运用研发资金，找到合适的技术发展道路。从专利申请量、协同创新情况、全球新进入者、专利运用活跃度等情况的分析都可以找出技术热点所在。

1. 专利申请量揭示技术热点

企业在申请专利时并不是单纯为了保护技术，有各种各样的目的，如转移、干扰对手视线，削弱竞争对手优势等，但是大多数企业申请专利还是为了在特定技术领域取得垄断地位，从而取得独占的利润。为了取得独占权，企业围绕某一特定技术所申请的专利在数量上应该会有所显示，专利分析中就可以根据专利特征项数量上的变化来寻找技术热点。

将全球专利数据与中国专利数据合并进行统计，可以清晰地看出各个技术分支随着时间在专利申请量上的变化趋势，如图4-1所示。其中电池和线路板处理两大技术分支在数量上明显处于领先状态，电池和线路板处理分别占45%和28%。从申请量来看，废旧电池处理领域无疑是技术研发的热点，2004年之前相关的专利申请量一直平稳地发展，2004年之后申请量开始逐年递增，2011年的申请量更是达到271件。线路板处理专利的发展趋势跟电池类似，在2004年也是一个分水岭，近十年的申请量都在迅速增长，技术的发展处于迅猛发展的势头。

对废弃线路板处理技术分支再进一步细分，全球和中国的专利申请主要是集中在金属提取方面，是废弃线路板处理领域的技术热点。废弃线路板中，附加值最高的无疑就是其中含有的各种金属，因此金属提取技术自然成为企业争相发展的方向。此外，

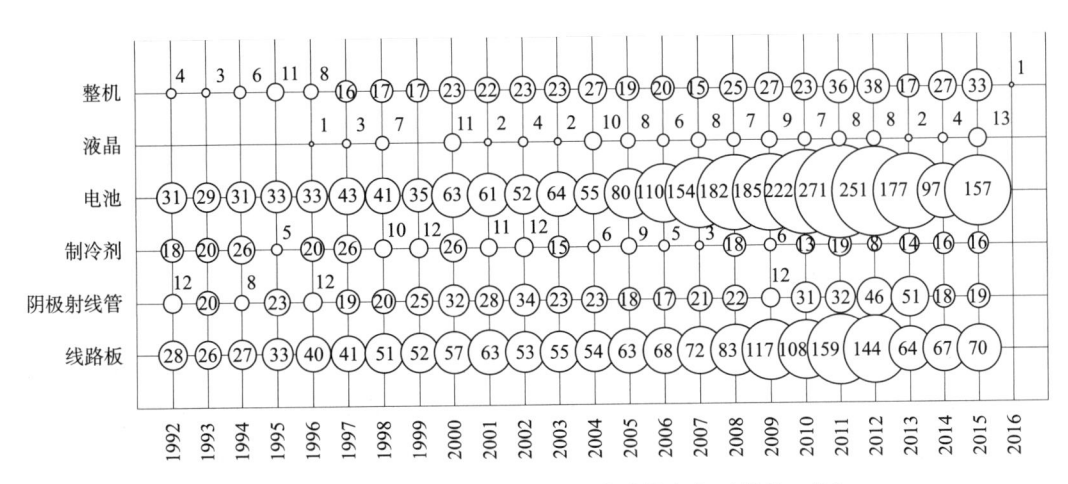

图4-1 各个技术分支随着时间的申请量变化（单位：件）

综合处理和粉碎拆分技术也占了一半。分选和热处理技术分支则最少。

其余几个技术分支的专利申请量相对较少，没有出现迅速增长的情况。其中，阴极射线管处理领域在1999~2002年申请量出现一个小高峰，这是国际上该领域技术发展的热点时期，之后申请量回落，技术转入成熟期，到2010年申请量再次出现上升势头，这部分申请量的主要贡献者来自中国。阴极射线管处理技术此时在中国才掀起一阵热潮，技术的发展上比国外落后了近十年。

2. 协同创新揭示技术热点

协同创新主要体现在企业与科研机构和大学之间的合作、企业与企业之间的合作。本部分主要考察企业与科研机构或者大学之间的合作情况，4.2节将具体分析产学研的情况。

全球的专利申请量中企业与科研机构合作申请的数量占比仅为2%，涉及的领域主要是废旧电池的回收，其余技术分支都比较少。电池的回收利用还是偏学术研究的主题，适合在大学或者科研机构对基础理论技术进行研究。同时该主题也跟产业密切结合，实用性较强，科研机构提供技术人员上的支持，企业提供资金以及试验场所，这样的模式下，科研机构产出科研成果，企业也能得到想要的技术，对双方都有利。因此在废旧电池领域更容易实现企业与科研机构之间的协同创新。

对企业与科研机构合作申请的专利（详见4.2节）进一步分析可知，申请量比重处于第一位的是电池处理分支（占比为65%），遥遥领先于第二位的线路板分支（占比13%）。废弃线路板处理是与产业结合更加密切的主题，很少有科研机构会单独以此作为研究课题，技术创新的主体在于企业。此外，液晶技术分支的企业-科研机构合作申请也值得注意，其占比也达到了11%，但是在总的专利申请量中，液晶分支的申请量占比是最低的，反而在企业与科研机构合作申请中的比重排在第三位。这是与液晶分支的发展相对应的。液晶电子电器产品的发展历程和废弃液晶电子电器产品循环再利用现状，目前还是一个较新的分支，相应的技术还不完善，相应的产业还不成熟，一些基础的处理技术还需要科研机构来合作开发。因此，企业与科研机构的合作专利申请占比提升是与发展规律相符的。液晶处理领域虽然不是技术热点，但可以说是协同创新一个具有比较大发展空间的技术分支。

单独考察中国国内的协同创新情况，根据第3.2节的分析，中国专利申请中只有7%属于合作申请，主要是企业与科研机构的合作申请。从现有的企业－科研机构合作领域来看（见图4－2），主要集中于电池和线路板分支，时间上也主要发生于2007年之后，这与全球的协同创新的技术热点一致。虽然2014年专利统计数据不全，申请总量较少，但企业－科研机构的合作申请量处于领先水平，这也体现了未来企业与科研机构产学研的发展趋势。总体上而言，企业与科研机构间的协同创新有较好的环境和一定的经验。除了电池和线路板技术分支，其余几个领域的协同创新比较少，在液晶领域甚至没有出现企业与科研机构之间的合作申请。这与国际上的协同创新情况不同，也显示出该领域技术还存在合作开发的空白。

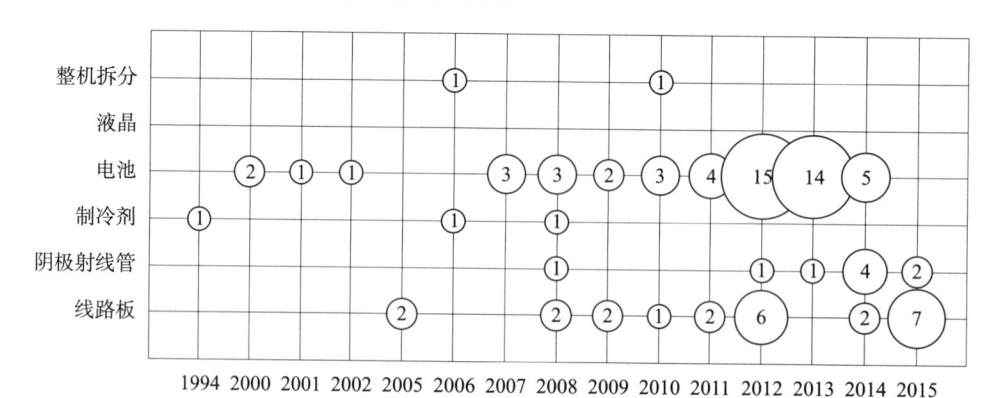

图4－2 企业－科研机构技术分支随时间分布趋势（单位：件）

其中，将企业与科研机构合作申请的线路板专利进行技术细分，如图4－3所示，协同创新的技术热点也是金属提取方面的技术，专利申请量占了一半。金属提取方法大致可以分为干法和湿法，基本都要涉及化学方面的基础知识，如金属置换反应、电化学等，这一类技术往往需要比较扎实的理论知识作为基础，很适合在大学中进行一些基础研究，大学与企业之间相对将容易擦出火花，使得协同创新成为可能。而分选、分拆等工艺往往是一些纯操作工艺的改进，实用性较强，科研机构在这方面的技术优势并不明显，合作的机会也就较少。

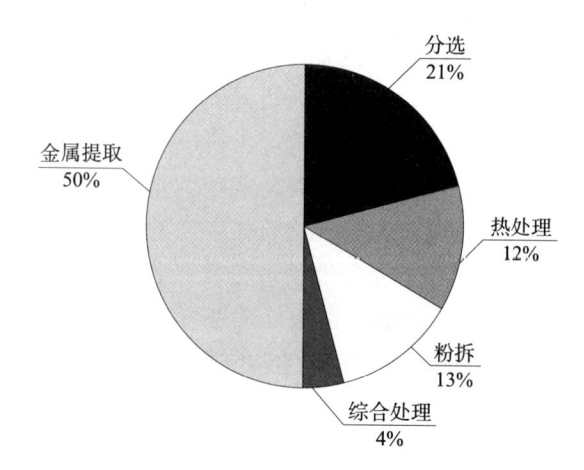

图4－3 企业－科研机构合作申请的线路板处理专利技术细分

- 分选 21%
- 热处理 12%
- 粉拆 13%
- 综合处理 4%
- 金属提取 50%

总的来说，企业与科研机构之间的协同创新所揭示的技术热点主要在于废旧电池处理领域，其次是废旧线路板处理领域。此外，液晶处理领域也值得关注。

3. 全球新进入者揭示技术热点

在本书中，全球新进入者的判断依据是近3年才开始申请专利的申请人，即2013年之前都没有申请过专利、2013年之后才申请专利的申请人。统计结果如图4-4所示。

技术领域	申请人		
线路板	KRP CO LTD 韩国 SHIFT CO LTD 韩国 MIRE SOLAR LED CO LTD 韩国 ALBEMARLE CORP 美国 HWA HSIA TECHNOLOGY INST 中国台湾 LUO W 中国台湾	UNIV HANYANG IND COOP FOUND 韩国 CHUNG POONG METAL CO LTD 韩国 JIIN HAUR IND CO LTD 中国台湾 DAUN-I 德国 BANU-I; BELA-I; COST-I; RADU-I 欧洲	JOONG IL METALS INC 韩国
电池	NURI TECH CO LTD 韩国 MACIAS J A C 墨西哥 JOINT ENG CO LTD 日本 MANJANNA J (NAYA-I) NAYAKA G P 印度 ECORING;FIDAY GESTION 中国台湾 TYAGI S;TYAGI V 美国	MCLA-I; MCLA-I 美国 RAPAS CORP 日本 DASS-I; GESI-I; GESI-I; PHIN-N 美国	
阴极射线管	UNIV FUKUI 日本		
显示器			KYUNG I C;(SEON-I) SEONG P C 韩国
	2013	2014	2015

图4-4 新进入者及其技术领域

整体来看，全球新进入者有20多位，主要是企业申请人，说明行业的技术创新主体还是企业。从申请人所在的国家和地区来看，来自韩国的申请人占据了大多数（共有8个韩国企业或者个人申请），说明近年来韩国在废弃电器电子产品处理行业技术上的发展最为活跃，不断有新的企业涌现。2015年全球只有两个新进入者，都是韩国的申请人。全球新进入者居次的是美国，不过以个人申请为主，这些申请人基本只有1~2件申请。

从技术领域来看，新进入者主要涉及线路板和电池处理，这两个领域仍然是技术发展的热点。在线路板领域中，主要是韩国企业在大力发展相关技术，如KRP公司、SHIFT公司等。废弃线路板来源也显示出新的特点。例如，UNIV HANYANG IND COOP FOUND申请的专利KR2014000052914，该技术处理的废弃线路板来源包括电脑、移动电话、打印机和复印机，而不是来自传统的电视拆解。电池领域的申请人则比较分散，韩国、美国、日本等国都有一些企业或者个人先后进入该领域。在2015年电池领域没有人申请专利，也有可能尚未公开。

除了线路板和电池处理领域，其他技术领域的新进入者比较少。阴极射线管处理在2013年只有日本福井大学开始申请。由于这方面的技术已经发展得比较成熟，很难再出现新的技术，并且阴极射线管在世界范围内淘汰得比较早，这一类型的电视基本不再生产，处理的需求在下降，发展新的处理技术也显得不是那么必要了。液晶显示器的处理方面在2015年也有韩国的个人申请开始进入。

从以上全球的新进入者来看，本产业的技术热点主要集中在废弃线路板和电池的处理，特别是韩国在线路板处理领域的新进入者比较多。这两个领域将面临比较大的竞争，新进入者想要进行技术创新的难度比较大，在专利侵权方面也容易遭遇风险。在其他领域，如液晶显示器的处理，新进入者不多，后来者相对较容易避开热点，作出一些技术改进。

上述分析并未包括中国大陆申请的数据，下面再以中国大陆申请单独进行分析。最近几年中国大陆新进入者数量比较多，每年都有100位左右新出现的申请人，2013～2015年新出现的申请人数量分别为116位、94位、113位，新进入者的数量基本在平稳发展。图4-5中的饼状图展示了当年新进入者的类型分布。可以看出，企业申请人的数量超过一半以上，企业仍然是技术发展的主要推动者。从趋势来看，新进企业申请人所占的比重逐年增大，从2013年的61%增长到2014年的69%，再增长到2015年的79%，说明近年不断有新的企业开始进入废弃电器电子产品处理行业，而且专利保护意识也不断加强，积极申请专利保护自己的技术。同时，新进入者中个人申请人所占比例越来越少，从2013年的19%下降到2014年的10%，而到了2015年仅占1%。这个变化是一种好的发展趋势。个人申请者资金有限，技术研究条件不足，比较难研发出具有高创新性的技术。个人申请者进入减少，说明技术研发的门槛开始提高，创新主体应该由企业和大学来承担，对技术的发展更加有利。

图4-5中的柱状图展示了每年新进入者申请的专利数量在各个领域所占的比例。可以看出，废旧电池和线路板处理领域是技术发展的热点，两个领域所占的申请量最多，这跟其他国家和地区关注的技术热点一致。阴极射线管处理的新进入者每年也都还有一

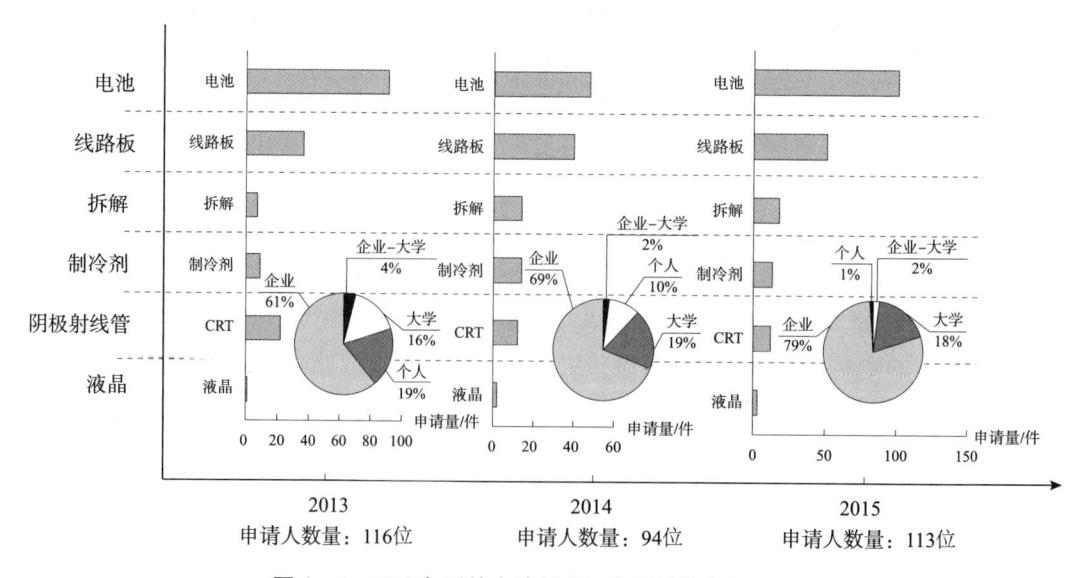

图4-5 2013年后的大陆新进入者及其技术领域分析

些，不过呈现减少的趋势，这是与其他国家和地区技术发展趋势不同的地方。前文分析中，国际上近两年已经没有新的申请人关注阴极射线管处理技术，而国内的新进入申请人仍然占有不少的比例，一方面说明国内显像管电视淘汰得比较慢，现在仍然有可观的废旧回收量；另一方面说明国内的处理技术相比国外还比较滞后，有待进一步发展。对于这些国外已经发展得比较成熟的技术，国内企业可以不必再花费巨大的代价去研发，可以多关注国外已经失效但仍然有应用价值的专利，这一类专利已经成为公共资源，企业可以在此基础上进行改进。还应当注意分析失效的原因，挖掘出有用的技术点，为企业降低成本。

表4-1列举了近年新进入者中申请量排名靠前的一些申请人，以及这些申请人所申请的专利主要涉及的领域。

表4-1 大陆主要新进入者

年份	新进入者	技术分支
2013	浙江天能电源材料有限公司	电池
	浙江力胜电子科技有限公司	CRT
	安徽理工大学	整机
	吉林化工学院	电池
	河南超威电源有限公司	电池
	山东青龙山有色金属有限公司	电池
	襄阳远锐资源工程技术有限公司	电池
	澳宏（天津）化学品有限公司	制冷剂
	东北大学	电池
	湖南朝晖环境科技有限公司	电池
2014	宁波同道恒信环保科技有限公司	线路板
	北京神雾环境能源科技集团股份有限公司	线路板
	佛山市顺德鑫还宝资源利用有限公司	整机
	贵阳美安心科技有限公司	整机
	湖南省同力电子废弃物回收拆解利用有限公司	整机
	欧品电器（慈溪）有限公司	整机
	遵义市金狮金属合金有限公司	电池
	TCL奥博（天津）环保发展有限公司	线路板
	安徽省华鑫铅业集团有限公司金铅分公司	电池
	长沙矿冶研究院有限责任公司	电池
2015	哈尔滨市华振科技有限责任公司	电池
	中国科学院金属研究所	线路板
	梅州市鸿鑫环保科技有限公司	线路板
	浙江盛唐环保科技有限公司	整机
	成都虹华环保科技股份有限公司	电池
	成都泰仓科技有限公司	整机
	合肥国轩高科动力能源股份有限公司	电池
	南京环宏资源再生科技有限公司	电池

4. 专利运用活跃度揭示技术热点

在本书中，专利运用活跃度主要通过专利权的质押（保全）、专利权的转移、专利实施许可等指标来进行分析。其中专利权的转移、专利实施许可都比较常见。这里首先对专利权的质押（保全）的概念做说明。专利权质押是指债务人或第三人用拥有的专利权担保其债务的履行，在债务人不履行债务的情况下，债权人有权把折价、拍卖或者变卖该专利权所得的价款优先受偿的无权担保行为。

经过统计，共有139件中国申请与废弃电器电子产品处理领域相关。通过表4-2可以看出，专利运用比较活跃的技术分支包括电池、线路板和电器拆分。其中，线路板分支在专利权的质押、转移、许可方面活跃度都非常高；电池分支的专利仅有两件进行了专利权转移、两件进行了专利实施许可；电器拆分的专利仅有1件进行了专利权转移、两件进行了专利实施许可。

表4-2 专利交易涉及领域 （单位：件）

分支	专利权质押	专利权的转移	专利实施许可
电池	0	2	2
线路板	9	75	38
电器拆分	0	1	2

可见，通过专利运用活跃度所揭示的技术热点依然是线路板分支，该分支总体上对技术引进的意愿较为强烈，专利交易市场活跃程度较高。通过专利交易不仅能够实现技术引入取长补短，也有助于提高专利运营水平，实现专利运用的商业化。在政府层面上，有必要搭建好专利交易平台，对专利交易行为进行指导和规范。

4.2 产学研合作分析

本节主要对国外主要国家的产学研合作情况以及中国的产学研合作情况进行分析，了解国外以及中国的产学研合作现状。本节主要是统计申请量排名靠前的强国企业合作申请情况，从而分析国内外目前产学研现状。在专利数据分析中对申请人类型分类包括个人、个人-个人、企业、企业-企业、企业-个人、企业-大学、企业-研究机构、大学、研究机构，在产学研分析中将企业、企业-企业、企业-个人类型合并为企业；企业-大学、企业-研究机构合并为企业-科研机构；个人、个人-个人合并为个人；大学、研究机构合并为科研机构。

4.2.1 国外主要国家产学研合作情况

根据前述专利分析，美日欧韩占整个国际专利申请数量的绝大部分，本部分主要以这四国的合作申请情况分析国外产学研现状。图4-6是各主要国家和地区在各技术分支的申请人类型分布状况。从总体情况来看，各类型申请人的主要申请关注点是电池和线路板分支领域，有科研机构参与的专利申请更集中于电池分支领域。

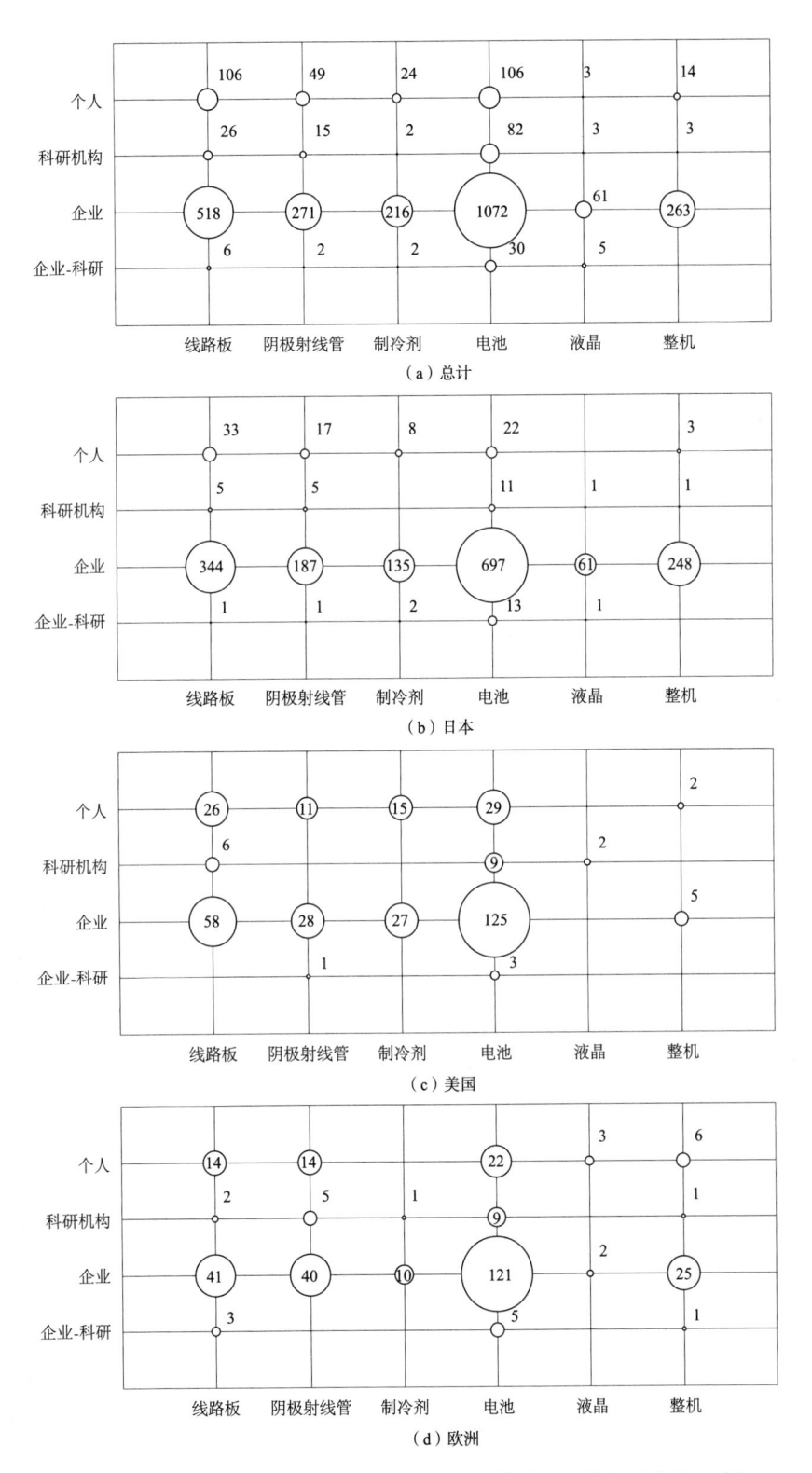

图 4-6 主要国家和地区在各技术分支领域的产学研分布（单位：件）

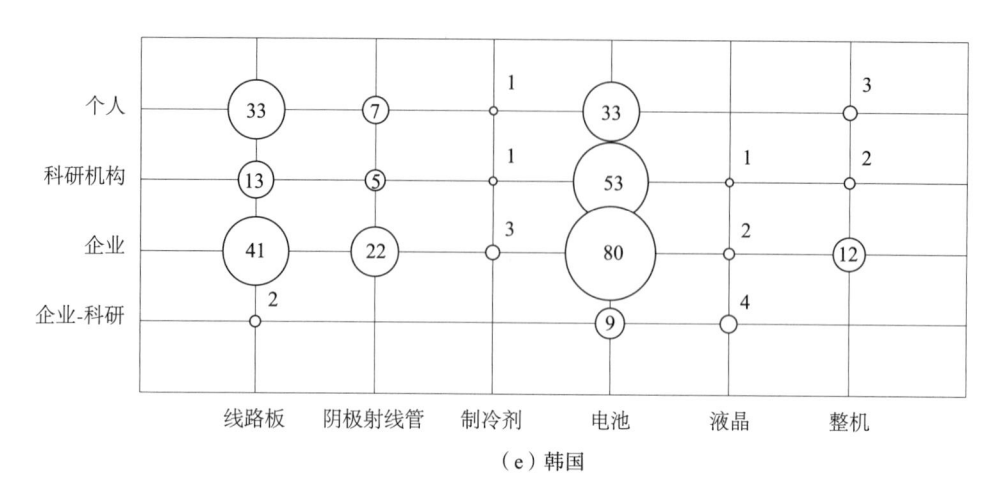

```
个人        ㉝   ⑦    1   ㉝         3
科研机构    ⑬   ⑤    1   ㊼    1     2
企业        ㊶   ㉒    3   ⑧⓪   2    ⑫
企业-科研        2        ⑨    4
           线路板 阴极射线管 制冷剂 电池 液晶 整机
```

（e）韩国

图 4-6 主要国家和地区在各技术分支领域的产学研分布（单位：件）（续）

从图 4-6 可知，企业申请数量和个人申请数量占比较大，其分别达到了 82% 和 11%，表征产学研特征的企业-科研机构申请数量占比为 2%。

从图 4-7（a）（美、日、欧、韩总和）情况可知，企业是该领域内的创新主体。虽然从总量来看，个人申请数量大于有科研机构参与的申请数量（有科研机构参与的申请量占比为 7%），但从创新集中的电池分支领域来看，有科研机构参与的申请量大于个人申请，占到了 8.7%。

纵观主要国家和地区申请人类型分布情况，韩国在有科研机构参与的专利申请中贡献最大，占到了 50.3%；其余依次是日本、欧洲和美国，分别是 22.9%、15.1% 和 11.7%。结合专利生命周期分析可知，韩国在该领域目前处于增长期，其对新技术的需求相对较大。科研机构具有良好的创新环境，也具有较好的技术发展指向作用。由此，在韩国专利申请中科研机构参与的申请量比重就大。虽然日欧已处于稳定期，美国目前有增长的势头，但其早期的发展为其打下了一定的技术基础，市场发展较完善，主要创新主体转变为企业，因此专利申请主要是以企业为主。目前各发展中国家相关废弃资源转移法逐渐完善，以及废弃电器电子产品总量迅猛增加，西方发达国家也面临一定的处理压力。图 4-7（b）（d）显示，美国和欧洲从 2007 年以来每年都有一定量的研究机构参与的专利申请，说明废弃电器电子产品处理还须在技术上得到进一步发展。

同时，在市场发展还不完善的情况下，个人或小企业数量分布会较大，相应的个人专利申请数量占比就会较重。中国专利申请中有科研机构参与的数量占比也较大，个人申请数量也是不容忽视的分量。韩国与中国在废弃电器电子产品处理行业申请人的构成有一定的相似点。

图 4-8 内圈是各技术分支申请量占总量的百分比，可以看到电池分支和线路板分支占比较大，分别达到了 44% 和 23%；最少的是液晶分支，占比仅为 3%。图 4-8 外圈是各技术分支产学研合作申请的占比，与申请量比重相吻合的是处于第一、第二位

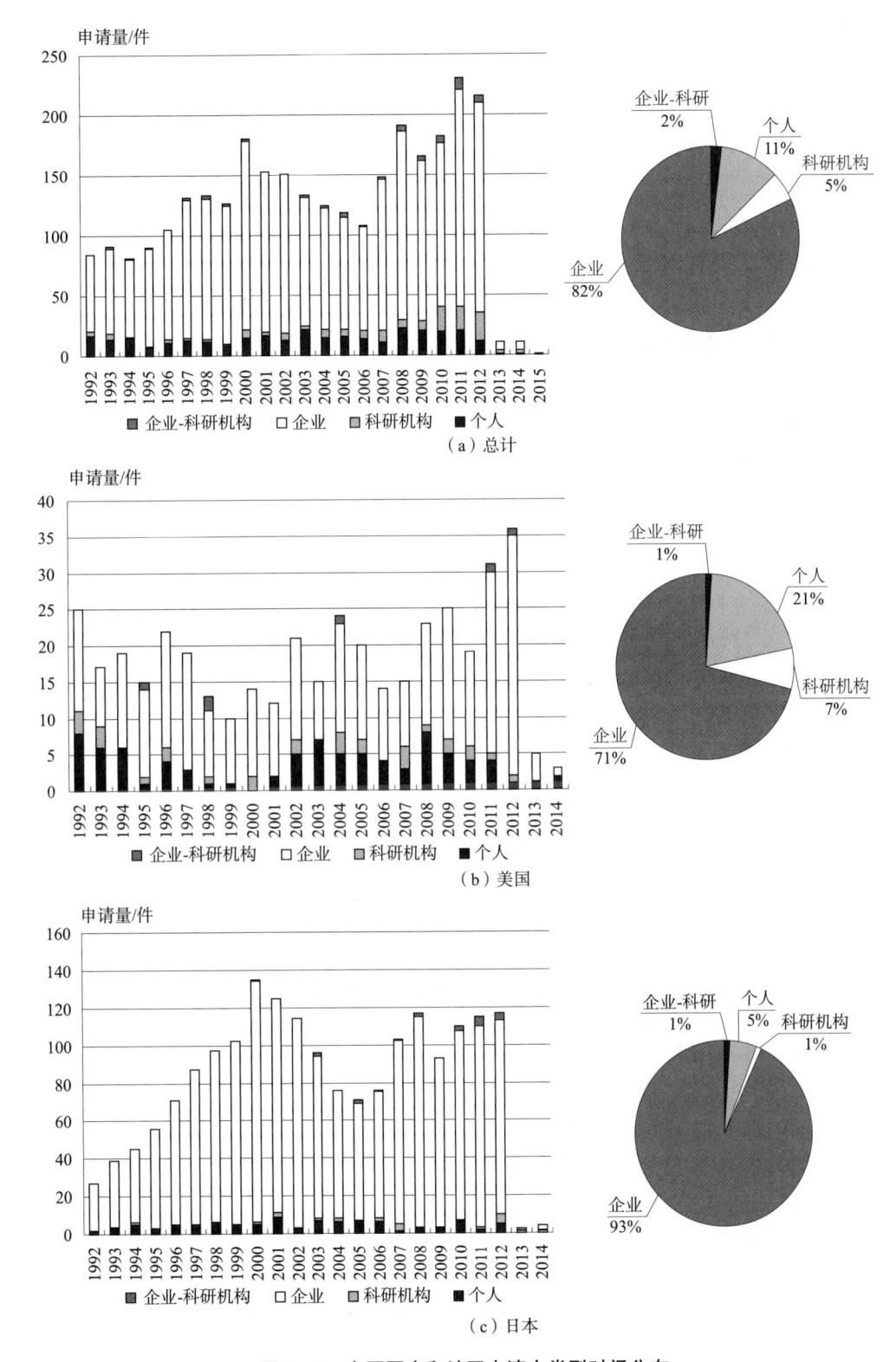

图 4-7 主要国家和地区申请人类型时间分布

(d）欧洲

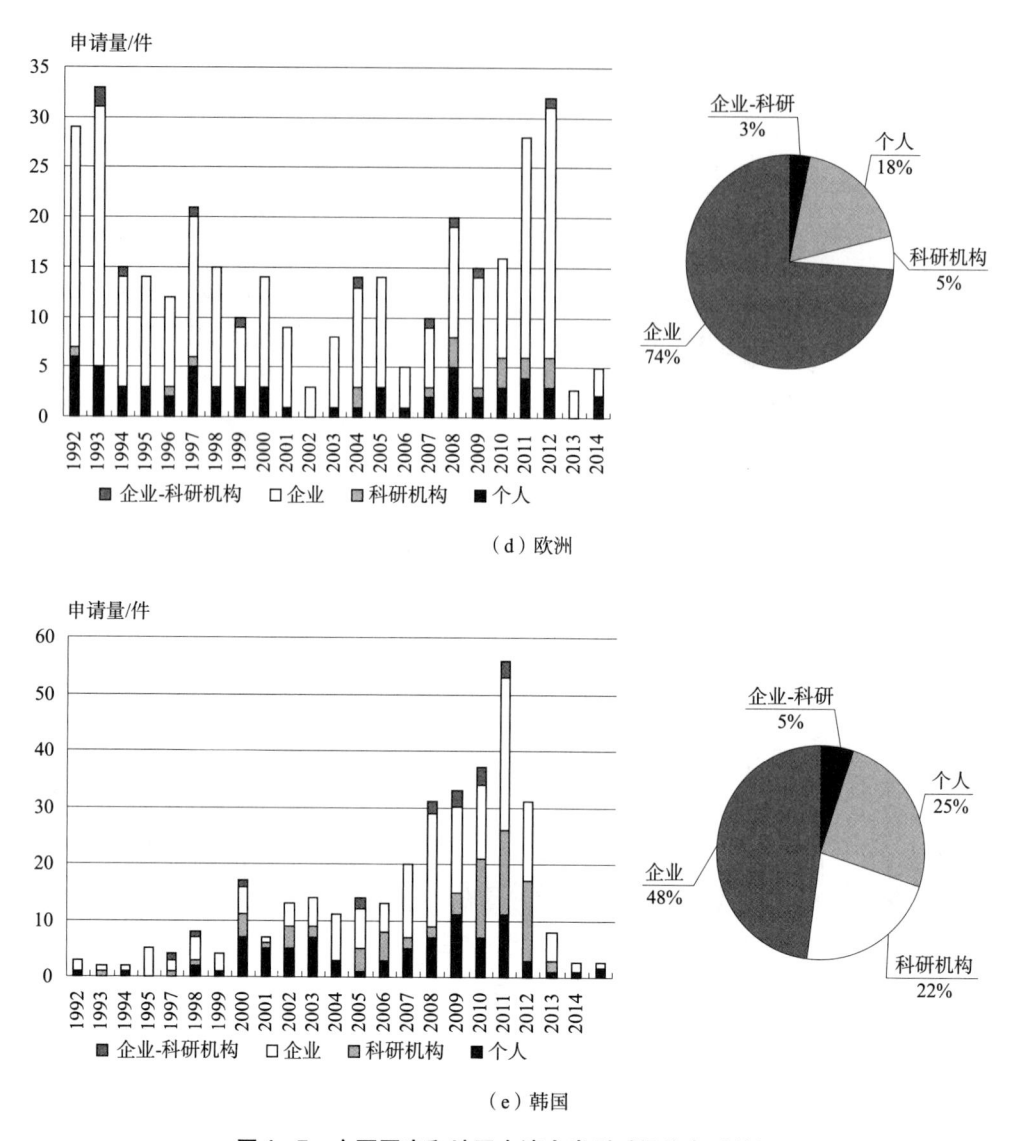

(e）韩国

图4-7 主要国家和地区申请人类型时间分布（续）

的电池分支和线路板分支，分别为65%和13%。然而，液晶的产学研合作申请占比一举超过其他技术分支成为第三位，为11%，这与液晶分支的发展相对应。前面已详细说明了液晶电器电子产品发展历程和废弃液晶电子电器产品循环再利用现状，目前其还是一个较新的分支，相应的技术还不完善，相应的产业还不成熟。因此，企业与科研机构的合作专利申请占比提升是与发展规律相符的。

因此，结合国际发展经历来看，目前在我国处于产业发展前中期的情况下，我国应该重视产学研的结合，在技术上提高才能有产业的健康发展。从各国产学研发展经验来看，电池和线路板分支是重点关注领域，液晶是不容忽视的新兴领域。

4.2.2 中国产学研合作情况

从图4-9可知，在中国专利申请人类型中，企业申请人占到了54%，科研机构申请人占到了28%。从各国科研机构占比来看（见图4-10），说明科研机构是技术革新的主力军之一。图4-9显示，虽然企业申请人和科研机构申请人占比较大，但企业-科研机构合作申请较少，仅为4%，说明我国的产学研结合方面还有较大的提升空间。

表4-3是中国专利申请人类型随时间的分布，相应申请人类型数量总计小于等于3的没考虑在内。在各合作申请中，电池领域的合作申请最活跃，科研机构和企业的结合属于强强联合，说明在此领域整个产学研环境呈现一个良好的发展势头。但从表4-3的数量来看，中国专利申请人在技术合作开发方面非常欠缺，即使加上述忽略的数量，在废弃电器电子产品处理行业内整个合作申请数量也仅占4%。

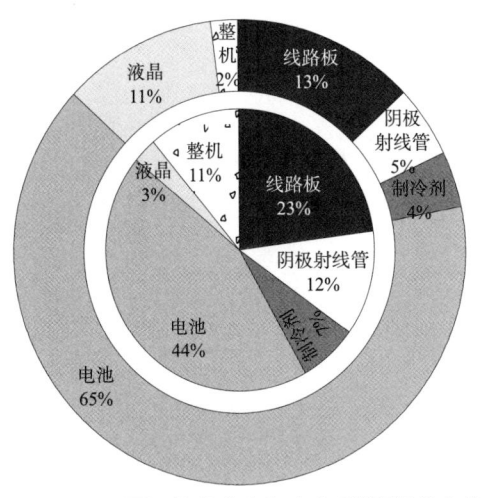

图4-8 国际技术分支和企业/科研机构占比

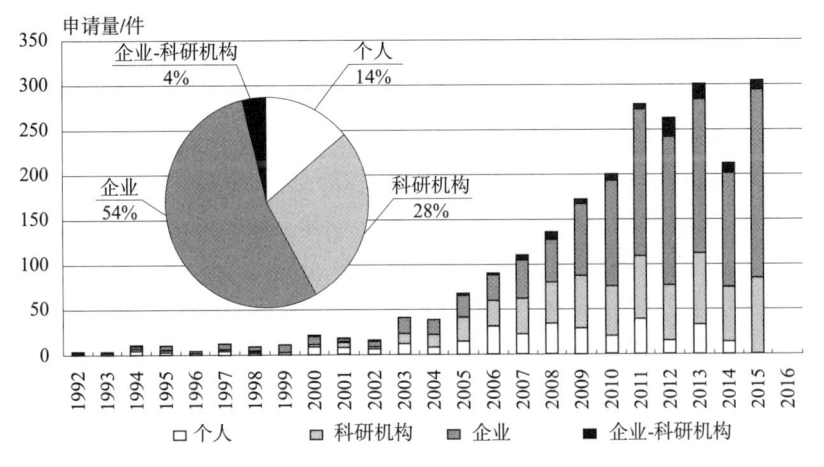

图4-9 中国各类申请人所占比例以及年度申请变化趋势

从合作申请所属分支领域来看，主要集中在线路板和电池分支，占比达87%。最早出现合作申请密集期的是个人-个人的合作模式，比大学-企业合作模式的密集期2007年要早5年。个人申请人往往是本领域的从业者，处于第一生产线上，能第一时间发现问题，其对实际问题的解答需求感受最深，这更有利于促进其更早的获得解决方法。而大学-企业的研发模式往往会因外因而延后，具体情形是企业发现问题后，如果没有第一时间去解决问题，其在寻求合适的合作者和反馈问题时需要耗费一定时间。但从长远来看，这种时间延误会逐渐消失，同时大学-企业的合作模式更有利于技术长期稳定的发展。随着合作的深入，大学逐渐参与到第一生产线中来，能节省中

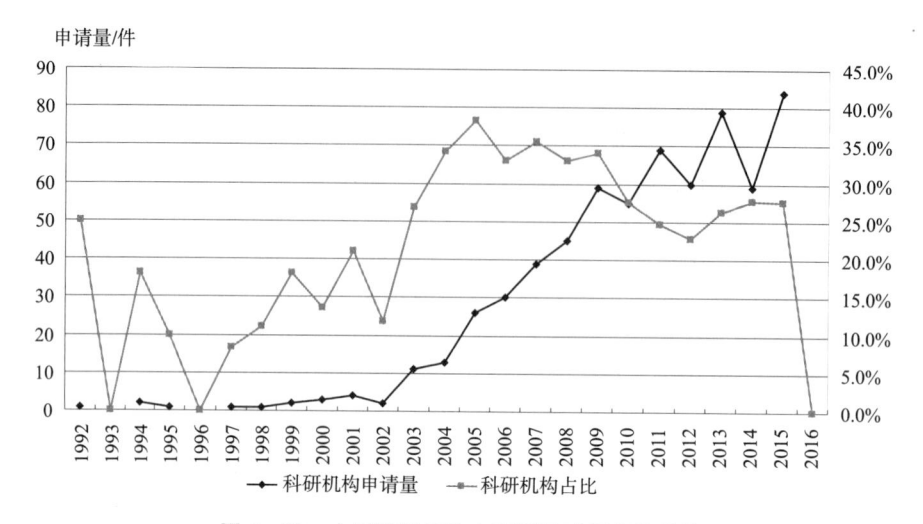

图 4-10 中国科研机构申请量随时间变化趋势

间信息传递步骤，提高了合作效率。同时，大学作为一个研究团队，总体上来说其技术积累速率比个人要快，技术实力也会越来越强大，与企业的合作能更好地促进技术开发。从大学－企业模式和个人－个人模式在密集期之后的申请量来看，大学－企业模式的增长量明显大于个人－个人模式的，这也能较好地说明上述观点。

从时间分布来看（见图4-11），在废弃电器电子产品处理行业，科研机构的专利申请一直存在，且总量逐年增加。其在2005年占到了总量的38.2%。从2005年之后，受企业申请数量增长的影响，占比呈减少趋势，但科研机构的申请绝对数量仍然是逐步增加的。由此可知，我国在废弃电器电子产品处理行业进行不断的技术创新。从图4-11可知，中国科研机构申请人主要涉及电池和线路板分支。电池分支在2005年之后有了持续稳定的增长，其还处于成长壮大中。而线路板分支增长到2011年之后出现了下滑，申请量水平与之前增长期平均水平持平，说明线路板已发展到稳定状态。

从图4-12可知，企业申请人主要关注的也是电池和线路板分支领域。与图4-11不同，电池分支从2005年开始并不是持续稳定增长的，而是大规模集中发展于2010~2013年。与电池分支的发展状况类似，线路板分支也是集中发展于2009~2013年。其他分支虽然量相对较少，但也都呈现相同规律。这种发展态势与企业进入市场方式有关，如当某一行业有利可图时，企业往往呈现集中上马的趋势，这也说明了目前我国相关产业在电池和线路板分支领域将可能迎来利好消息。

结合图4-11和图4-12，从关注的技术领域和发展时间点的重合度来看，企业与科研机构的产学研结合有较好的基础，这为企业与科研机构的产学研结合创造了良好的对接可能。从现有的企业－科研机构合作领域来看，如图4-13所示，其也主要集中于电池和线路板分支，时间上也主要发生于2007年之后。虽然2014年专利统计数据不全，申请总量较少，但企业－科研机构的合作申请量处于领先水平，这也体现了未来企业与科研机构产学研的发展趋势。总体上而言，企业与科研机构间的产学研合作有较好的环境和一定的经验。

第4章 专利导航产业发展路线

表4-3 中国专利申请人类型技术分支时间趋势分布

单位：件

技术分支		1992	1993	1994	1995	1996	1997	1998	1999	2000	2001	2002	2003	2004	2005	2006	2007	2008	2009	2010	2011	2012	2013	2014	2015	总计
个人	线路板	2	1	1	3				1	1	1	3	2	3	2	4	11	8	13	6	12	5	9	4	2	95
	射线管														1	1	1	2		2	1	1	5	1		13
	制冷		1	2		2	3				1		1	3				4	2		2		2			23
	电池	1		2	1		2	2		7	7	4	8	5	11	26	9	21	12	11	24	8	13	9		183
	整机												1				1		2	1	1	2	3	1		12
科研机构	线路板											1	3	3	15	17	16	18	20	28	37	27	23	24	20	252
	射线管												1	1	1	2	3	5	1	5	2	5	10	5	6	47
	制冷															1	1	1		5	3		2	1	1	15
	电池	1		2	1		1	1	2	3	4	1	6	9	10	10	19	21	35	15	26	25	43	26	41	302
	液晶																		3	2		3		1	7	17
	整机												1										1	2	9	13
企业	线路板						1	1	6	1	2	1	7	4	6	4	7	16	43	24	50	44	31	32	41	321
	射线管			1		1	1	1	1	1	2	3	2	5	4	2	5	2	5	9	15	22	34	9	11	135
	制冷剂		1	2	1		2	2	1	3		2	5	2	1		2	3	5	10	14	10	10	15	15	104
	电池			1	4	1	2	1	1	4	1		3	4	12	19	29	25	21	66	72	75	91	47	113	592
	液晶											1	1	1	2	2		1	3	1		2	1	2	6	20
	整机												1	1		1	2	2	7	8	13	12	6	23	23	101
企业-科研	线路板						2								2				2	1	2	6	1	2	7	24
	射线管																	1	2			1		4	2	9
	电池									2	1	1					3	3	2	3	4	15	14	5		53

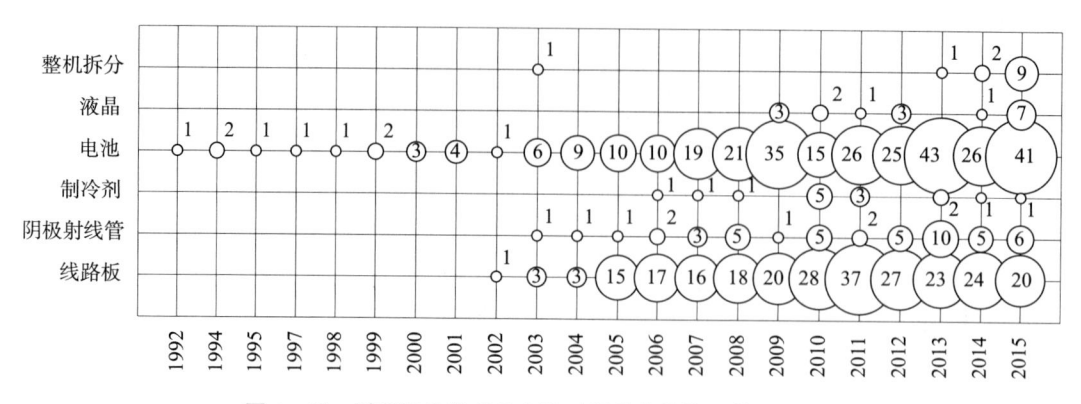

图 4-11　科研机构技术分支随时间分布趋势（单位：件）

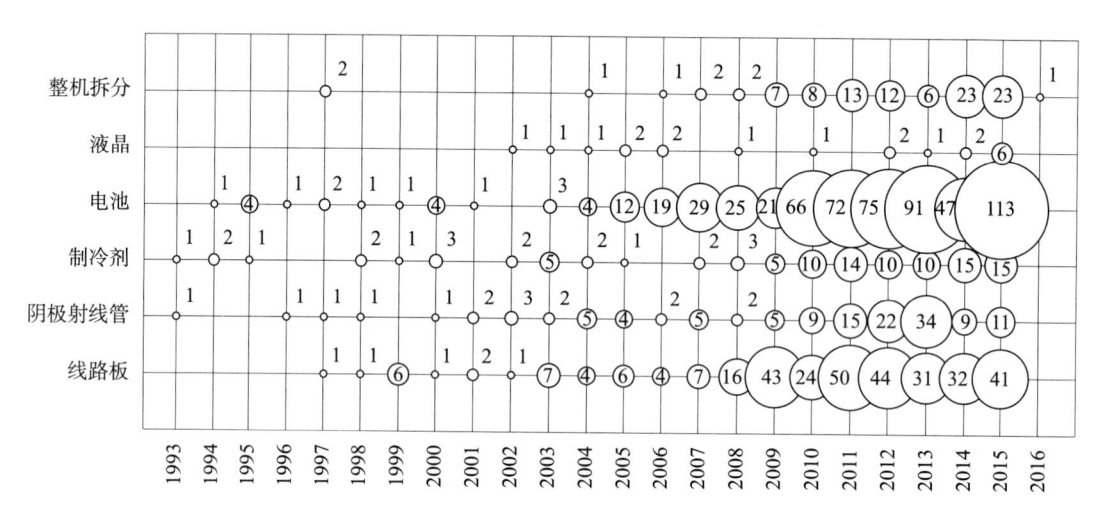

图 4-12　企业技术分支随时间分布趋势（单位：件）

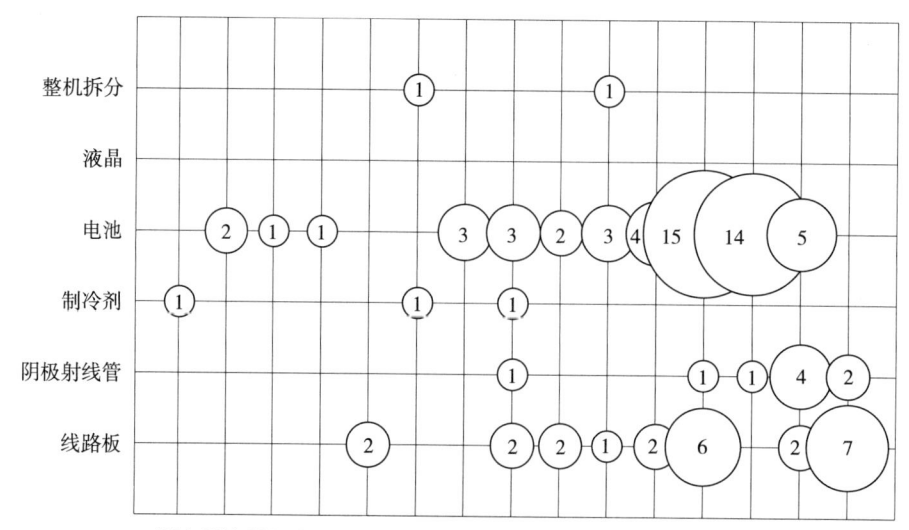

图 4-13　企业-科研机构技术分支随时间分布趋势（单位：件）

表4-4是中国专利申请数量排名靠前的科研机构申请人，从技术分支分布来看，各主要科研机构集中于电池和线路板分支，因此表4-4中所列科研机构是企业较理想的产学研结合对象。从各科研机构参与企业合作的比例来看，占比有47.8%，说明各科研机构还是较乐意与企业合作研发的。有些科研机构申请量较大，但没有参与企业合作，技术转化率仍需提高。

表4-4 中国主要科研机构技术分支分布　　　　　　　　　　　单位：件

主要科研机构	电池	线路板	液晶	阴极射线管	整机	制冷剂	参与企业合作数
北京工业大学	4	14		3			3
北京化工大学	9						
北京科技大学	4	8					
大连理工大学	5	3					
东华大学		8		1			1
东南大学	11	1					
广东工业大学		16					4
杭州电子科技大学		2		6			
合肥工业大学	4	10	4		4	1	
河南师范大学	10						2
华南师范大学	22			1			5
兰州理工大学	10						
清华大学	9	17		5	1		3
上海交通大学	2	14	1		2	1	
四川师范大学	16						
天津理工大学	7			1	1		1
同济大学	7	2	1			1	1
中国科学院生态环境研究中心	1	5		2			
中国矿业大学		8					
中南大学	11	15		1			1
华中科技大学	8			2			2
浙江工业大学	7	1					4
华南理工大学		7					1

表4-4所述科研机构在申请量上具有一定的优势，也具有相应的技术实力，是预期进行产学研结合的有力伙伴。

4.2.3 补贴企业产学研合作情况

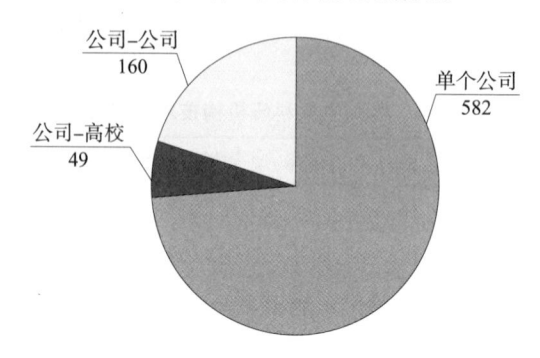

图 4-14 显示了基金补贴企业中的产学研的发展情况。

图 4-14 补贴企业申请专利总体状况（单位：件）

补贴企业中，单个企业申请数量占比较大，达到 73%；企业之间共同申请达到 19%；表征产学研特征的企业-高校/科研机构申请数量占比仅为 6%。这说明补贴企业在产学研结合方面还有较大的提升空间，这也是提高专利质量的一个突破口，相关企业还应该加强与高校或科研院所的合作，进一步提升专利质量。

不可否认的是，企业的专利申请往往是本领域的技术人员产出的，这些技术人员处于第一生产线上，能第一时间发现问题，其对实际问题的解答需求感受最深，这更有利于促进其更早的获得解决方法。而大学-企业的研发模式往往会因外因而导致延后，其具体情形是，企业在发现问题后，如没有第一时间去解决问题，其在寻求合适的合作者和反馈问题时需要耗费一定时间。

从表 4-5 可以看出，与高校共同申请专利的补贴企业仅有 7 家，占比不足 10%，且主要集中在江苏、上海、四川。其中，上海电子废弃物交投中心有限公司与本地高校联系紧密，分别与上海大学和上海第二工业大学共同申请了多件专利；四川省中明再生资源综合利用有限公司同时与中国石油大学（华东）和四川大学有合作关系，四川大学与其同属一省，但与中国石油大学共同申请，说明该企业对所涉及的回收技术有过较为深入的研究，优选了行业内的优势高校，进行合作申请，这也是其他企业可以借鉴的。另外，查询这些企业的详细信息，可以看到常州翔宇资源再生科技有限公司与江苏理工学院共建资源循环研究院，内设省级工程中心 1 个、省级重点实验室 2 个、市级工程技术研究中心 1 个，主要从事电子废弃物的无害化处置与资源化利用研究。此外，该公司还与清华大学、南京大学、四川大学等知名高校签订产学研合作协议，集聚和吸引了一批优秀技术专家，已初步成为中国电子废弃物处理处置行业高端人才集聚地。可以看出，大学-企业的合作模式更有利于技术长期稳定的发展。随着合作的深入，大学逐渐参与到第一生产线中来，能节省中间信息传递步骤，提高了合作效率。同时，大学作为一个研究团队，总体上来说其技术积累速率比企业的要快，技术实力也会越来越强大，与企业的合作能更好地促进技术开发。

表4-5 补贴企业中企业-高校共同申请的名单

共同申请人		申请量/件	
常州翔宇资源再生科技有限公司（第1批）	江苏技术师范学院	21	21
上海电子废弃物交投中心有限公司（第3批）	上海大学	9	11
	上海第二工业大学	2	
南京环务资源再生科技有限公司（第1批）	盐城工学院	6	6
四川省中明再生资源综合利用有限公司（第1批）	中国石油大学（华东）	4	5
	四川大学	1	
上海新金桥环保有限公司（第1批）	上海第二工业大学	4	4
森蓝环保（上海）有限公司（第2批）	上海第二工业大学	1	1
伟翔环保科技发展（上海）有限公司（第1批）	同济大学	1	1

在企业合作申请中，格林美系企业的大部分申请都是具有多个申请人，究其原因，是因为2012年7月格林美旗下的湖北荆州格林美和江西格林美被纳入第一批基金补贴企业，2013年河南格林美和格林美武汉城市矿产公司同时入选了第三批废弃电器电子产品处理基金补贴企业。格林美旗下子公司众多，但是相互之间的合作也很紧密，在技术上相互促进，共同发展，因而专利成果共享也非常明显（见表4-6）。

与格林美类似，其他补贴企业中出现企业-企业联合申请的，也主要是在子公司、母公司、兄弟公司之间共同申请，其主要目的也是在技术上相互促进，共同发展，专利成果共享。

表4-6 补贴企业与其他企业间的合作申请

共同申请人		申请量/件
清远市东江环保技术有限公司（第2批）	东江环保股份有限公司	1
佛山市顺德鑫还宝资源利用有限公司（第1批）	广州擎天实业有限公司 中国电器科学研究院有限公司	1
北京市危险废物处置中心（第3批）	北京生态岛科技有限责任公司 北京市固体废物和化学品管理中心	1
湖南绿色再生资源有限公司（第2批）	珠海格力电器股份有限公司	1
鑫广再生资源（上海）有限公司（第2批）	上海鑫广科技发展集团有限公司	5

4.3 产业专利风险分析

4.3.1 技术发展方向

本小节统计了全球主要国家和地区多边申请各技术分支的变化趋势，多边申请是各国相对重要的专利申请，通过多边申请的变化趋势可以了解目前废弃电器电子产品处理行业的技术发展趋势。

从图4-15（a）全球（除中国外）多边专利申请技术分支变化趋势可知，电池和线路板分支是关注领域。电池分支从发展之初开始就广受重视，其发展到2001年后步入成熟期，从2007年开始又获得重视。线路板分支虽然重视程度不如电池分支，但其绵长的发展轨迹也体现了其重要程度。阴极射线管和整机分支的多边申请量相对电池和线路板分支而言不大，但其断断续续的发展脉络，也说明了其在短时间内不会消亡。制冷剂分支从2001年开始就已不再有多边申请出现，说明制冷剂相关回收处理技术的研发慢慢淡出人们的视线，这也与废弃电器中制冷剂的更新换代相关联，新的制冷剂并不需要像常规制冷剂氟氯烃那样进行处理。液晶分支的多边申请量较少，这与液晶电子电器产品发展阶段相关。液晶电子电器产品还没有发展到集中淘汰的阶段，但随着使用量和废弃量的增加，以及液晶中稀贵成分原料供应愈发紧缺，液晶电子电器产品的回收处理技术也将会受到足够的重视。图4-15（b）至图4-15（e）是主要国家和地区多边申请技术分布情况，与全球情况相同，都集中于电池和线路板分支。其专利申请技术分支变化趋势与各国多边申请的变化趋势一致（见图4-16）。

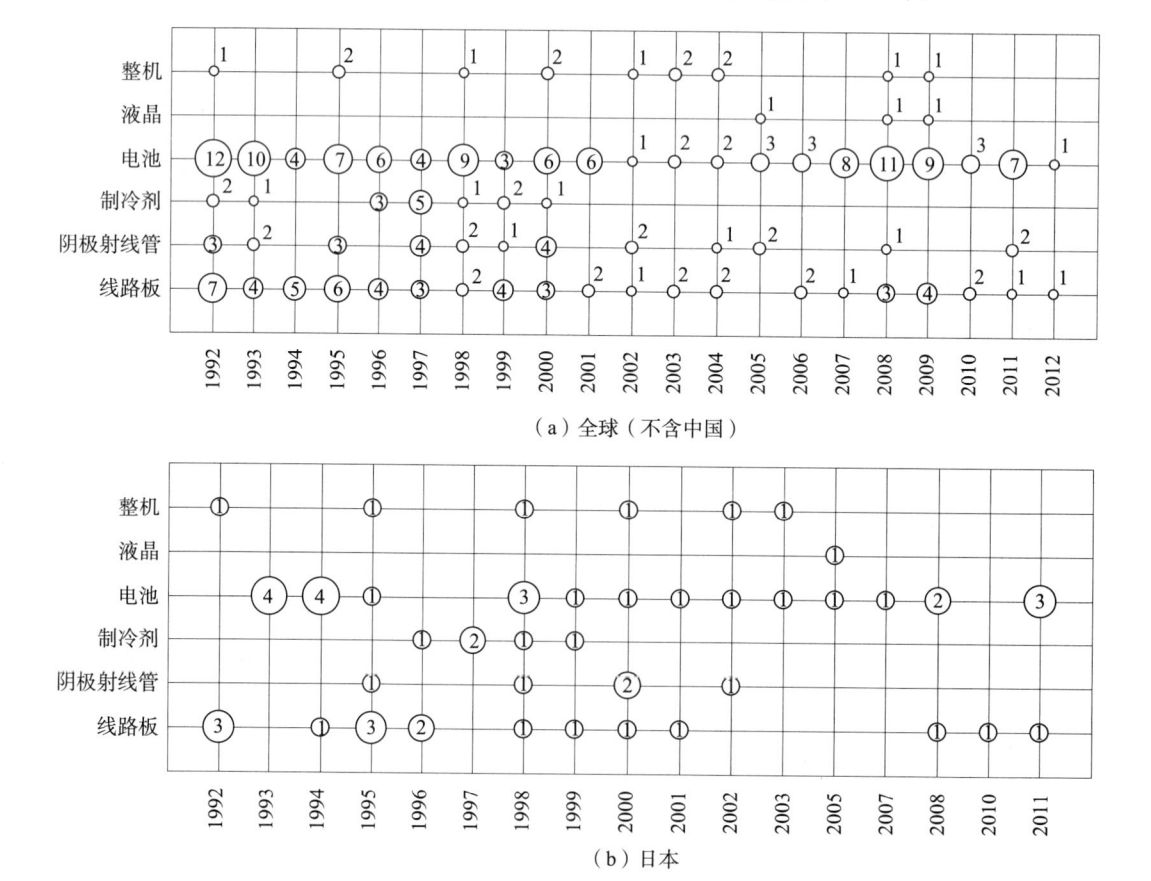

（a）全球（不含中国）

（b）日本

图4-15 全球主要国家和地区多边专利申请各技术分支分布（单位：件）

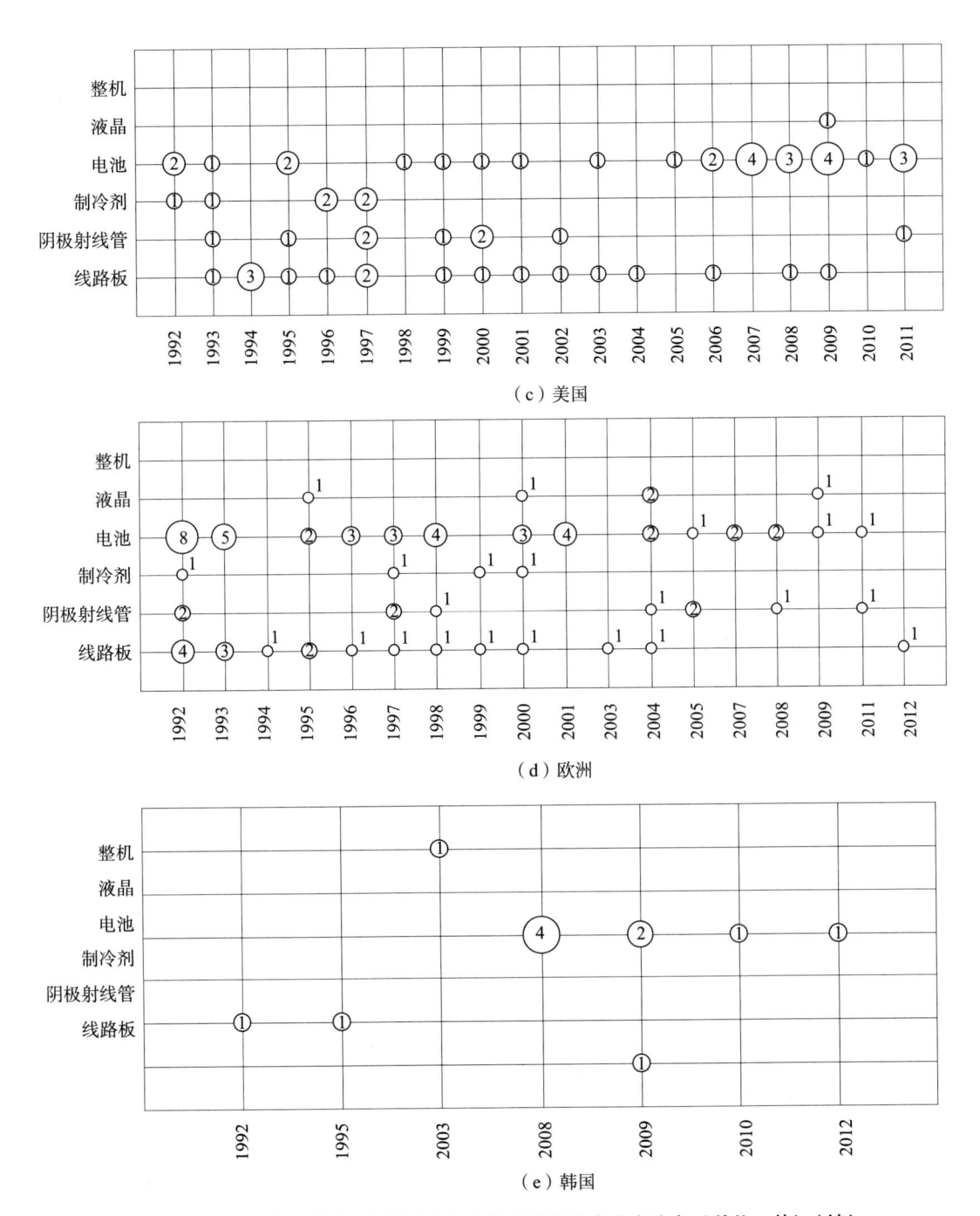

图 4-15 全球主要国家和地区多边专利申请各技术分支分布（单位：件）（续）

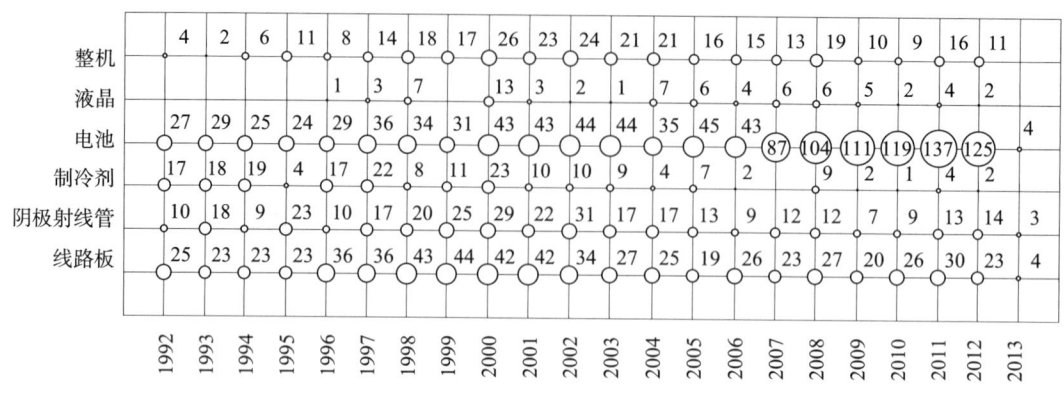

	1992	1993	1994	1995	1996	1997	1998	1999	2000	2001	2002	2003	2004	2005	2006	2007	2008	2009	2010	2011	2012	2013
整机	4	2	6	11	8	14	17	26	23	24	21	21	16	15	13	19	10	9	16	11		
液晶					1	3	13	7	2		7	6	4	9	6	6	5	2	4	2		
电池	27	29	25	24	29	36	34	31	43	43	44	44	35	45	43	87	104	111	119	137	125	4
制冷剂	17	18	19	4	17	22	8	11	23	10	10	9	4	7	2	9	2	2	1	2		
阴极射线管	10	8	4	23	10	17	25	31	25	21	17	13	9	12	12	9	7	13	14	3		
线路板	25	23	23	23	36	36	43	44	42	34	27	25	19	26	23	27	20	26	30	23	4	

图 4-16 全球主要国家和地区专利申请技术分支分布（单位：件）

4.3.2 重要专利分析

从表 4-7 可知，外国申请人在我国专利布局的技术分支主要是电池分支，占自身总量 57.7% 的比例；线路板分支也是不容忽略的一个分支，占比也有 16.3%。从前文分析的可专利性（形成专利申请的难易度）和专利技术经济收益等方面考虑，电池分支和线路板分支是较理想的布局区域。

表 4-7 外国申请人在华各技术分支待审和有效专利　　　单位：件

法律状态	技术分支	外国多边申请	非多边外国申请	总计
待审	整机	—	—	—
	液晶	—	1	1
	电池	25	7	32
	制冷剂	4	2	6
	阴极射线管	1	—	1
	线路板	6	4	10
有效	整机	7	2	9
	液晶	4	—	4
	电池	28	11	39
	制冷剂	4	3	7
	阴极射线管	3	1	4
	线路板	9	1	10

表 4-8 是主要外国申请人待审和有效专利数。结合表 4-7 来看，说明外国申请人数量相对较大，但单人申请量都不大，平均为 3 件，单人最多有效专利数为 5 件。从专利布局数量上来看，在整机、液晶、制冷剂和阴极射线管方面在国内进行产业化时相对容易规避国外专利的保护。而电池和线路板是国外在华申请人重点布局的分支。对比表 4-9 国内申请人专利待审量和有效专利量，国外申请人有效和待审专利比例并

不低,有一定风险。日本主要申请人松下和住友已于 2011 年在中国杭州共同建立了"松下大地同和顶峰资源循环有限公司",该公司另一大股东也是来自日本的同和控股,该公司主要从事废弃电器电子产品的拆解和再生循环利用,于 2014 年投产。已有学者注意到松下电器、同和矿业、三井物产等日本企业纷纷进入中国再生资源市场,"蚕食"中国"城市矿山"中富含的稀有贵重金属资源,❶ 而松下和住友恰好在稀贵金属提取方面有较多的技术投入,尤其住友 2012 年在中国提交了 10 多件涉及电池处理的申请。结合与松下建厂的时间,显示出"兵马未动、粮草先行"的专利策略。该合资公司技术和资金实力雄厚,可能左右未来国内的专利格局,需要引起国内产业界的重视。

图 4-17 为住友在华专利布局情况。可以看出在目前主流的锂电池再生循环处理技术涉及金属回收的工艺流程部分,住友都进行了相应的布局,这些专利全部都是多边申请,目前基本处于待审状态,所要求的保护范围很大,需要引起行业的重视。

表 4-8 主要外国申请人在华待审和有效专利 单位:件

主要申请人	国籍	待审	有效
丰田自动车株式会社	日本	3	4
高级技术材料公司	美国	4	0
吉坤日矿日石金属株式会社	日本	0	4
博世有限公司	德国	4	0
松下	日本	1	5
通用公司	美国	1	4
英派尔科技开发有限公司	美国	5	0
住友	日本	15	0

表 4-9 中国申请人在华各技术分支待审和有效专利数

法律状态	技术分支	总申请量/件
待审	线路板	106
	阴极射线管	41
	制冷剂	—
	电池	209
	液晶	10
	整机	21
有效	线路板	244
	阴极射线管	88
	制冷剂	41
	电池	327
	液晶	11
	整机	65

---

❶ 刘光富,等. 中国再生资源产业发展的问题剖析与对策 [J]. 经济问题探索,2012 (8):64-69.

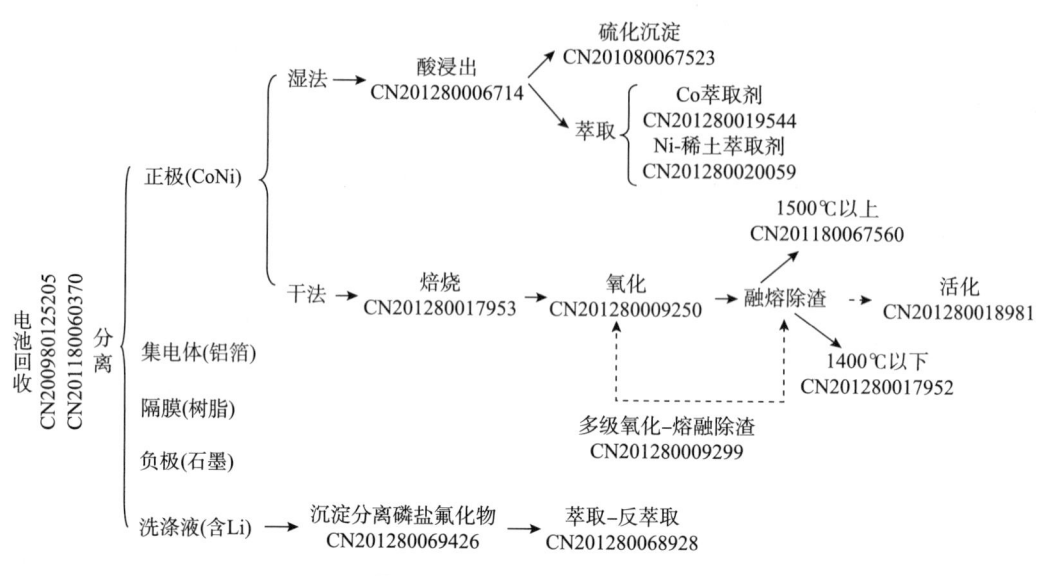

图 4-17 住友在华专利布局

在前节对国内的主要申请人都作了详细介绍，各从业者可以根据他们的专利技术和研究领域规避侵权风险。从表 4-8 可知，在中国的主要外国申请人和专利权人集中在美、日、德三国，这与这三国的技术发展水平、专利保护意识和专利维权意识有直接的联系。从专利状态分布来看，日本在待审量和专利权有效量中平衡发展，说明日本在此领域有成熟的长期的发展规划；美国和德国主要是待审专利，说明两国加强了对中国市场的重视和布局。

国内各省市企业和其他相关从业者，在开展相关生产时需具体研究上述三国的相关专利技术布局。外国申请人的这种专利"圈地行动"，对我国企业来说并不是有百害而无一利的。外国申请人的专利往往具有一定的技术领先性和经济回报率，国内从业者可以研究相关技术，在其基础上改进，从而能相对容易地获得领先技术，并能较好地规避专利侵权风险。

目前，废弃电器电子产品处理行业内都还没有出现专利诉讼。由于维权成本高、侵权成本低，且重要专利在中国申请较少，专利权人未发动过专利诉讼，导致发生侵权纠纷概率小；由于中国的市场规模和企业规模均不大，近 5 年发生专利纠纷的可能性较小。但电池和线路板分支的风险需要引起重视。

现选取两件年引证次数为 2 的多边专利，对其技术方案进行分析。

申请号为 JP3658993A（申请日 1993 年 2 月 25 日，申请人佳能）的多边专利申请，分别进入美国、德国和欧洲局，于 2012 年 11 月 21 日在日本局失效，于 2013 年 12 月 31 日在欧洲局失效，在美国局中处于授权状态。其主要保护的是一种从锂电池中提取物质的方法，具体步骤是在避免燃烧的情况下破碎锂电池，用有机溶剂清洗获得点解溶液，用反应试剂与锂反应生成氢氧化锂或锂盐，通过过滤方法获得上述锂电池中固体物，并用蒸馏的方法回收有机溶剂。

申请号为 JP28625698A（申请日 1998 年 10 月 8 日，申请人松下）的多边专利申请，分别进入美国、德国和欧洲局，在日本局中处于授权状态，于 2014 年 3 月 5 日在美国局失效，目前在德国局中处于行政状态，于 2014 年 8 月 29 日在欧洲局失效。其主要保护的是一种可用于拆解回收的等离子显示器板的方法，主要是将显示器板拆分为前板和后板。具体步骤是通过加热使等离子显示器板软化，并通过加热使插入在等离子显示器前后板中的物质膨胀，利用该膨胀力使前后板分离。具体加热温度是 450～550℃。其还提供了一种方法是通过加热使前后板上的连接材料软化，再通过沟槽对前或后板进行吹或吸从而实现分离。

对于中国专利申请，在专利检索系统查阅，专利施引次数较多的大部分为外国申请，现选取两件外国籍申请人在中国提交的专利进行分析。

申请号为 CN95196964 的专利，施引次数为 60，优先权日为 1994 年 12 月 20 日，申请人为瓦尔达电池股份公司和特莱巴赫奥梅特生产有限公司，其为多边申请，进入了 10 个国家和地区。在中国局于 2012 年 2 月 8 日失效，在美国局于 2011 年 1 月 12 日失效，在日本局于 2010 年 2 月 23 日失效，在德国局于 2010 年 10 月 21 日失效。其要求保护从用过的镍－金属氢化物蓄电池中回收金属的方法。具体步骤是将蓄电池废料用酸溶解，稀土金属以硫酸复盐形式分离；经提高滤液 pH 而沉淀铁；对铁沉淀的滤液用有机萃取剂进行液/液萃取，萃取在其原始溶液 pH 为 3～4 的条件下进行，以回收其他金属。选择的萃取剂及 pH 使得萃取后只有金属镍及钴完全溶解在水相中，并保持与蓄电池废料中相同的原子比例。该专利虽然在各国都处于失效状态，但从技术角度来看，其较高数量的引证次数表明其在本领域内具有一定的技术代表性，在一定程度上引领了本技术领域的发展方向，同时也说明了其代表的技术具有较好的经济价值。基于此，我国从业者在此方向有技术需求的可以在此基础上衍生新的技术，实现专利技术的二次开发。

申请号为 CN200810178835 的专利，引证次数为 31，优先权日为 2009 年 8 月 19 日，申请人为日矿金属株式会社，其为多边申请，分别进入了中国、日本、韩国。目前在各国都处于授权状态。其要求保护从含有 Co、Ni、Mn 的锂电池渣中回收有价金属的方法。具体步骤是通过将含有含 Co、Ni 及 Mn 的 Li 酸金属盐的锂电池渣在 250g/l 以上浓度的盐酸溶液中混合搅拌，分别使 Co、Ni 和 Mn 以 98%～100% 的浸出率浸出。对于浸出液，通过 D2EHPA 萃取剂在 pH 为 2～3 的溶剂中萃取 Mn，接着通过 PC88A 萃取剂在 pH 为 4～5 的溶剂中萃取 Co，通过 PC88A 萃取剂在 pH 为 6～7 的溶剂中萃取 Ni，最后回收水溶液中的 Li。

还有一件国内专利也值得关注。申请号为 CN200410051921 的专利，引证次数为 31，申请日为 2004 年 10 月 22 日，申请人为华南师范大学，其为非多边申请。目前处于失效状态。其要求保护废旧锂离子电池的回收处理方法，具体包括以下步骤。①废旧锂离子电池的去包装和完全放电处理：借助于剪切机和粉碎机，把废旧锂离子电池的外包装去除得到单体电池，并在这个过程中回收其中的充电器控制线路板和连接金属片，然后把得到的单体电池送到盛装有纯净水和导电剂的预处理池中进行搅拌处理，使电池产生短路而完全放出残余电量。②电池破碎：把完全放电的电池取出，使用破碎机打开电池外壳，然后立即放入纯净水中，借助搅拌用磁选的方法把铁磁性的电池外壳分离出来。③电池废料的酸溶解：把分离出外壳的电池废料滤去其中的水分，并加入硫酸溶液进行酸溶解，然后过滤，使电池废料中的钴酸锂和铝箔以及少量的铜进入滤液，废料中的绝大部分铜，以及隔膜和碳粉留在滤渣中，再用热浓硫酸溶解滤渣使铜箔集流体生成硫酸铜而得到回收，碳粉和隔膜按无害化废弃物进行处理。④用沉淀法回收大部分的钴：在电池废料的酸溶解液中加入草酸铵，使其中的绝大部分钴生成草酸钴沉淀，过滤回收绝大部分以草酸钴形式存在的钴。⑤滤液中钴、铜和锂的回收：对步骤④所得滤液采用调节pH生成沉淀的方法使铝离子得到回收，然后用有机溶剂萃取的方法分别分离出铜和钴，并分别用硫酸把萃取到有机萃取剂中的铜和钴洗脱出来，最后采用在萃余液中加入碳酸钠生成沉淀的方法回收其中的锂元素。

从国内外专利特点来看，外国专利的权利要求保护范围较大，而国内专利保护范围较少。其原因主要有两点：第一，国内目前技术是在引进基础上改进而来，其能享有的专利保护范围必然受到限制；第二，目前国内申请人的专利撰写和专利保护知识还很缺乏，因自身人为原因而导致专利权范围的缩小。因此，针对国内申请人一方面需提高技术创新能力，另一方面要普及专利保护相关知识。

4.4 废弃电器电子产品处理基金补贴企业专利导航建议

本节主要是从技术层面进一步挖掘，从技术空白点、专利技术演进、重点企业核心专利分布等方面进行分析，给出产业的发展技术路线以及创新发展的建议。

4.4.1 技术空白点分析与研发导航

1. 废弃线路板处理分支

线路板是各电子电器产品中通常的组成部分，其含有的物质包括聚氯乙烯塑料、溴化阻燃剂，铅、镉、汞、铬、金、银、钯、铂、硒等贵金属，以及铜、铝、铅、锡和铁等常见金属。线路板的处理主要包括粉碎、分选，以及后续金属的提纯技术等。

（1）粉碎技术

废弃线路板上有很多的电子元器件，在粉碎之前通常要对其拆解。在整个线路板分支中有115件专利申请涉及粉碎及其前拆解处理。表4-10是线路板分支专利申请量前五位申请人与粉碎技术相关的主要专利申请，广东工业大学和中南大学没有与粉碎技术相关的专利申请。

表4-10 与粉碎技术相关的主要专利申请技术分析

申请号	发明名称	申请人	法律状态
201010608668	一种废旧印刷线路板插装式元器件拆解装置及方法	清华大学	授权
200710076912	湿法研磨设备	清华大学	授权
201010527684	采用热风加热和振动施力的废旧线路板拆解设备	清华大学	授权

续表

申请号	发明名称	申请人	法律状态
201210544487	一种应用［BMIm］BF$_4$溶剂快速拆解废线路板的环境友好方法	清华大学	待审
200710063506	采用接触式冲击对线路板进行拆解的方法与设备	清华大学	授权
200710063513	一种将元器件从废旧线路板上整体性拆卸的方法与设备	清华大学	授权
200610113110	一种废印刷线路板组合式处理方法	清华大学	授权
200510085221	印刷线路板专用低温粉碎设备	清华大学	授权
200710063510	采用非接触式冲击对线路板进行拆解的方法与设备	清华大学	授权
201020607760	一种脱焊设备	格林美	授权
200520067590	一种汽车与电子废弃线路板的脱焊设备	格林美	授权
201120175892	一种改进型脱焊设备	格林美	授权
200920353472	一种粉碎机	万容	授权
200910042912	废印制线路板电子元器件拆解与焊锡回收方法及设备	万容	授权
201220703331	一种废旧带元器件线路板处理设备	万容	授权
201210508840	带元器件废旧线路板无害化处理及资源回收的方法与设备	万容	待审
200810031979	带元件线路板拆除方法及设备	万容	授权
200910216841	一种粉碎机	万容	视撤
200820053949	带元件线路板拆除设备	万容	授权终止
201210393372	废旧带元器件线路板的处理方法及设备	万容	待审
200920063735	废印制线路板电子元器件拆解与焊锡回收设备	万容	授权终止
200810031978	线路板元件脚焊锡脱离方法及设备	万容	视撤
201220655461	带元器件废旧线路板无害化处理及资源回收设备	万容	授权

申请号为200710063506的发明专利申请请求保护一种采用接触式冲击对线路板进行拆解的方法与设备。首先根据线路板基板的类型、元器件的型号等大致判断所用锡焊或焊膏的熔点温度，其次将该线路板固定后采用气体介质对流或红外辐射加热，使温度在2.5~4min内从室温上升至240℃左右并保温。线路板受热超过焊锡熔点温度的时间为0.5~3min，使焊锡充分熔化。对上述加热后的线路板采用所记载的方式实施冲击，并进行线路板表面焊锡的扫刮、分离与收集。本专利的技术方案能无损害地、整体性拆卸（或摘除）废旧线路板（上的插装元器件和贴片元器件，使拆卸下来的元器件原有功能和性能基本不受损害，便于以后功能重用，同时拆解速度快。与之同类的技术方案清华大学共提交了3件专利申请，格林美在粉碎领域的3件申请也都是与上述主题相关的，万容也有至少3件类似的申请。

因线路板来源不一，其基板材料组成也不尽相同，如阴极射线管线路板的基板材料一般为酚醛树脂，主机线路板的基板材料为环氧树脂，二者的脆性和韧性差异很大。

通常的直接热处理或介质热处理，很难同时适用于不同来源的线路板。申请号为201210544487的专利请求保护一种应用[BMIm]BF$_4$溶剂快速拆解废线路板的方法，主要步骤为将清灰的废线路板置于装有[BMIm]BF$_4$溶剂的油浴装置中，[BMIm]BF$_4$溶剂应淹没废线路板的基板，整套设备放在负压-5kPa抽风台中进行，250℃时在低速搅拌下停留12~15min。拆解完成后经回收所用溶剂可重新利用。本方法可以处理CRT线路板和主机线路板，采用环境友好的[BMIm]BF$_4$溶剂，废电子元器件的去除率超过90%，焊锡回收纯度超过90%。

粉碎通常采用机械力来实现，会因发热而损毁设备，并产生有害气体和粉尘。申请号为200710076912的专利提供了一种湿法研磨设备（见图4-18）。在机壳上与研磨腔6连通的注水孔25设置于进料口4的一端，通过该注水孔向研磨腔注水，使水参与研磨，降低腔内物料温度、消除粉尘，最大限度降低了有害气体和粉尘的危害。并在设备的轴承座上于轴承腔室的外周设环形冷却腔18，环形冷却腔上设有两个注水孔16、23，可以通过注水孔向该环形冷却腔内循环注入冷却水，以降低转轴与轴承磨擦产生的热量和密封装置与轴承座磨擦产生的热量，避免设备损伤。

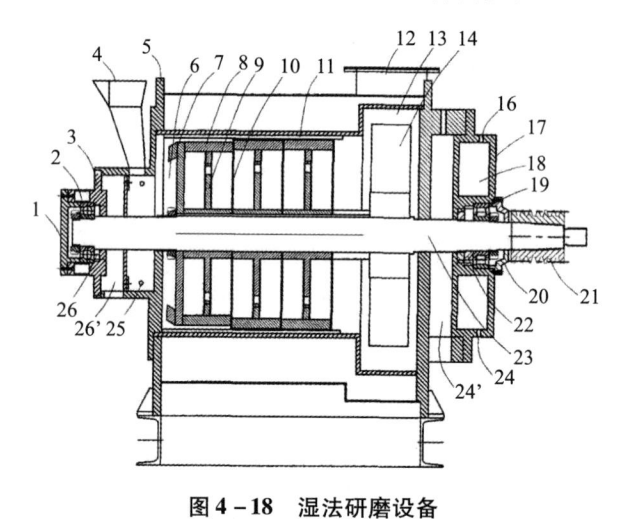

图4-18 湿法研磨设备

（2）金属提取技术

线路板金属提取是线路板再利用的重点也是难点。针对该问题的研究也很活跃，专利申请数量较大，有260多件。众多申请人出现了百家争鸣的趋势。表4-11是以专利同族被引证次数为依据而选取的部分专利。

在上节中统计的重要申请人中有3位出现在表4-11中，说明其在线路板分支金属提取领域具有相当的实力。申请号为03113180的专利申请要求保护电子废弃物板卡上有价成分的干法物理回收工艺。首先将废弃板卡投入双齿辊剪切机，破碎成大小均匀的小块；将该小块送入冲击破碎机内进一步破碎，实现金属和非金属的充分解离；将上述破碎物料送入磁选机，分离铁磁性物质，其余部分经多层筛分：粗粒级筛分物送入涡电流分选机，分离金属和未解离的物料；较粗粒级物料送入气力分选机，得到轻产物和重产物金属富集体；中间粒径物料送入滚筒静电分选机，分离得到金属富集体和非金属物料。上述金属富集体再依次经过气力分选机、静电分选机、摩擦电选机和高压电场分离机，获得最终金属。最后将还没有分离出的物料返回破碎步骤重新按所述步骤进行金属分离。该方法整个流程均全部采用机械和干法物理分选的方法，利用物料物理性质的差异进行资源化回收，避免了化学方法产生的二次污染问题，避免了湿法分选带来的脱水、干燥、污水处理等问题。但该方法并没介绍是否能进行不同种类金属分离，获得单种成分的金属。

表4-11 与金属提取技术相关的主要专利申请技术分析

申请号	发明名称	申请人	法律状态
200710020408	从镀金印刷线路板废料中回收金和铜的方法	苏州天地环境科技有限公司	授权
200710173128	从废线路板中提金的方法	东华大学	授权终止
201010107804	从废印刷线路板中回收有价金属的方法	中南大学	授权
200910213789	从含镍、锡废旧物料中分离回收金属镍、锡的方法	邦普	视撤
201010194555	无氰全湿成套工艺绿色回收废旧线路板的方法	北京科技大学	授权
201010244663	从废旧线路板中回收金、银的方法	惠州市奥美特环境科技有限公司	授权
201110092620	从废旧线路板中回收稀贵金属的方法	格林美	授权
201110223517	从废旧线路板中回收金、钯、铂、银的方法	格林美	授权
201110248036	废旧线路板中稀贵金属的综合回收方法	格林美	授权
03113180	电子废弃物板卡上有价成分的干法物理回收工艺	中国矿业大学	授权终止
03818803	回收铂族元素的方法和装置	同和矿业株式会社	授权
200880000610	利用有机溶液从废印刷线路板中释放金属的新型预处理工艺	韩国地质资源研究院	授权

申请号为201010107804的专利申请同族被引证次数高达23次，其请求保护一种从废印刷线路板中回收有价金属的方法。首先将废弃线路板粉末与 NaOH 和 NaNO$_3$ 按一定比例熔炼，熔炼后冷却磨细加温热水搅拌浸出，过滤蒸发得到 Na$_2$PbO$_3$、Na$_2$SnO$_3$、Na$_2$SbO$_3$、NaAlO$_2$ 混合结晶，并精炼得相应金属；上述滤渣加入强硫酸和氧化剂，在一定的电积条件下得到铜和镍；将上一步的渣加入强硝酸浸出，在一定的电积条件下得到银；同样下一步采用王水浸出后电积获得金；分别向上一步的溶液中加入饱和氯化铵得铂盐沉渣，加入甲酸得粗钯粉。发明根据组分及其存在形态的特点，可分别提取出铜、镍、银、金、铂、钯等主产品和含铅、锡、锑、铝等副产品；实现了废印刷线路板中有价金属资源再生利用的最大化，所得到的铜、镍、银、金、铂、钯等主产品的纯度高，使用的旋流电解技术还具有能耗低、试剂消耗少、生产过程环境友好、工艺流程短、操作简单等优点。

申请号为 201010194555 的专利申请要求保护无氰全湿成套工艺绿色回收废旧线路板的方法。首先将废旧线路板破碎冶炼浇铸的铜阳极板,接着电解得到阴极铜和铜阳极泥;将铜阳极泥和硫酸与氯化钠混合并加入二氧化锰,得到分铜液和分铜渣;将分铜渣在氯化钠、硫酸和氯酸钠溶液中分金,得分金液和还原后液,并用亚硫酸钠还原得粗金粉;对还原后液置换得钯铂精矿;再采用类似的溶液分离方法获得粗银粉、铅;最后通过与氢氧化钠焙烧分锡,水淬过滤结晶后得锡酸钠。工艺回收废旧线路板中的有价金属,实现对废旧线路板中铜、铅、锡、金、银、铂、钯的分离提取,金属回收率高。无氰全湿工艺避免了王水及氰化物对环境的负担,解决了火法工艺能耗高、设备要求高、成本投资大的弊端。所用溶液可以循环利用,大大减少了废液对环境的二次污染。

表4-12是补贴企业涉及线路板回收处理的专利。其中,53件涉及粉拆回收,35件涉及金属提取(其中11件同时提取了非金属),另有8件涉及热处理;可以看出,基金补贴企业对于线路板的回收处理方法与国际国内趋势相同,其专利申请主要涉及线路板的粉拆破碎和金属提取,占比约为91%。然而,仔细分析这些专利可以发现,多为工艺和设备的改进。例如,专利CN101569889A"废线路板全组分高值化清洁利用新工艺"就是对已有的废线路板处理工艺进行改进,其从拆卸分离、破碎分选、焚烧方面进行优化了。补贴企业所申请的专利多结合其处理的产品,并未有明显的技术突破。

表4-12 补贴企业线路板回收的专利申请分布

线路板的回收处理方法	申请量/件
粉拆破碎	53
金属提取(热法、湿法)	35
热处理(电、气、热解)	8
控制面板	1

从表4-12针对补贴企业的专利统计分析来看,现阶段的领域关注点在于废弃线路板处理,然而从技术角度来看,除了粉碎拆解,主要在于废弃线路板和阴极射线管中提取与利用金属。然而,不管是从废弃线路板、阴极射线管中,还是从原矿石中提取金属,原理都大同小异,对于从事该行业的工作者来说,其工艺或装置的微调改进是较容易实现的。实际上,对于更高效的金属提取与利用,不是将金属提取出后再制造,而是在提取过程中再制造,这样就能简化提取工艺、提高生产效率。

纵观我国在废弃电器电子产品处理行业的技术发展,也形成了相应的技术开发和发展体系。单从技术角度来看,与国际先进技术的差距是逐渐在缩短的。但从指导技术开发的先进思想与理念层面来看,还与发达国家有一定差距,这个还需科技工作者接下来进行有效解决。

2. 废弃电池处理分支

电池是一种能将化学能转化成电能的电化学设备,包括正极、负极、电解质、隔离物质和外壳。电池的主要区别在于电极和电解质材料不同。隔离物质由高分子材料、纸和纸板组成。外壳主要是钢铁、高分子材料或纸板。综合来看，电池中潜在的危险成分有汞、铅、钢、锌、锰、镉、镍和锂等金属物质。除上述物质外，电池中还含有一定量的碳，虽然其环境危害度不高，但也是一种需回收的有价值物质。除上述常规意义上的电池外，现还发展了新型电池，如燃料电池、太阳能电池等。其相应的废弃资源再利用也是不容忽视的问题。

(1) 火法冶炼

火法冶金是一种古老而又充满生机的金属提炼方法。废弃电池作为"城市矿石"，当然可以采用火法冶金来对其所含金属进行提炼。表4-13是火法冶炼领域内同族引用次数较多的专利申请。

表4-13 与火法冶炼相关的主要专利申请技术分析

申请号	发明名称	申请人	法律状态
201280009299	有价金属的回收方法	住友	待审
201110113139	废旧磷酸铁锂电池正极材料的回收再生处理方法	合肥国轩高科动力能源有限公司	待审
201010116636	一种磷酸亚铁锂正极材料的回收方法	比亚迪	待审
200910193055	锂离子电池正极材料回收方法	东莞新能源科技有限公司	驳回
200710129898	一种锂离子电池废料中磷酸铁锂正极材料的回收方法	比亚迪	授权
200810097208	高纯铅的生产方法	宁夏天马冶化（集团）股份有限公司	授权
200480017436	从含氟的燃料电池组件中富集贵金属的方法	尤米科尔股份公司及两合公司	授权
200410019541	废旧锂离子二次电池正极材料的再生方法	南开大学	授权终止
200910116444	一种还原炉直接还原液态高铅渣工艺	安徽铜冠有色金属有限责任公司九华冶炼厂	驳回
200510033231	回收处理混合废旧电池的方法及其专用焙烧炉	华南师范大学	授权终止

申请号为200410019541的专利申请要求保护废旧锂离子二次电池正极材料的再生方法。该方法采用的步骤为正极片在空气中进行100~500℃加热处理1~6h，以除去铝箔基体与正极材料之间的黏合剂。对热处理后的正极片，采用机械方法或超声波震荡将铝箔基体与正极材料脱离，分别得到正极材料与铝箔。将分离得到的产物在空气中经高温650~850℃处理，以除去碳等导电剂。分析（用化学分析或ICP方法分析）各元素的含量和正极材料的计量构成，以上述正极材料中钴或锰或镍等元素含量为基准，添加必要的锂化合物。将调整好比例的正极材料混合均匀，采用通用的方法使用管式电阻炉或箱式电阻炉在空气或氧气气氛中经预烧和焙烧，产物冷却后研磨过筛

(38.5μm) 即可得可再利用的正极活性材料。用该方法回收再生的正极活性材料与制造锂离子二次电池正极所用的材料具有相同的结构和电化学性能,可使废旧锂离子二次电池中正极材料得到最大限度的再利用。该方法不使用酸和有机溶剂,去除掉正极材料的铝箔基片可得到有效的回收,降低废旧锂离子二次电池对环境的污染。

申请号为 200710129898 的专利申请要求保护一种锂离子电池废料中磷酸铁锂正极材料的回收方法。其将锂离子电池废料在惰性气体的气氛下用 450~600℃ 烘烤 2~5h,将烘烤得到的粉末产物加入可溶性铁盐的乙醇溶液中混合、干燥,然后在惰性气体的气氛下用 300~500℃ 焙烧 2~5h,回收得到磷酸铁锂正极材料。采用本回收方法,所得到的磷酸铁锂正极材料的振实密度较高,从而采用该正极材料制成的锂离子二次电池的容量较高,实现了磷酸铁锂原材料的回收再利用,可以节约成本,并具有环保的效益。

申请号为 201010116636 的专利申请要求保护一种磷酸亚铁锂正极材料的回收方法。其将磷酸亚铁锂正极废料在有氧气氛下用 500~800℃ 烧结分解;将上述的产物与碳源混合,在还原性气氛或者惰性气氛下,用 650~850℃ 烧结 8~24h。本方法通过氧化焙烧彻底去除废料中残留的导电剂等碳材料以及黏结剂,避免了导电剂对锂的消耗,从而可以进一步提高回收后的磷酸亚铁锂正极材料的容量;通过分解和合成制成的磷酸亚铁锂材料晶体结构完整,杂相少,循环性能好,并且还原时还实现碳包覆,避免了对磷酸亚铁锂表面碳层的破坏,有利于提高磷酸亚铁锂回收料的导电性。

申请号为 200910116444 的专利申请要求保护一种还原炉直接还原液态高铅渣的工艺。该工艺以氧气底吹熔炼炉产生的液态高铅渣、废蓄电池等次生含铅物料为原料,从还原炉顶端加入,连续将作为燃料的煤粉和天然气与作为助燃剂的富氧空气从还原炉的顶部通入后发生燃烧反应,保持还原炉内温度为 1000~1500℃;煤粉和天然气同时作为还原剂,且与原料充分混合后落入还原炉底部的反应池中,将所述原料中的铅氧化物还原成粗铅,还原剂的加入量以充分还原原料中的铅氧化物为准。

从以上 4 件专利来看,前 3 件针对废弃电池金属成分的特性进行有针对性的提炼,从废料直接得到可使用的产品,这简化了生产工艺、提高效率,并节省了成本。第 4 件专利申请仅是将废料中的金属成分提炼出,没有与产品的生产相关联,这与常规意义上的金属冶炼没有实质区别,该专利申请最终被驳回是可预见的。由此可知,在废弃电池金属提炼领域,仅对金属成分的提炼往往是不够的,需要结合领域特色,进行有针对性的冶炼。

(2) 湿法冶炼

湿法冶炼也是一种常规的金属提炼方法,技术人员也可以采用此方法来提炼废弃电池中金属成分。表 4-14 是此领域内同族引用次数较多的专利申请。

申请号为 200710035053 的专利申请要求保护一种由废铅酸蓄电池中的铅泥制备高质量二氧化铅的方法。其工艺步骤为将废铅酸蓄电池中的铅泥制成 200 目以上的铅泥粉末;配制一定浓度的含有分散剂和脱硫剂的水溶液,向其中加入铅泥粉末,在室温至 90℃ 温度下充分搅拌,进行脱硫反应;分离除去液体部分,将所得含铅固体物料充分洗涤至中性；配制一定浓度的含有氧化剂的水溶液，向其中加入脱硫后的含铅固体物料进行氧化反应；反应结束后，分离除去液体部分，将所得固体产物充分洗涤，经烘干得到产品二氧化铅。与传统的制备二氧化铅的方法相比，本工艺不采用金属铅而以铅泥为原料，节约了金属铅资源；与电解法制备高质量二氧化铅相比，设备投资简单，用电量少。

申请号为200510036193的专利申请要求保护废旧碱性锌锰电池的回收利用方法。其工艺步骤为分离提取废旧碱锰电池正负极物质；在室温下用碱液浸取，搅拌使正负极物质分散，分离并回收隔膜；过滤分离锌酸盐；电解制锌；制备锰酸钾，把氢氧化钾和水加到滤渣中，通入空气并加热，使滤渣中的锰化合物变成锰酸钾，待冷却适当时加入一定量氢氧化钾进行稀释，搅拌使锰酸钾完全溶解，过滤并分离出不溶物；电解制取高锰酸钾，将滤液调节为电解液，在阳极制得高锰酸钾。本工艺简单，操作方便，生产成本低，整个回收和利用过程添加的化学物质少，几乎不产生二次污染，废旧碱锰电池的所有物质几乎都能回收利用，生产的新材料所创造的价值远大于回收和生产成本，经济效益好。

表4-14 与湿法冶炼技术相关的主要专利申请技术分析

申请号	发明名称	申请人	法律状态
200810178835	从含有Co、Ni、Mn的锂电池渣中回收有价金属的方法	日矿金属株式会社	授权
95196964	从用过的镍-金属氢化物蓄电池中回收金属的方法	瓦尔达电池股份公司	授权终止
200710035053	一种由废铅酸蓄电池中的铅泥制备高质量二氧化铅的方法	湖南大学	授权终止
201010298500	镍和锂的分离回收方法	吉坤日矿日石金属株式会社	授权
201010141128	一种自废旧锰酸锂电池中回收有价金属的方法	奇瑞汽车股份有限公司	授权
201010523257	一种从废旧锂离子电池及废旧极片中回收锂的方法	邦普	授权
200910304134	一种废旧锂电池正极活性材料的高效浸出工艺	中南大学	授权
200910173516	性能退化的锂离子蓄电池单元的再生和再次使用	通用汽车环球科技运转公司	授权
200510036193	废旧碱性锌锰电池的回收利用方法	华南师范大学	授权终止
200910117702	从废锂离子电池中回收钴和锂的方法	兰州理工大学	授权

申请号为95196964的专利申请要求保护一种从用过的镍-金属氢化物蓄电池中回收金属的方法。其步骤为蓄电池废料用酸溶解，稀土金属以硫酸复盐形式分离；经提高滤液pH而沉淀铁；对铁沉淀的滤液用有机萃取剂进行液/液萃取，萃取在其原始溶

液 pH 为 3~4 的条件下进行，以回收其他金属，如锌、镉、锰、铝和残留的铁和稀土；选择的萃取剂及 pH 使得在萃取后，只有金属镍及钴完全溶解在水相中并保持与蓄电池废料中相同的原子比例。采用常规的冶炼方法虽然可以将回收的铁送回炼钢厂加工，镍、钴和镉分别送回电池制造厂，但是分离的各种金属在制造新的电极材料时还要从纯态进行相应的混合加工。本方法可以从用过的镍金属氢化物蓄电池中回收特别适用于制造贮氢合金的制品。

与前述火法冶炼类似，湿法冶炼也是将金属的提炼与产品的生产相结合，其能从工艺上简化步骤、提高效率，同时降低生产成本，直接获得有用产品。

从重点发展领域电池和线路板来看，国外在华和国内主要待审和有效专利如表 4-15、表 4-16 所示（按申请人字母排序）。

表 4-15　国外在华申请电池和线路板技术分支待审和有效专利分布

申请号	申请人	发明名称	法律状态
CN201180049594	LS-日光铜制炼株式会社	用于从锂二次电池废料中回收有价值金属的方法	待审
CN201180034145	RSR 科技股份有限公司	通过泡沫浮选法从回收的电化学电池和电池组中分离材料的工艺	待审
CN200980136414A	S.E. 斯鲁普	循环利用具有碱性电解质的电池	有效
CN200980114093	S.E. 斯鲁普	再循环电池材料中锂的再引入	待审
CN200680035485A	W.C. 贺利氏股份有限公司	用于后处理含贵金属材料的方法和设备	有效
CN201280019179	阿泰诺资源循环私人有限公司	拆卸组件的方法和装置	待审
CN03121772A	巴特雷克工业公司	一种在保护气氛存在下分解含有含碱金属物质的电池的方法	有效
CN200410006879A	白光株式会社	电气元件装卸装置	有效
CN201210064010	查理知识产权控股有限公司	用于产生更多量芳香族化合物的热解装置	待审
CN200680052027A	川崎设备系统株式会社	用于从锂二次电池中回收贵重物质的回收方法和回收装置	有效
CN200580052405A	川崎设备系统株式会社	用于从锂二次电池中回收贵重物质的回收装置和回收方法	有效
CN200880123491A	恩吉泰克技术股份公司	由脱硫铅膏起始生产金属铅的方法	有效
CN200610141307A	恩吉泰克技术股份公司	含铅装置的处理系统和方法	有效
CN200510092400A	恩吉泰克技术股份公司	铅蓄电池的铅膏及铅板的脱硫方法	有效
CN200680001399A	丰田自动车株式会社	用于回收燃料电池用催化剂的方法和系统	有效
CN200580020560A	丰田自动车株式会社	锂电池处理方法	有效
CN200980111771	丰田自动车株式会社	锂电池的处理方法	待审

续表

申请号	申请人	发明名称	法律状态
CN201280014730	丰田自动车株式会社	用于电池组的回收方法和处理装置	待审
CN201180038850	丰田自动车株式会社	锂离子二次电池的劣化判定系统以及劣化判定方法	待审
CN200880005631A	丰田自动车株式会社	用于二次电池电极材料的剥离剂和使用该剥离剂处理二次电池的方法	有效
CN200980100226A	丰田自动车株式会社	电池部件的处理方法	有效
CN201180012850A	富士胶片株式会社	回收的印刷板的熔解方法和再循环方法	有效
CN201280011927	高级技术材料公司	用于在废弃的电气和电子设备的循环利用期间剥离焊料金属的装置和方法	待审
CN201180019159	高级技术材料公司	废弃印刷线路板的循环利用方法	待审
CN201180049029	高级技术材料公司	从电子垃圾回收贵金属和贱金属的可持续方法	待审
CN201280030908	高级技术材料公司	从锂离子电池回收锂钴氧化物的方法	待审
CN201280019544	国立大学法人九州大学/住友金属矿山株式会社	钴提取方法	待审
CN201280020059	国立大学法人九州大学/住友金属矿山株式会社	有价金属萃取剂和使用该萃取剂的有价金属萃取方法	待审
CN200780000437A	哈萨克斯坦共和国矿物原料复合加工国有企业东方有色金属矿业冶金研究	含铅材料的处理方法	有效
CN201280003886	韩国地质资源研究院	用有色金属废渣从废弃的移动电话PCB和废弃的汽车催化剂中富集和回收贵金属的方法	待审
CN200880000610A	韩国地质资源研究院	一种利用有机溶液从废印刷线路板中释放金属的新型预处理工艺	有效
CN200780047761A	荷西莱克斯股份有限公司	用于处理未破碎的铅蓄电池的方法和设备	有效
CN00811093A	霍尔吉亚股份公司	用于电池再生处理的方法、装置与系统	有效
CN200810178835A	吉坤日矿日石金属株式会社	从含有Co、Ni、Mn的锂电池渣中回收有价金属的方法	有效
CN201010298500A	吉坤日矿日石金属株式会社	镍和锂的分离回收方法	有效
CN201110250193A	吉坤日矿日石金属株式会社	正极活性物质的浸出方法	有效
CN201010220883A	吉坤日矿日石金属株式会社	从锂离子二次电池回收物制造碳酸锂的方法	有效

续表

申请号	申请人	发明名称	法律状态
CN97109939A	佳能株式会社	回收密封型电池的部件的方法和设备	有效
CN200780041628A	剑桥企业有限公司	铅回收	有效
CN201280031548	杰富意钢铁株式会社	锰回收方法	待审
CN200580018320A	雷库皮尔公司	锂-基阳极电池组和电池的混合回收方法	有效
CN00802996A	雷努瓦尔国际公司	用于从溶液中去除金属的电化学电池	有效
CN200780039286A	李映勋	废蓄电池解体装置	有效
CN201320209472	理士电池私人有限公司	蓄电池板栅清理装置	有效
CN200880004514A	林炯学	利用废电池粉末的粘土瓷砖制造方法	有效
CN200980154463A	马洛信息有限公司	蓄电池再生设备	有效
CN200880005365A	米尔布鲁克铅再生科技有限公司	从含电极糊的废铅电池中回收高纯度碳酸铅形式的铅	有效
CN200980161170	米尔布鲁克铅再生科技有限公司	由废弃铅电池的回收电极糊粘液和/或铅矿回收高纯度铅化合物形式的铅	待审
CN201180039418	浦项产业科学研究院	从含锂溶液中经济地提取锂的方法	待审
CN200680026925A	日本斯倍利亚社股份有限公司	无铅焊料中的铜的析出方法、$(CuX)_6Sn_5$系化合物的制粒方法和分离方法以及锡的回收方法	有效
CN97101285A	三德金属工业株式会社	从含稀土-镍的合金中回收有用元素的方法	有效
CN200380107623A	三井金属矿业株式会社	锂离子电池内的钴回收方法以及钴回收系统	有效
CN201080046077A	三井金属矿业株式会社	储氢合金组合物的制造方法	有效
CN201080066309	上原春男	锂回收装置及其回收方法	有效
CN201080046284	石尚烨	增大接触比表面积的有价金属回收用电解槽	待审
CN03802073A	史蒂文·E.斯鲁普	采用超临界流体从能量存储和/或转换器件中除去电解质的系统和方法	有效
CN00801014A	松下电器产业株式会社	轧碎装置、轧碎方法、分解方法以及贵重物回收方法	有效
CN95109567A	藤田贤一	铅蓄电池用电解液及使用该液的铅蓄电池	有效
CN201180023230A	田中贵金属工业株式会社	从镀覆废水中回收贵金属离子的方法	有效
CN201010162679A	通用电气公司	从含碲化镉组件中回收碲的方法	有效
CN200910173516A	通用汽车环球科技运作公司	性能退化的锂离子蓄电池单元的再生和再次使用	有效

续表

申请号	申请人	发明名称	法律状态
CN200910258469A	通用汽车环球科技运作公司	用于老化的袋式锂离子电池的再生方法和装置	有效
CN201010552625A	通用汽车环球科技运作公司	液体可再充电的锂离子蓄电池	有效
CN201180062915	同和环保再生事业有限公司	从锂离子二次电池回收有价值材料的方法,以及含有有价值材料的回收材料	待审
CN03818803A	同和金属矿业有限公司/田中贵金属工业株式会社/小坂制炼株式会社/株式会社日本PGM	回收铂族元素的方法	有效
CN200710153756A	同和金属矿业有限公司/田中贵金属工业株式会社/小坂制炼株式会社/株式会社日本PGM	回收铂族元素的方法和装置	有效
CN201180071172	英派尔科技开发有限公司	由物品再生金属	待审
CN201180064972	英派尔科技开发有限公司	半导体材料的辐射辅助静电分离	待审
CN201080068441	英派尔科技开发有限公司	从印刷线路板去除和分离元件	待审
CN201180048492	英派尔科技开发有限公司	从锂离子电池废物中对锂的有效回收	待审
CN201080069099	英派尔科技开发有限公司	分解和循环使用电池	待审
CN201180043443	赢创德固赛有限公司/施蒂格电力矿物有限责任公司	借助于电晕放电的电子分拣	待审
CN200480017436A	尤米科尔股份公司及两合公司	从含氟的燃料电池组件中富集贵金属的方法	有效
CN201280028116	原材料有限公司	用于回收电池成分的方法和系统	待审
CN201180009991	株式会社JSV/立野洋人	防止由铅蓄电池的电气处理导致的蓄电能力恶化和再生装置	待审
CN02803121A	株式会社电装	印刷线路板的再生方法和装置	有效
CN201110005222A	株式会社日立制作所	锂离子电池及其再生方法	有效
CN201210544386	株式会社神户制钢所	钛制燃料电池隔板材的导电层除去方法	待审
CN201280008981	住友化学株式会社	从电池废料中回收活性物质的方法	待审
CN201280017953	住友金属矿山株式会社	有价金属的回收方法	待审
CN201280009299	住友金属矿山株式会社	有价金属的回收方法	待审
CN201280068928	住友金属矿山株式会社	锂的回收方法	待审
CN201280057314	住友金属矿山株式会社	高纯度硫酸镍的制造方法	待审
CN201280006714	住友金属矿山株式会社	有价金属的浸出方法及使用了该浸出方法回收有价金属的方法	待审

续表

申请号	申请人	发明名称	法律状态
CN201180046202	住友金属矿山株式会社	含镍酸性溶液的制造方法	待审
CN201080067523	住友金属矿山株式会社	从使用完的镍氢电池所含有的活性物质中分离镍、钴的方法	待审
CN201280069426	住友金属矿山株式会社	锂的回收方法	待审
CN201280009250	住友金属矿山株式会社	有价金属的回收方法	待审
CN201180060370	住友金属矿山株式会社	正极活性物质的分离方法和从锂离子电池中回收有价金属的方法	待审
CN201180067560	住友金属矿山株式会社	有价金属的回收方法	待审
CN201280017952	住友金属矿山株式会社	有价金属的回收方法	待审

表4-16 国内申请电池和线路板技术分支待审和有效专利分布

申请号	申请人	发明名称	法律状态
CN200710031418A	佛山市邦普镍钴技术有限公司、清华大学核能与新能源技术研究院、李长东、黄国勇、徐盛明	一种从镍氢电池正极废料中回收、制备超细金属镍粉的方法	有效
CN200810028730A	佛山市邦普镍钴技术有限公司、清华大学核能与新能源技术研究院、李长东、黄国勇、徐盛明	一种从废旧锂离子电池中回收、制备钴酸锂的方法	有效
CN201110425718A	佛山市邦普循环科技有限公司	一种处理动力电池拆解产生的含铁酸性废水的装置和方法	有效
CN201010605151A	佛山市邦普循环科技有限公司	一种废旧电池中锂的回收方法	有效
CN201110147696A	佛山市邦普循环科技有限公司	一种从电动汽车锂系动力电池中回收锂的方法	有效
CN201110222393A	佛山市邦普循环科技有限公司	一种从电动汽车用磷酸钒锂动力电池中回收钒的方法	有效
CN201110298498	佛山市邦普循环科技有限公司	一种电动汽车用动力型锰酸锂电池中锰和锂的回收方法	有效
CN201210015235	佛山市邦普循环科技有限公司	一种废旧石墨负极材料的再生方法	有效
CN201210017163	佛山市邦普循环科技有限公司	一种锰系废旧申池中有价金属的回收利用方法	有效
CN201110297933	佛山市邦普循环科技有限公司	新能源车用动力电池回收方法	有效
CN201120305816	佛山市邦普循环科技有限公司	一种废旧电池水刀切割机	有效
CN201220112085	佛山市邦普循环科技有限公司	一种废旧电池拆解机	有效
CN201110357947A	佛山市邦普循环科技有限公司	一种废旧锂离子电池正极片中铝箔的化学分离方法	有效

续表

申请号	申请人	发明名称	法律状态
CN201310089509	佛山市邦普循环科技有限公司、湖南邦普循环科技有限公司	一种以废旧锂电池为原料逆向回收制备镍锰酸锂的工艺	有效
CN201310314079	佛山市邦普循环科技有限公司、湖南邦普循环科技有限公司	一种以废旧锂电池为原料逆向回收制备镍钴酸锂工艺	有效
CN201320007429	佛山市邦普循环科技有限公司、湖南邦普循环科技有限公司	一种废旧电池及其过程废料全自动破碎分选系统	有效
CN201220519717	佛山市邦普循环科技有限公司、湖南邦普循环科技有限公司	一种电动车用动力电池模组分离设备	有效
CN201310005498	佛山市邦普循环科技有限公司、湖南邦普循环科技有限公司	一种废旧电池及其过程废料全自动破碎分选系统	有效
CN201310073579	佛山市邦普循环科技有限公司、湖南邦普循环科技有限公司	一种新型电动车用动力电池模组分离设备	有效
CN201110147698A	广东邦普循环科技股份有限公司	一种从电动汽车磷酸铁锂动力电池中回收锂和铁的方法	有效
CN201310656285	广东邦普循环科技股份有限公司、湖南邦普循环科技有限公司	一种废旧锂离子电池负极材料中石墨与铜片的分离及回收方法	有效
CN201110233096A	广东邦普循环科技有限公司	一种废旧锂离子电池负极材料钛酸锂的再生方法	有效
CN201210016455A	广东邦普循环科技有限公司	一种废旧镍镉电池中镉含量的测定方法	有效
CN201310265542	广东邦普循环科技有限公司、湖南邦普循环科技有限公司	一种从废旧镍锌电池中回收镍和锌的方法	待审
CN201210421198A	广东邦普循环科技有限公司、湖南邦普循环科技有限公司	一种由废旧动力电池定向循环制备镍钴锰酸锂的方法	有效
CN201320721466	广东邦普循环科技有限公司、湖南邦普循环科技有限公司	一种废旧动力电池箱拆解生产线	有效
CN201420198937	广东邦普循环科技有限公司、湖南邦普循环科技有限公司	一种动力电池拆解设备	有效
CN201320740763U	广东邦普循环科技有限公司、湖南邦普循环科技有限公司	一种废旧动力电池模组拆解生产线	有效
CN201410164190	广东邦普循环科技有限公司、湖南邦普循环科技有限公司	一种动力电池拆解设备和方法	待审
CN201210383571A	广东邦普循环科技有限公司、湖南邦普循环科技有限公司	一种电动车用动力电池模组分离设备	有效

续表

申请号	申请人	发明名称	法律状态
CN201310646706	广东邦普循环科技有限公司、湖南邦普循环科技有限公司	一种由废旧动力电池定向循环制备镍锰氢氧化物的方法	待审
CN201210004806A	湖南邦普循环科技有限公司	一种从废旧锂离子电池中回收有价金属的方法	有效
CN201010523257A	湖南邦普循环科技有限公司	一种从废旧锂离子电池及废旧极片中回收锂的方法	有效
CN200910226670A	湖南邦普循环科技有限公司	一种废旧锂离子电池阳极材料石墨的回收及修复方法	有效
CN201320105291	湖南邦普循环科技有限公司、佛山市邦普循环科技有限公司	一种回收镍氢电池负极片中铜网、镍钴和稀土的设备	有效
CN201410032008	湖南邦普循环科技有限公司、广东邦普循环科技有限公司	一种从废旧镍锌电池中回收有价金属的方法	待审
CN201110350720	江西格林美资源循环有限公司	一种线路板的无害化处理以及资源综合回收的方法	待审
CN201110065079A	江西格林美资源循环有限公司、荆门市格林美新材料有限公司、深圳市格林美高新技术股份有限公司	一种从锂电池正极材料中分离回收锂和钴的方法	有效
CN201120178442	江西格林美资源循环有限公司、深圳市格林美高新技术股份有限公司	一种分离线路板电子元器件的设备	有效
CN201110248036A	荆门市格林美新材料有限公司	一种废旧线路板中稀贵金属的综合回收方法	有效
CN201210141765	荆门市格林美新材料有限公司	一种处理废旧线路板退锡废液的方法	待审
CN200920129339	深圳市格林美高新技术股份有限公司	废弃线路板回收铜合金循环再造粉末冶金制品的装置系统	有效
CN200910104980A	深圳市格林美高新技术股份有限公司	废弃线路板回收铜合金循环再造粉末冶金制品的方法及其装置系统	有效
CN200510101384A	深圳市格林美高新技术股份有限公司	一种汽车与电子废弃物的回收工艺及其系统	有效
CN201020607760	深圳市格林美高新技术股份有限公司	一种脱焊设备	有效
CN200920129338	深圳市格林美高新技术股份有限公司	废弃线路板回收玻塑铜循环再造塑木制品的装置系统	有效
CN201110102410A	深圳市格林美高新技术股份有限公司	一种处理废旧印刷线路板的方法	有效

续表

申请号	申请人	发明名称	法律状态
CN201110059739A	深圳市格林美高新技术股份有限公司	一种免焚烧无氰化处理废旧印刷线路板的方法	有效
CN201110092620A	深圳市格林美高新技术股份有限公司	一种从废旧线路板中回收稀贵金属的方法	有效
CN201210141531	深圳市格林美高新技术股份有限公司	一种从含锗废弃元件中提取锗的方法	待审
CN201110278293	深圳市格林美高新技术股份有限公司	一种利用CO_2气体选择性沉淀分离镍锰的方法	待审
CN201110245534	深圳市格林美高新技术股份有限公司	一种处理废旧汽车动力锂电池磷酸铁锂正极材料的方法	待审
CN201110243034	深圳市格林美高新技术股份有限公司	废旧动力电池三元系正极材料处理方法	待审
CN200720119313U	深圳市格林美高新技术股份有限公司	废弃锌锰电池的选择性挥发焙烧炉	有效
CN200710073916A	深圳市格林美高新技术股份有限公司	一种废弃锌锰电池的选择性挥发回收工艺	有效
CN200720119314U	深圳市格林美高新技术股份有限公司	废弃锌锰电池的选择性挥发回收系统	有效
CN200720119315U	深圳市格林美高新技术股份有限公司	废弃锌锰电池挥发烟气的冷凝回收器	有效
CN200610061204A	深圳市格林美高新技术股份有限公司	废弃电池分选拆解工艺及系统	有效
CN200620017473U	深圳市格林美高新技术股份有限公司	废弃电池卧式破壳机	有效
CN200710125489A	深圳市格林美高新技术股份有限公司	一种废弃电池的控制破碎回收方法及其系统	有效
CN200720196364U	深圳市格林美高新技术股份有限公司	一种废弃电池的控制破碎装置及其回收系统	有效
CN201210009187	深圳市格林美高新技术股份有限公司	从废旧薄膜太阳能电池中回收镓、铟、锗的方法	待审
CN201120175892	深圳市格林美高新技术股份有限公司、江西格林美资源循环有限公司	一种改进型脱焊设备	有效
CN201210220835	深圳市格林美高新技术股份有限公司、荆门市格林美新材料有限公司	控制破碎分离低值物质与贵物质的方法及装置	待审

续表

申请号	申请人	发明名称	法律状态
CN201210047906	深圳市格林美高新技术股份有限公司、荆门市格林美新材料有限公司	用于电子废弃物板卡的回收与取样装置及方法	待审
CN200520067590U	深圳市格林美高新技术有限公司	一种汽车与电子废弃线路板的脱焊设备	有效
CN200510127614	深圳市格林美高新技术有限公司	循环技术生产超细钴粉的制造方法与设备	有效
CN200620017474U	深圳市格林美高新技术有限公司	废弃电池立式破壳机	有效
CN200620017472	深圳市格林美高新技术有限公司	废弃电池自动分选机	有效
CN201110223517A	武汉格林美资源循环有限公司	一种从废旧线路板中回收金、钯、铂、银的方法	有效
CN201110304896A	武汉格林美资源循环有限公司	废旧镍氢电池中金属元素回收方法	有效

从前述章节专利统计分析来看，现阶段的领域关注点在于废弃电池处理，然而从技术角度来看，其主要在于废弃电池中金属的提取与利用。不管是从废弃电池还是从原矿石中提取金属，其原理都是大同小异的。对于从事该行业的工作者来说，其工艺或装置的微调改进是较容易实现的。然而，实际上对于更高效的金属提取与利用，不是将金属提取出后再制造，而是在提取过程中再制造，这样就能简化提取工艺，提高生产效率。这一点，国内专利技术并不落后，专利技术分析电池分支时进行了详细说明，在此不再赘述。

纵观我国在废弃电器电子产品处理行业内的技术发展，也形成了相应的技术开发和发展体系。单从技术角度来看，差距是逐渐在缩短的。但从指导技术开发的先进思想与理念层面来看，还与发达国家有一定差距。这还需科技工作者接下来进行有效解决。

补贴企业中涉及电池回收的专利共26件，涉及企业如表4-17、表4-18所示。可以看出，补贴企业中的优势企业为格林美，主要涉及分选切割分离，另有3件专利涉及火法回收，5件专利涉及湿法回收。事实上，火法、湿法都是电池传统的回收工艺。就废旧电池回收领域而言，因电池体积偏小，随意丢弃成为现阶段一个普遍现象，如何高效回收是其亟须解决的问题。日本申请人在此方面就有相关专利申请，如"权利要求1：一种对电池的信息记录方法，其特征在于，在电池上安装IC标签，并在该IC标签中存储在电池的制造、流通、使用及使用完后的分类回收中所需的任意信息。"该权利要求技术方案内容较简单，但其理念够新，通过该信息就能对每个电池进行监控，同时配以相应的法规，废弃电池回收难的问题将会迎刃而解。

表 4-17 所申请专利涉及电池回收的企业

电池企业	申请量/件
格林美	19
常州翔宇资源再生科技有限公司	2
四川长虹电器股份有限公司	2
苏州伟翔电子废弃物处理技术有限公司	1
伟翔环保科技发展（上海）有限公司	2

表 4-18 补贴企业中不同的废旧电池回收方法专利数量

电池	申请量/件
分选切割分离	11
回收箱	5
高温焙烧（火法）	3
碱浸酸溶（湿法）	3
直接浸出（湿法）	2
石墨回收	1
蒸馏冷凝	1

3."四机一脑"整机拆解分支

电器电子产品是一个由众多元器件高度集成的组装体，各元器件间的关系错综复杂，且各元器件均具有复杂的构造。这就对电子电器的逆向组装——拆解造成了不少的麻烦。"四机一脑"作为传统的拆解对象广受关注，表 4-19 就是补贴企业涉及"四机一脑"拆解的专利申请量分布。

表 4-19 补贴企业"四机一脑"专利申请分布

技术领域	冰箱	电视	洗衣机	空调	电脑
申请量/件	32	24	16	8	4

在废弃电器整机拆解领域，不管是从补贴企业的专利文献，还是国内国外专利记载来看，都没有完全摆脱手工操作的命运。例如，一件日本申请人在中国的专利申请，其权利要求 1 为"一种旧家电类的处理方法，分解包括冰箱、洗衣机、空调、电视机中的任意一种的旧家电类，并取出可再利用的每个种类的原材料，其特征在于，具有：……通过手工作业把由上述金属类部件与上述塑料类制成的部件接合形成的上述家电类的框体按照每种原材料分别分选为金属类或塑料类的工序；以及……"前述章节中统计的国内的专利申请多属于此类机械化程度较低的技术，在此不做引述。

但日本等国现有产业使用的技术还是具有较高的技术实力，自动化拆解工艺已走在了国内同行的前面。如日本的一件多边申请（进入中国）涉及冰箱拆解工艺流程控制，其权利要求 1 为"一种冰箱的拆解方法，包括：预先存储用于拆解冰箱的处理信息的工序；从所述冰箱读出个体信息的个体信息读出工序；从读出的所述个体信息取出所述处理信息的处理信息取出工序；将所取出的所述处理信息显示在所述冰箱的处理信息显示工序；基于所显示的所述处理信息来判定使所述冰箱进入预备处理工序和冷媒回收工序的哪一个工序的第一判定工序；根据所述第一判定工序的判定结果进行动作的工序，使得所述冰箱直接进入所述冷媒回收工序，或者使所述冰箱进入所述预备处理工序，基于所述处理信息针对所述冰箱实施了预备处理后，使所述冰箱进入所述冷媒回收工序；在所述冷媒回收工序中，基于所述处理信息判定从所述冰箱回收的冷媒的第二判定工序；进行动作使得进入按照所述第二判定工序的判定结果从所述冰箱回收所述冷媒的工序的工序；在经过从所述冰箱回收所述冷媒的工序后，基于所述处理信息判定使所述冰箱进入粉碎工序和等待工序的哪个工序的第三判定工序；和根据所述第三判定工序的判定结果进行动作，使得所述冰箱直接进入所述粉碎工序进行粉碎，或者使所述冰箱进入所述等待工序，在所述等待工序中处于等待的冰箱群的台数达到规定台数之后，使所述冰箱进入所述粉碎工序进行粉碎的工序。"该申请通过先进的信息反馈控制来实现冰箱的流程化拆解，最大化提高了拆解效率，保障了拆解质量。可见，国内企业，尤其是补贴企业，还是应该着眼于自动化拆解的研究，提高其工艺和设备的生产制造水平。

4. 其他分支

（1）阴极射线管

虽然如今阴极射线管技术逐渐被液晶、等离子等技术取代，但对废弃的含阴极射线管的电器电子产品的回收处理仍然很重要，此类废弃产品随意丢弃所产生的环境影响是重大的，且也造成了所含有价值成分的浪费。

表4－20是补贴企业所申请专利中涉及阴极射线管分支的回收处理方法。

表4－20　补贴企业涉及阴极射线管专利申请技术分布

阴极射线管回收的处理方法	申请量/件
瓶锥分离	25
荧光粉	6
机械破碎	5
氟化	2
干法清洗	2
酸溶沉淀	2
储运	1
高温焙烧	1
机械变形	1
氯化	1
清洗	1

从图4－19可以看出，在阴极线路管的回收分支，早期的申请人为荆门格林美、南京凯燕、惠州鼎晨，这三家企业随着年份推移，申请量稳步增长。2012年左右，随着经济政策大环境影响，新进入的企业显著增多，南京环务、上海金桥、扬州宁达都

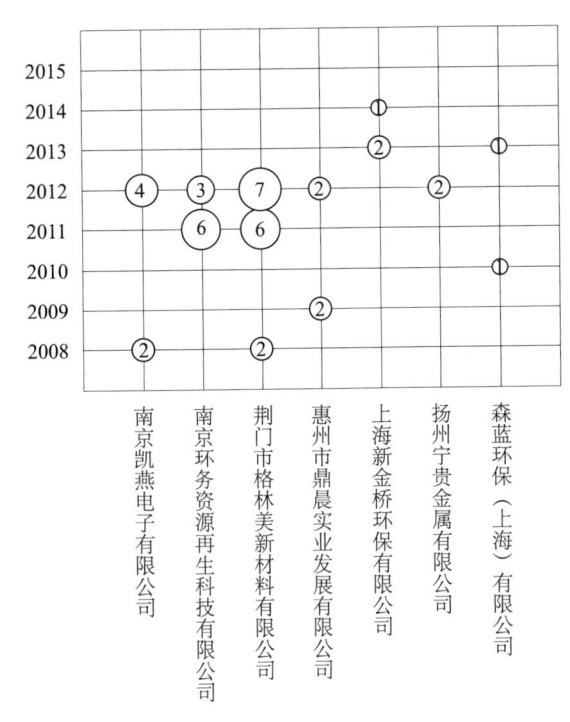

图 4-19 涉及阴极射线管的主要补贴企业专利分布情况（单位：件）

有多件专利涉及阴极射线管的回收。通过对这些专利的分析可知，主要回收方法为瓶锥分离，专利申请量达 25 件。例如，申请号为 CN200820057536 的专利申请的摘要中描述："本实用新型涉及物理法清洁阴极射线管锥形玻璃的设备。它包括一个喷砂系统、一个磨料回收分离系统、一个脉冲反冲除尘系统和一个电控柜，所述的喷砂系统有容置阴极射线管锥形玻璃的喷砂室，所述喷砂室安置在一个转盘机构上，喷砂室下部通过一个回砂管接通所述的磨料回收分离系统，磨料回收分离系统分离出来的磨料经一个砂管回输到所述的喷砂系统，而粉尘通过一个连接管导入所述的脉冲反冲除尘系统。本设备能清洁废旧阴极射线管锥形玻璃，并且回收废旧阴极射线管锥形玻璃，能耗低，不会污染环境"。类似的多件专利申请都主要围绕清洗和回收锥形玻璃进行保护。从技术角度来看，除了粉碎拆解，主要涉及在阴极射线管中金属的提取与利用，提取金属的原理大同小异，对于从事该行业的工作者来说，其工艺或装置的微调改进是较容易实现的。然而实际上，更高效的金属提取与利用方法，不是将金属提取出后再制造，而是在提取过程中再制造，这样就能简化提取工艺，提高生产效率。

（2）制冷剂、液晶

在之前章节中，制冷剂、液晶回收分支都作为一个重点的分支进行了专门专利分析。然而，在补贴企业中，涉及制冷剂回收的仅有 3 家企业（华星集团环保产业发展有限公司、惠州市鼎晨实业发展有限公司、"格林美"系企业），涉及液晶回收的仅有 5 家企业（"格林美"系企业、惠州市鼎晨实业发展有限公司、四川长虹电器股份有限公司、苏州伟翔电子废弃物处理技术有限公司、扬州宁达贵金属有限公司），这也反映出补贴企业所申请的专利主要与其拆解的产品有关，且主要涉及简单的拆解储运回收工艺。制冷剂作为制冷设备中独立的附属物质，其技术更新主要体现在化学领域，对于废弃电器电子产品处理行业的企业和科研人员来说具有一定的技术障碍。另外，液晶属于新兴领域产品，根据产品报废周期测算，其废弃高峰期并没来临，但如果能在此领域尽早进行专利布局，能对以后更早和更广的抢占市场具有巨大优势。

（3）汽车

补贴企业中汽车回收分支主要涉及拆解和储运（见表4-21和图4-20），仅"格林美"系企业的申请量就达到57件，占总数（66件）的86%。下面分别选取拆解、储运、废油回收的三件典型专利进行分析。

表4-21 补贴企业中汽车处理技术的专利申请

汽车分支的回收方法	申请量/件
拆解	32
储运	12
废油回收	9
清洗	4
金属回收	3
轮胎	2
传动轴	1
催化器	1
刹车片	1
分选	1

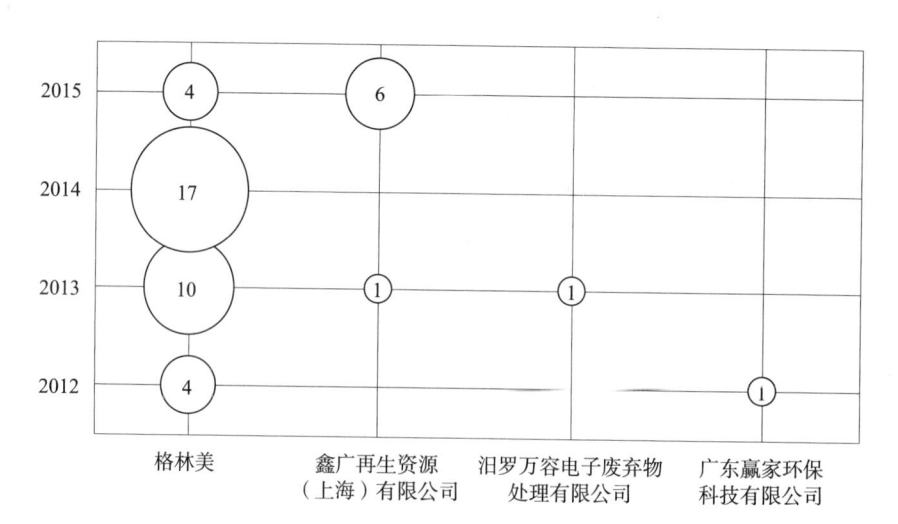

图4-20 涉及汽车分支的补贴企业

申请号为CN201420864875的专利申请的摘要指出，"本实用新型涉及废旧机械拆解回收设备，尤其涉及一种报废汽车拆解提升机，包括立柱组件、提升台、动力机构，立柱组件中的每根立柱上均设有导轨，所述提升台包括支撑组件和滑块，支撑组件与滑块连接，所述滑块与所述导轨配合，所述动力机构用于驱动提升台的滑块沿导轨上下移动。在本实施例中提升台设置在支架上，支架设置有4个立柱，并且立柱上设有导轨，导轨限制提升台的运动轨迹，防止提升台晃动，增加提升台的稳定性。本实用新型在整体结构简单，使用单个液压缸驱动，在满足驱动力的同时减少多余的机构，提升台升降平稳，操作方便。"

申请号为 CN201320277584 的专利申请的摘要指出，"本实用新型公开一种报废汽车存放装置，存放装置包括主存放支柱和存放托盘，存放托盘安装在主存放支柱上。本实用新型能够充分利用废旧汽车的存放空间，同时，可以保证用叉车将小汽车放到托盘之后再将托盘升高，以此大批量的将汽车升高，可以减少叉车的升降高度，减少了高空作业。本实用新型中所有支柱的升降装置是由同一个系统控制，这样可以保证在升降过程中和升降停止都是在同一个平面上，对设备的保护和存放汽车都十分重要；同时，本实用新型通过可以升降支柱横切面直径来控制托盘的高度，以此可以存放不同的车型，增加了系统的通用性。"

申请号为 CN201420046655 的专利申请的摘要指出，"一种报废汽车的废油回收转运装置，涉及报废汽车的回收技术领域，其目的在于解决因报废汽车中残存的大量可回收废油未被回收利用而造成的资源浪费和环境污染的技术问题。该回收转运装置包括用于收集废油的箱体以及用于防止废油飞溅的取油罩，箱体通过导油管与取油罩相连。取油罩中设有用于钻开废油油箱的钻头，钻头与为其提供动力的动力装置连接。钻头的内部设有气压平衡通道，气压平衡通道的一端延伸至钻头的顶部，另一端与管件相连通，管件从钻头壁穿出并与外界大气相连通。钻头的顶部还设有用于打开或关闭气压平衡通道的封闭件，封闭件与控制器连接。"

随着经济的进步，汽车产量逐年提升，汽车的报废回收也成为了不容忽视的问题。而从补贴企业的数据可以看出，涉足该领域的主要是传统的大企业。格林美的专利申请从2012年才开始出现；另有广东赢家环保科技有限公司、汨罗万容电子废弃物处理有限公司、鑫广再生资源（上海）有限公司也逐步进入汽车回收领域。值得注意的是，鑫广再生资源（上海）有限公司作为新进入者和行业追随者，在2015年专利申请量达到6件，而同年"格林美"系企业的申请量也只有4件。表4-22为鑫广再生资源（上海）有限公司2015年申请的专利数量，可见其主要涉及废旧汽车的拆解工艺。

表4-22　鑫广再生资源（上海）有限公司2015年所申请的专利

申请号	专利类型	专利名称
CN201510465084	发明	一种报废机动车拆解工艺
CN201510465077	发明	一种报废大卡车和重客车拆解工艺
CN201520422055	实用新型	一种后桥拆卸转运料架
CN201520421006	实用新型	一种报废车体移动料架
CN201520422139	实用新型	一种含液总成拆解工作台
CN201520420987	实用新型	一种车门拆解工装

4.4.2 重要专利技术演进路线

补贴企业中,废弃线路板处理的专利数量是最多的,相关专利技术演进路线图如图 4-21 所示。最早的专利技术是有关脱焊的装置,由格林美在 2005 年申请,该装置包括恒温加热室、传动带、分离器件/焊锡的收集装置。脱焊设备又包括垂直冲击履带块的冲击装置,通过冲击来实现脱焊。该专利可以说是废弃线路板处理的基础技术,有效地从形状复杂的线路板上分离下各种电子器件、焊锡和印刷板。

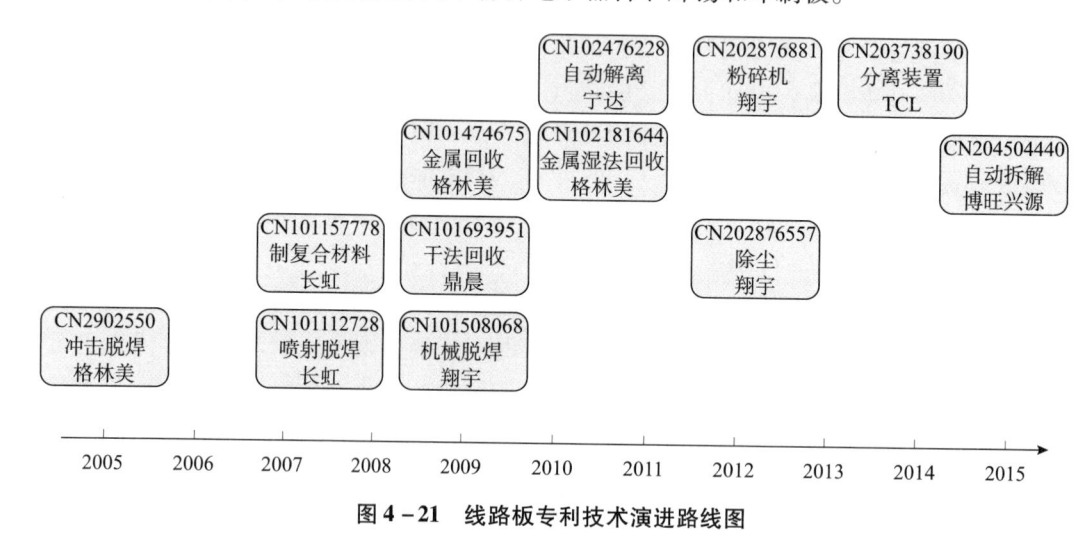

图 4-21 线路板专利技术演进路线图

随后几年的技术发展仍然围绕脱焊进行,陆续出现了喷射脱焊、机械脱焊等技术。例如,长虹申请的专利 CN101112728 "线路板元器件和焊料分离回收方法及装置",采用熔融焊料作为加热介质,对线路板焊接面上的焊点进行加热;利用特殊喷嘴喷射高温高压气体,使焊料与线路板分离;最后对线路板翻转振动,使元器件与线路板分离。在 2007 年,长虹已经开始关注利用废弃线路板制备复合材料,线路板下游处理技术开始萌芽。2009~2011 年的几年间,专利技术主要集中在金属提取方面。毕竟废弃线路板中最有价值的部分是金属,大力发展金属提取技术是企业获得盈利的重要支撑。

2011 年之后,线路板拆解装置开始往自动化方向发展。例如,武汉博旺兴源环保科技股份有限公司在 2015 年申请的专利 CN204504440 "线路板元器件自动拆解装置",包括预热炉、元器件拆解机,预热炉内的隧道加热箱能将线路板预热,预热后的线路板随后被输送至链网输送带上,并落入 PCB 放置槽内。倾斜的 PCB 不断受到链网输送带顶部碰杆的冲击,当 PCB 随链网输送带运行至末端时,受重力作用,会从 PCB 放置槽内滑出并送入振动筛内,振动筛会以较大振幅振动 PCB,进一步提高元器件的拆除率,拆除后的元器件会掉入链网输送带及振动筛底部的元器件收集盒。该线路板元器件自动拆解装置能很好地分离 PCB 及元器件,所需人工少,元器件回收利用率高,对操作者身体健康影响小。

同时,线路板处理过程中产生的废气问题也得到关注,相关的除尘、废气处理专利也应运而生。例如，翔宇公司在2012年申请的专利CN103785242"一种废线路板干式回收生产线用脉冲除尘器"，就是专门针对废线路板干式回收生产线中容易产生有毒废气而发明的一种脉冲除尘器。鼎晨在这方面也申请有几件专利。例如，CN102059043"废旧电器电子产品回收处理产生的有害废气的防治方法"，也是针对WEEE处理产生的废气，提出了催化吸附的处理方法。

图4-22是阴极射线管处理专利技术演进图。该领域中补贴企业申请专利的时间比较晚，在2008年才有企业涉足相关技术，并且只是简单的清洁再利用技术，属于技术链的上游。随后，鼎晨开始有所申请，涉及的技术是切割和荧光粉回收，而在之后的几年时间，即2009~2013年，技术的发展也主要围绕这两点。切割方面先后出现了喷射切割、水切割、热爆分离等技术。例如，格林美的专利CN201773819"CRT显像管锥屏玻璃传送喷射同步分离装置"，将多个CRT显像管放置于传送带上，并通过喷射管的喷射孔向CRT显像管的熔结玻璃的四周喷射溶解液，该溶解液很容易将低熔点的熔结玻璃融化，从而使锥玻璃和屏玻璃分离开来，操作简单、快捷，处理效率高，适于批量化回收处理CRT显像管。而荧光粉回收通常是为了分离其中的稀土元素，常采用的是化学方法。例如，格林美的专利CN102796872"一种回收阴极射线管荧光粉中稀土的方法"，通过加入稀硫酸、氢氟酸等将荧光粉溶解和萃取，将稀土元素提取出来。在2014年还发展出了静音无尘处置系统，将噪声、二次污染都降低了。

图4-22 阴极射线管专利技术演进路线图

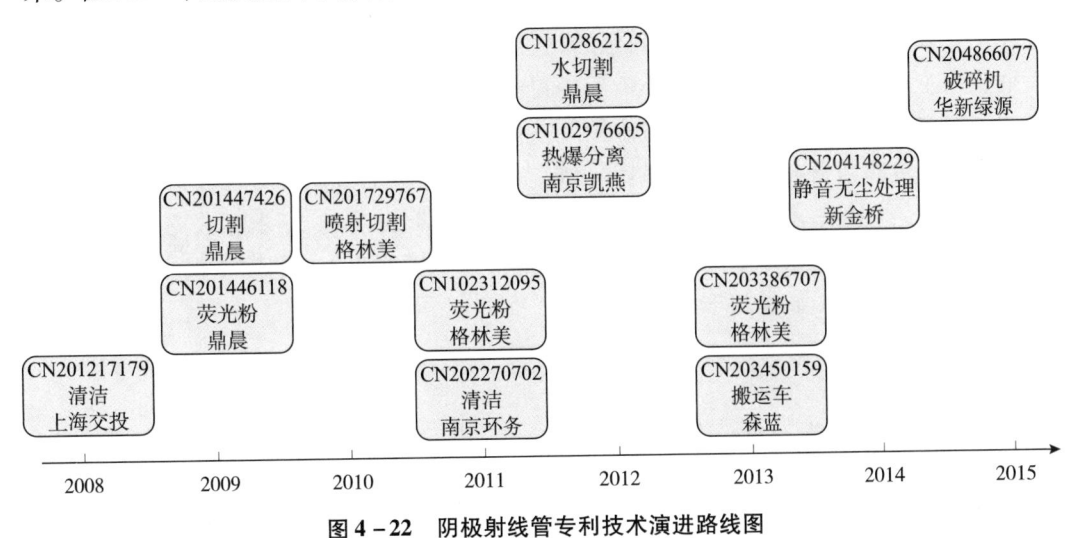

图4-23是冰箱处理的专利技术演进图。该领域中补贴企业申请专利的时间也比较晚，在2009年青岛新天地生态循环科技有限公司才开始申请专利，是废弃（旧）电冰箱综合拆解、资源再利用处置线，属于综合处理技术，而综合处理技术也是整个技术演进的主线。随后，技术领域出现了细分，主要集中在对压缩机的拆解和制冷剂的回收。2011~2012年，有关粉碎设备的专利发展较多，主要是森蓝环保公司的申请。例如，CN202199583"冰箱粉碎设备"，具有避免粉尘和含有氟利昂的有毒有害气体直接排放到空气中的优点，有利于保护工作场所和环境不受有毒有害气体和粉尘污染。

家电企业长虹也开始涉足冰箱回收技术。除了拆解技术外，废旧冰箱中还有聚氨酯泡棉，格林美在这方面也提出了自己的技术。

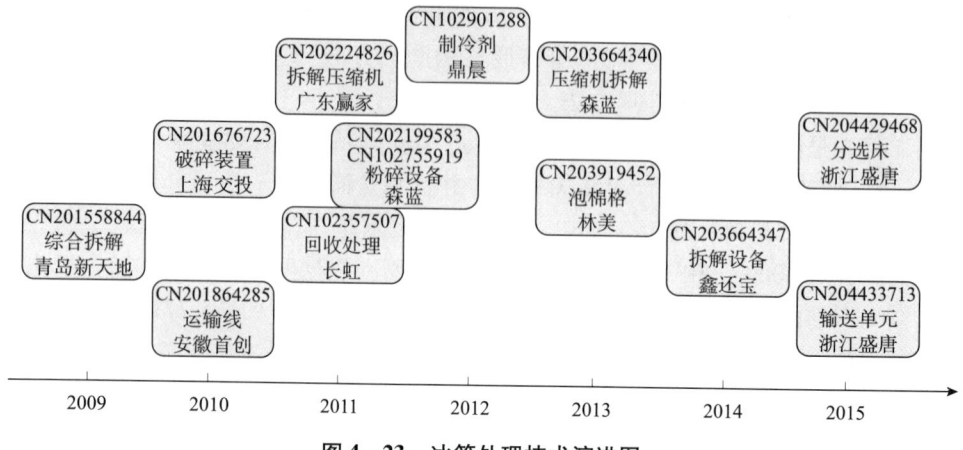

图4-23　冰箱处理技术演进图

4.4.3　重点企业核心专利分布

格林美在2014年的年度营业收入是38.8亿元（见图4-24），按照产品划分，主要收入来源于电池材料（四氧化三钴、三元材料等）（32%）、电子废弃物（22%）、电积铜（12%）。除了塑木型材，其余的钴粉、镍粉等都是金属材料。可见，格林美的营业收入主要还是依靠售卖从废弃资源中得到的金属成分。那么相应地，金属回收技术对公司来说应当具有举足轻重的作用。从格林美申请的专利技术主题分布来看，各技术主题的分布与营业收入分布保持一致，与电池相关的金属，如镍、钴等金属的处理技术占了约31%，报废汽车处理的专利也超过了四分之一。塑木相关的专利也将近有五分之一，包括制备塑木的模具、塑木制品等。从营业收入来看塑木仅占了4%，而在这方面的专利布局数量却不少。

（a）专利技术主题分布　　（b）2014年度营业收入分布

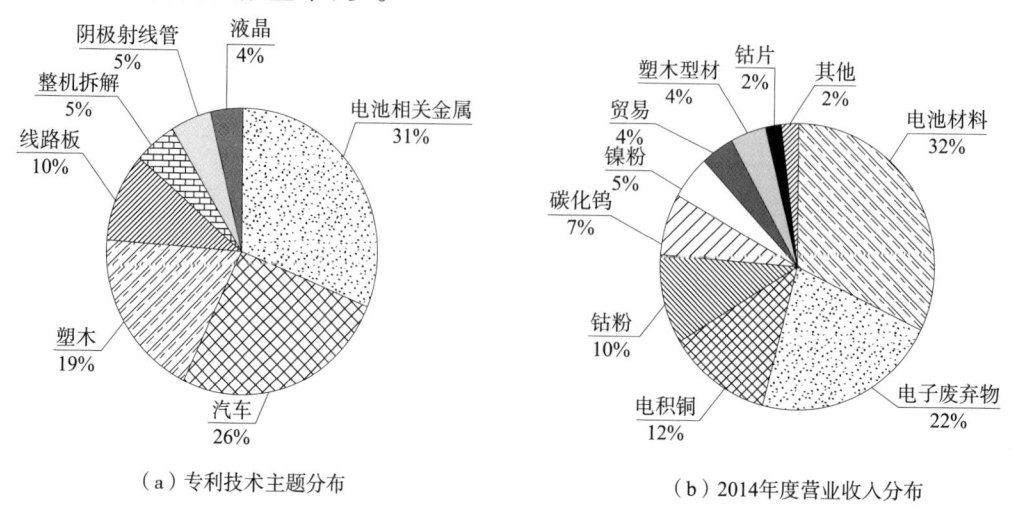

图4-24　格林美的专利分布与营业收入分布

格林美申请的与 WEEE 相关的专利中，废弃线路板处理的专利占了主要部分，其分布如图 4-25 所示。可以看出，技术主要集中在脱焊处理和元器件分离方面。脱焊处理涉及的技术有热处理、化学处理、物理处理等。金属的回收中，干法和湿法都有专利布局。所产生的非金属材料也进一步利用制成塑木。

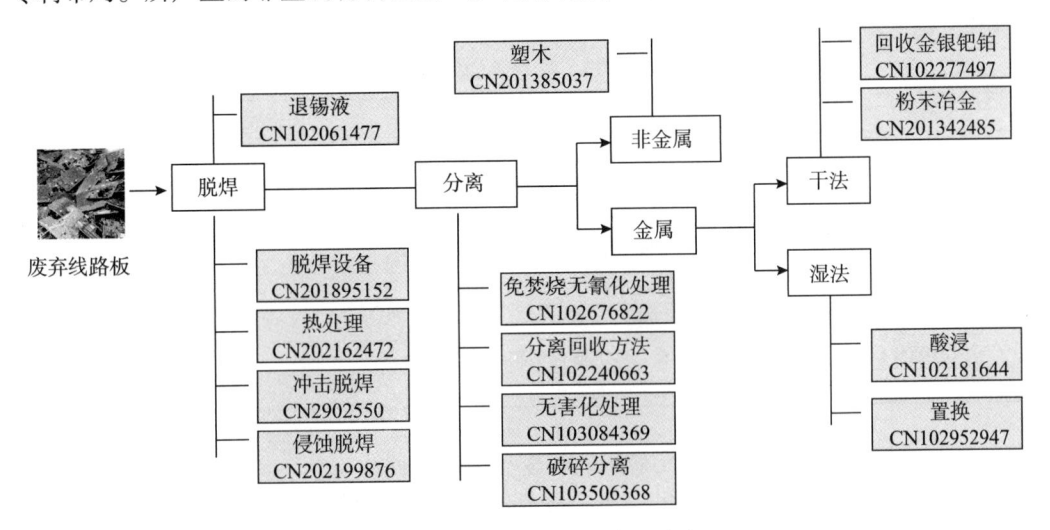

图 4-25　格林美线路板专利分布

常州翔宇资源再生科技有限公司共申请 26 件专利，其中与线路板相关的占了 22 件，可以说是公司的核心技术。经过分析，发现翔宇有关线路板处理技术布局比较完整，从上游的回收到中游的粉碎再到下游的塑料再利用都有相关专利，形成一条完整的线路板处理技术链，如图 4-26 所示。

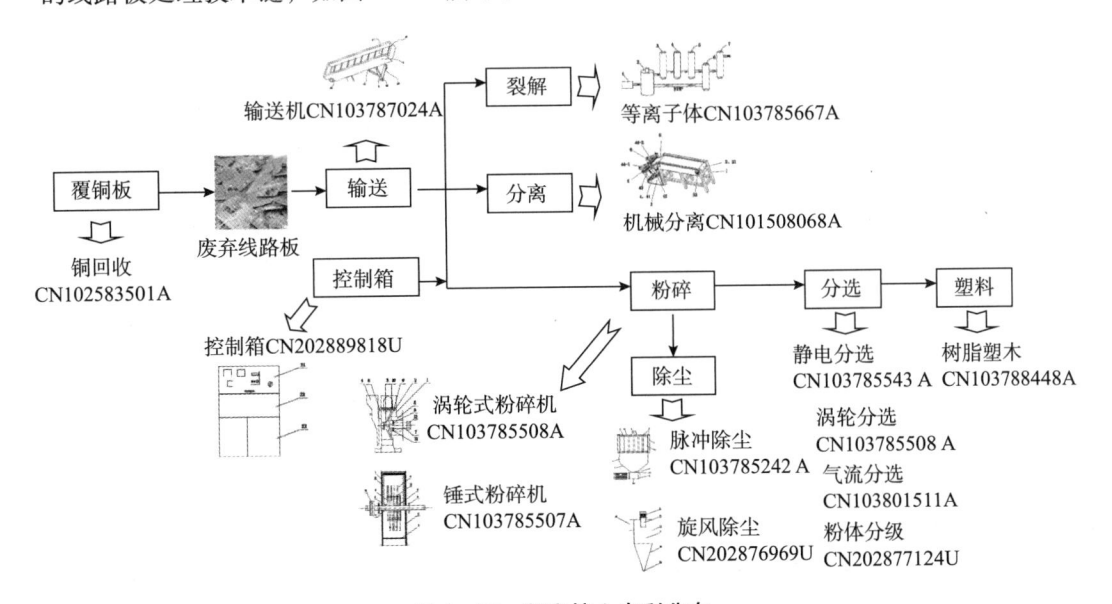

图 4-26　翔宇核心专利分布

4.4.4 技术演进与核心专利成果

在补贴企业中,只有格林美公司申请的专利具有专利同族,共有8件,如表4-23所示。除了一件驳回失效之外,其余的专利均处于专利权维持状态,这些专利构成了公司的核心专利。

表4-23 格林美的同族专利

申请号	发明名称	同族数量/件	法律状态
CN200510101387	汽车和电子废弃金属的回收工艺	8	专利权维持
CN201110059739	一种免焚烧无氰化处理废旧印刷线路板的方法	6	专利权维持
CN201010249152	一种处理废旧含铅玻璃的方法	6	专利权维持
CN201010506134	一种从贵金属电子废料回收贵金属的方法及设备	6	专利权维持
CN201210216652	一种电子废弃物永磁废料中回收稀土的工艺	2	专利权维持
CN201210220835	控制破碎分离低值物质与贵物质的方法及装置	2	专利权维持
CN201310538494	多层辊道转向机及其拆解业树形辊道输送系统	2	专利权维持
CN201110140164	一种回收阴极射线管荧光粉中稀土的方法	2	驳回失效

其中,CN200510101387 "汽车和电子废弃金属的回收工艺" 是在美国提交的申请,并已进入韩国、日本、德国等多个国家的审查,共有8件同族申请。该专利也获得了第十三届中国专利奖。该发明涉及汽车和电子废弃金属的回收工艺,包括对汽车和电子废弃物进行分拆得到金属分拆件,对得到的金属分拆件进行清洗和/或破碎和/或分选,得到若干堆的同质金属件;对各种同质金属件进行全元素分析;将各同质金属件的重量与其它同质金属件进行不同的数值组合,根据不同重量值组合,加权平均算出各种重量值组合的全元素加权平均组成;将不同重量值组合的全元素加权平均组成与各种合金牌号对照,找到最接近的一或多种合金牌号设定为目标合金牌号;按照目标合金牌号,对相应组合中的金属件作深度加工,制得目标合金牌号的合金成品或冶炼原料。该发明的工艺能够减少处理再生过程造成的二次污染,降低处理成本,扩大可处理废弃物的范围。目前该专利也仍处于专利权维持的状态。该专利在美国也获得了授权(见图4-27)。

CN201110059739 "一种免焚烧无氰化处理废旧印刷线路板的方法",则是在韩国提交的申请,已经进入日本、美国、欧洲等国家或地区,共有6件同族申请。该发明提供了一种免焚烧无氰化处理废旧印刷线路板的方法,包括以下步骤:脱焊处理,分离铅和锡,破碎和静电分选,分别提取锑、铝、铜、镍、银、金、铂和钯。该发明方法能够实现有价金属资源再生利用的最大化,并且能够将金属铅和锡彻底分开回收,同时提高金属钯的回收率。

除了上述国际申请外,荆门格林美申请的第一件专利CN200510127614.7 "循环技术生产超细钴粉的制造方法与设备" 获得了第十二届中国专利奖。这件专利是关于电池废料的循环利用技术,提供一种循环技术生产超细钴粉的制造方法,通过二次萃取除杂提纯、雾化水解沉积合成钴化合物前驱体,然后在多段温度下进行爆破热还原从含钴的废料中高效制成粒径在 $0.1\sim2\mu m$ 的超细钴粉。该方法用废旧电池等作为原料,在生产中无废水废气排放,对环境友好,通过该方法可以得到球状/类球状和纤维状钴粉,适合于动力电池和高性能粉末冶金制品的制造,且有利于提高产品的质量和寿命。该专利为荆门格林美的发展奠定了技术基础,目前该专利仍处于专利权维持的状态(见图4-28)。

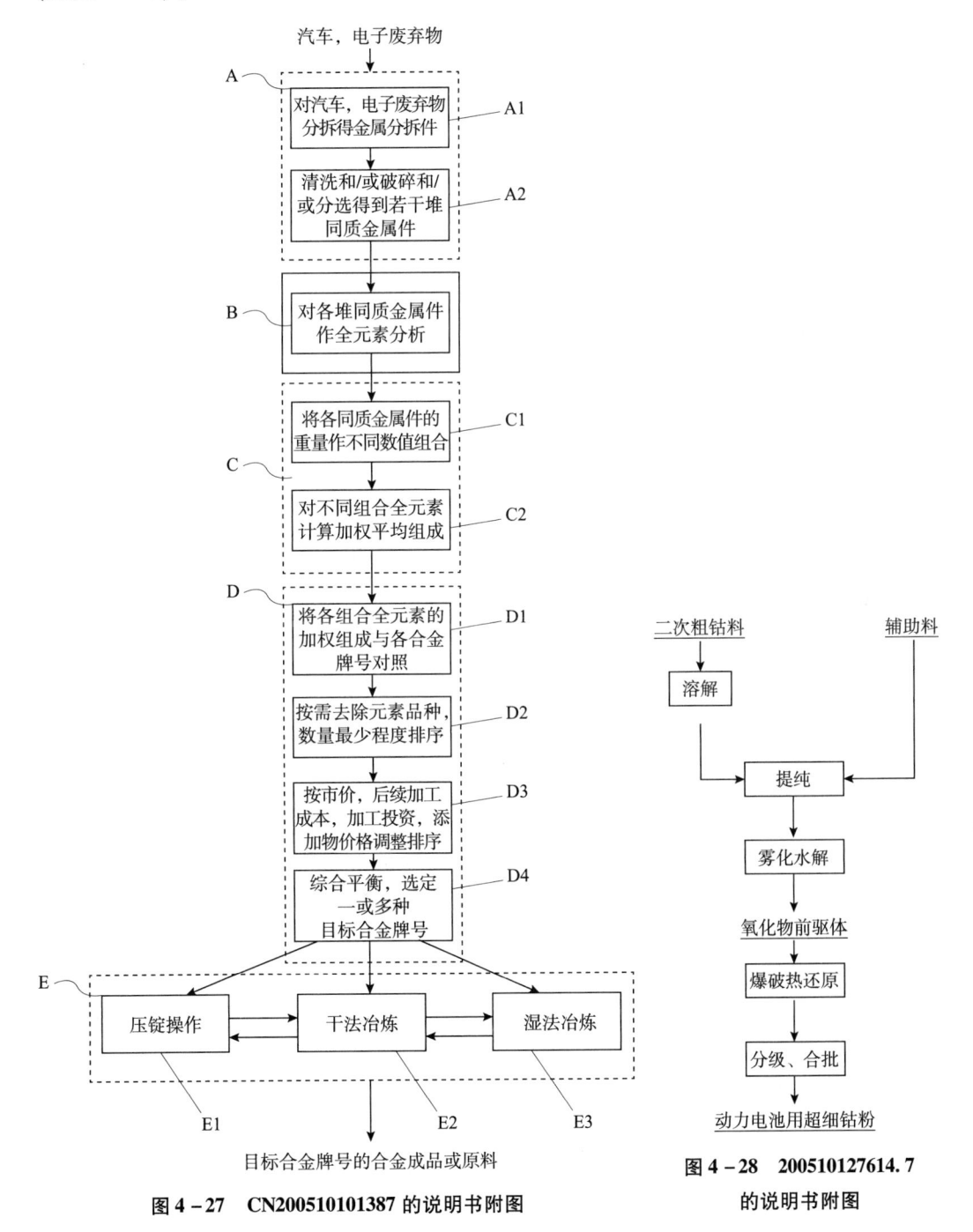

图4-27 CN200510101387的说明书附图

图4-28 200510127614.7的说明书附图

4.4.5 产业发展优选技术路线建议

图 4-29 为补贴企业的技术主题随时间的变化趋势。从图中可以看出，早期补贴企业申请的专利主要围绕线路板、电池回收等，这与当时的社会发展水平有关；随着电视、电脑、冰箱、洗衣机、空调等家用电器的普及，部分家用电器也面临报废的问题，因而助推了废弃电器电子产品回收产业的发展，与之相关的专利数量也逐渐增多。对比可以看出，2007 年所申请的专利只有线路板、电池两个技术分支，而 2012 年几乎覆盖了除手机以外的所有技术分支。

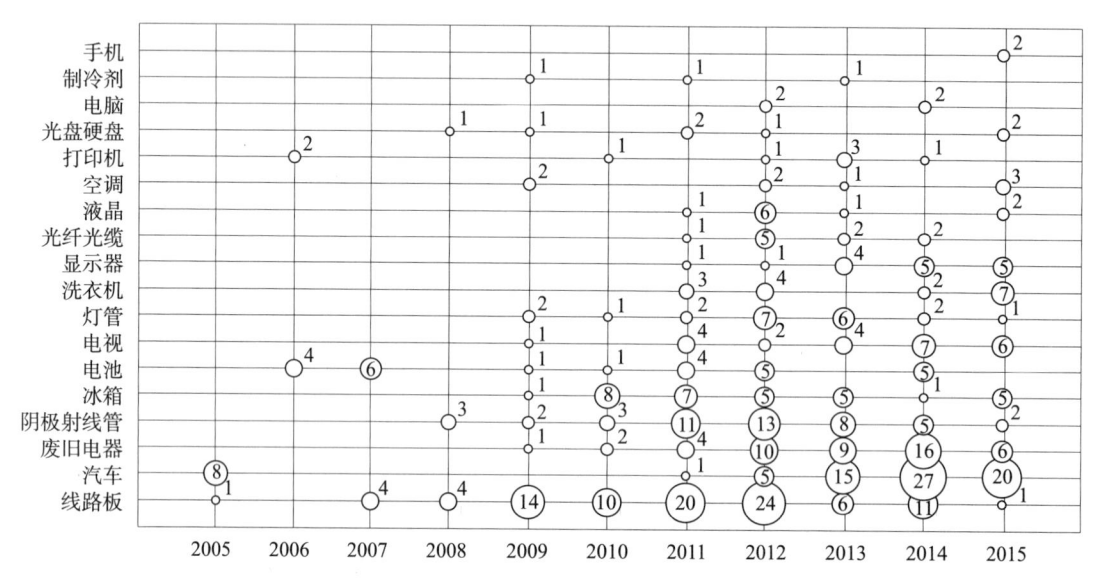

图 4-29 补贴企业所申请专利的技术分支随时间变化趋势（单位：件）

将多家格林美进行合并后，通过分析，得到了补贴企业所涉及的技术分支的发展趋势。

1）线路板分支专利在 2005 年后，2007～2012 年数量持续增长，说明此时线路板的回收需求相当旺盛，技术研发的投入较多，对应的专利数量也较大。而 2012 年之后，线路板回收领域的专利数量明显下滑，这说明市场需求减弱，基金补贴企业的技术研发重点也已经开始转移，整体发展趋势呈"Ω 形状"。类似的还有阴极射线管、液晶两个领域。可以看出，补贴企业在早期对线路板、液晶、阴极射线管的研发力度较大，而随着经济政策的原因，科技产品的进步，相关企业已经减少了这三个领域的研发投入，对应的专利数量也出现了明显的减缓。

2）汽车回收、废旧电器（这里的废旧电器是指除了图中所列项目以外的电器）回收分支下的专利数量逐年递增。例如，在汽车回收分支，2011 年专利数量为 1 件，但连续几年成倍增长，至 2014 年已达到 27 件；而废旧电器回收分支也从 2009 年的 1 件逐年递增至 2015 年的 16 件。这两个技术分支都未出现明显的下降趋势，预测也将持续增长。

第4章 专利导航产业发展路线

3）传统电器，如冰箱、电视、空调、显示器、洗衣机等，专利申请数量比较稳定，并未出现较大的浮动。

4）基金补贴企业在2012年才出现了电脑回收分支的专利，而在2015年才出现了手机回收分支的专利，这说明相关企业多是在已经有明确的处理产品的基础上才投入研发，申请专利，并未前瞻性地进行专利布局。

值得注意的是，补贴企业的主流关注方向和国外主流关注方向不完全一致。其中，在线路板和阴极射线管分支，补贴企业分布达到97件和47件，与国外主流关注方向一致；但是补贴企业涉及电池、液晶、制冷剂分支的专利数量仅为26件、10件和3件，与国外主流关注方向不同。

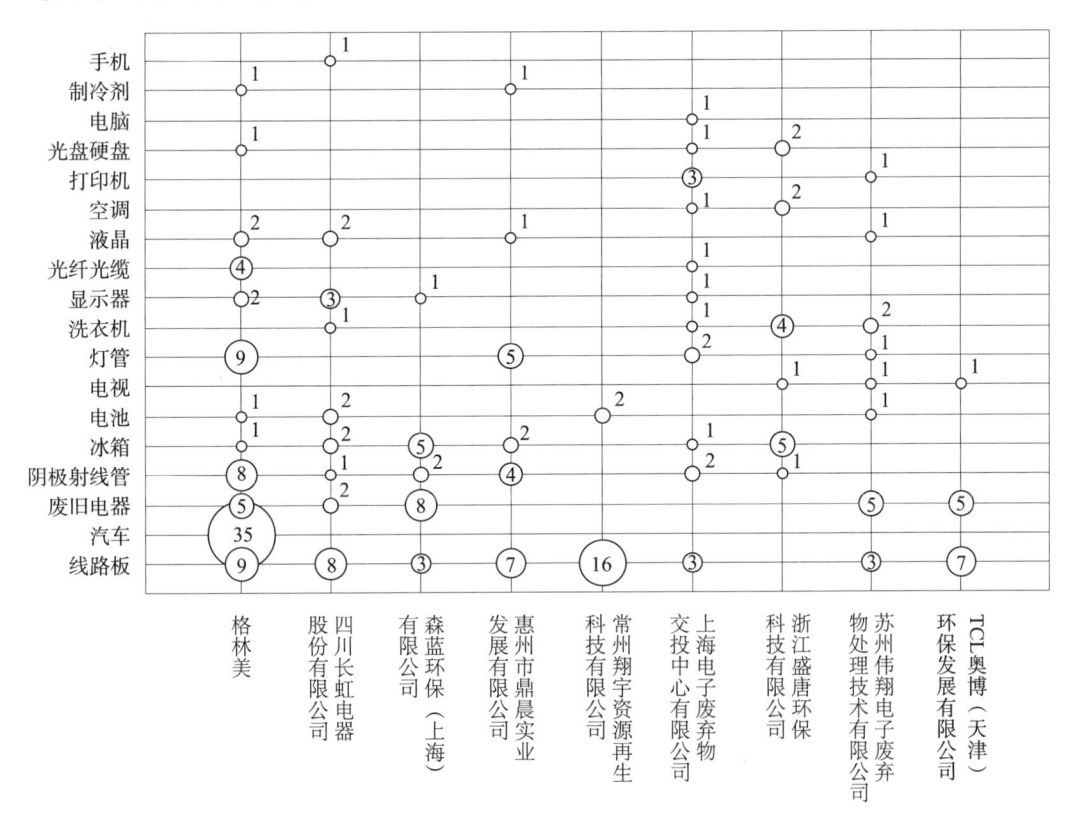

图 4-30　优势企业所涉及的技术分支（单位：件）

从图4-30可以看出，"格林美"系企业作为产业内当之无愧的强者，无论是专利申请的数量还是所涉及的技术分支都是最多的；与之类似的，苏州伟翔电子废弃物处理技术有限公司、四川长虹电器股份有限公司也在多个技术分支都布局有专利。而常州翔宇资源再生科技有限公司、TCL奥博（天津）环保发展有限公司的专利申请所处的技术分支相对单一，其中常州翔宇资源再生科技有限公司的专利申请主要涉及线路板和电池分支，TCL奥博（天津）环保发展有限公司则主要涉及线路板、废旧电器、电视回收。但是，常州翔宇资源再生科技有限公司涉及线路板回收分支的专利数量达到16，在为所有申请人中最多，可见其虽然涉及的主题单一，但研发实力和专利意识都较强。

通过资料记载统计分析，我国现有废弃电器电子产品处理企业中只有极少部分（9%）涉及深处理，绝大部分是拆解企业，所涉及的技术较简单，其技术可专利性不强，相应的整机拆解分支的专利数量较少。涉及电池和线路板分支的主要是深处理操作，研究主要集中于金属提取方法的改进，尽可能地在提取效率、提高回收率、提取更多种类金属成分、更经济、更环保等方面做出尝试，技术改进的方向更多。同时电池和线路板分支所收获的终产品大部分具有较高的经济价值，具有一定的研究动力。因此其相应的专利申请数量也较多。

下面重点针对补贴企业的研发热点线路板分支进行进一步分析。图4-31是线路板技术分支专利量排名前十的企业。可以看出，长虹在2007年就已经针对该分支进行了专利申请，由于其生产的产品（电视、空调等）中包含有较多的线路板，对后续的回收进行研究也是企业良性发展的方向。2010年后该企业涉及线路板回收的专利申请量明显减少，说明其研发导向已经开始转移到其他领域，如电器生产等，这可能与其企业战略、经济政策支持都有关联。格林美在2011年进入后一直保持稳定的专利申请量，可以推测其技术研发团队相对比较成熟稳定，每年都会有一定量的新技术新成果转化为专利。翔宇的技术路线在补贴企业中具有较高的代表性，值得其他企业参考借鉴，具体参见前述分析。

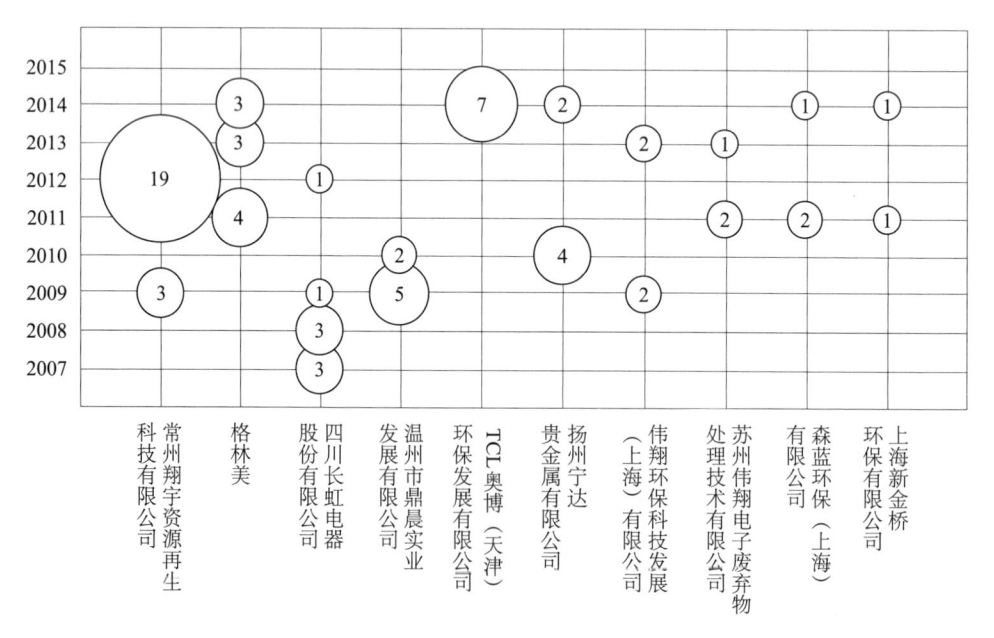

图4-31 线路板技术分支专利量排名

4.4.6 产业自主创新与自主可控建议

在110家补贴企业中，有68家企业从未进行过专利申请（约占62%），仅有42家企业（约占38%）进行了专利申请（共791件），其中申请量为20件以下约占80%。

可以看出，补贴企业整体对专利的重视程度远远不够，大量补贴企业并未重视专利布局，还停留在利用既有工艺和设备进行拆解的初级阶段，自主创新能力严重不足。

表 4-24 是排名前 10 位申请人的专利申请量，只占申请人总数量的 9%，但其专利申请数量为 436 件，约占总申请量的 55.1%。其中，格林美系的专利申请量最多，达到 304 件。可见，补贴企业普遍存在从业者分布零散、从业者规模较小的问题，其用于技术改造的资金并不会太充裕，在没有必要情况下，技术升级的积极性不高。

表 4-24 排名前 10 位申请人的专利申请量

补贴企业名称	补贴批次	地址	申请量/件
荆门市格林美新材料有限公司	第 1 批	湖北	145
格林美（武汉）城市矿产循环产业园开发有限公司	第 3 批	湖北	49
江西格林美资源循环有限公司	第 1 批	江西	50
四川长虹电器股份有限公司	第 1 批	四川	24
扬州宁达贵金属有限公司	第 1 批	江苏	30
惠州市鼎晨实业发展有限公司	第 1 批	广东	29
常州翔宇资源再生科技有限公司	第 1 批	江苏	26
森蓝环保（上海）有限公司	第 2 批	上海	23
浙江盛唐环保科技有限公司	第 1 批	浙江	21
苏州伟翔电子废弃物处理技术有限公司	第 1 批	江苏	19
总计			436

废弃电器电子产品涵盖的种类繁多，大型家用电器有电视机、电脑、洗衣机、冰箱和空调等，小型家用电器有电话、灯等，以及其他的如汽车、电动玩具、电子电气工具和医疗设备等。因各电器电子产品具有独特的结构和组成方式，在回收和再处理过程中往往工艺各异，且都较繁琐。

一般来说，企业的自主创新与与产学研有着密切关系，高校和研究所由于具有较强的研发能力，在与企业合作申请后，专利的质量、稳定性都会有较好的提升。要调动补贴企业的技术提升速度，科研机构介入是一种快捷的方法。科研机构在启动目标研究课题时应具有相应的研究硬基础和软基础，而不能一味靠外部资金，否则会增加小从业者的负担。

因此，具有相应技术研发储备的科研机构应承担起更大的责任。对于经济实力有限的从业者，可以组建技术联盟，这不仅可以分摊研发费用，还可以增加引进成品技术时的谈判筹码。废弃电器电子产品处理产业相比其他一些领域，受"同行是冤家"的常规竞争模式影响较小。该领域的处理原料每年逐渐增多，并在可预见的时间内长期保持，正常情况下不太可能存在货源中断的情形，这能极大减缓企业因货源导致的竞争压力。行业间的竞争影响主要取决于自身的技术、效率、管理等因素。因此，各小从业者建立技术联盟有助于自身和整个产业的健康发展。小从业者较分散，依靠其自身单个力量较难形成联盟，政府及相关部门应需整合从业者的技术和区域分布，定期公布相关从业者信息，并引导各从业者建立联盟关系，同时牵线各科研机构进行技术和管理的合作研究。

4.4.7 产业创新能力与专利适配度建议

如前述章节所述，补贴企业中约62%的企业并未申请专利；申请专利的企业中，不足20件的约占80%，可见大部分的补贴企业创新能力都有待提高。同时，补贴企业所申请的专利绝大部分都是实用新型专利，在总共791件专利中，发明为311件，实用新型为480件，实用新型申请占比约为61%。实用新型未经过实质审查，后续可能面临被无效的风险，因而专利权的稳定性也有待验证。

表4-25至表4-31是补贴企业所申请的发明和实用新型专利的相关法律状态。

表4-25 144件授权发明专利的法律状态和权属关系

申请号	授权日	法律状态	权利人
CN01139729.2	2004.11.24	授权	格林美
CN200610061204.1	2008.06.04	授权	格林美
CN200610061030.9	2008.08.13	授权	格林美
CN200510101386.6	2008.10.22	授权	格林美
CN200310115208.X	2008.11.05	授权	格林美
CN200710073036.2	2009.01.28	授权	格林美
CN200710073916.X	2009.04.22	授权	格林美
CN200510102762.3	2009.05.06	授权	格林美
CN200510127614.7	2009.05.06	授权	格林美
CN200510101385.1	2009.07.15	授权	格林美
CN200710125489.5	2009.07.15	授权	格林美
CN200510101387.0	2009.09.16	授权	格林美
CN200810020975.5	2009.09.30	授权	南京凯燕电子有限公司
CN200710201910.6	2009.10.07	授权	四川长虹电器股份有限公司
CN200710042763.2	2009.12.09	未缴费终止	上海大学＆上海电子废弃物交投中心有限公司
CN200510101384.7	2009.12.16	授权	格林美
CN200710202785.0	2010.06.16	授权	四川长虹电器股份有限公司
CN200910300991.4	2010.07.07	授权	江苏技术师范学院＆常州翔宇资源再生科技有限公司
CN200810304483.9	2010.11.10	授权	四川长虹电器股份有限公司
CN200910104980.9	2011.01.05	授权	格林美
CN200910181399.7	2011.02.09	授权	南京凯燕电子有限公司

续表

申请号	授权日	法律状态	权利人
CN200910301810.X	2011.02.16	授权	四川长虹电器股份有限公司
CN200910107585.6	2011.07.13	授权	格林美
CN200910197213.7	2011.07.27	授权	同济大学＆伟翔环保科技发展（上海）有限公司
CN201010210020.3	2012.03.28	授权	格林美
CN201010511504.1	2012.07.04	授权	格林美
CN201010557598.6	2012.07.04	授权	扬州宁达贵金属有限公司
CN201019063021.7	2012.07.25	授权	伟翔环保科技发展（上海）有限公司
CN200810022968.9	2012.09.26	授权	扬州宁达贵金属有限公司
CN201110102410.3	2012.10.10	授权	格林美
CN201110092620.9	2012.12.19	授权	格林美
CN201010242896.6	2012.12.26	授权	深圳东江华瑞科技有限公司
CN201110054428.0	2012.12.26	授权	格林美
CN201110054453.9	2012.12.26	授权	格林美
CN201010592464.8	2013.02.13	授权	格林美
CN201010210782.3	2013.03.06	授权	格林美
CN201110223517.3	2013.03.13	授权	格林美
CN201010044473.3	2013.03.27	授权	格林美
CN201110143325.1	2013.04.17	授权	格林美
CN200910309311.5	2013.06.05	授权	四川长虹电器股份有限公司
CN200910029157.6	2013.06.19	授权	扬州宁达贵金属有限公司
CN201010249152.7	2013.06.26	授权	格林美
CN201110065079.2	2013.06.26	授权	格林美
CN200910029156.1	2013.07.10	授权	扬州宁达贵金属有限公司
CN201010179877.3	2013.07.10	授权	格林美
CN201010242906.6	2013.07.24	授权	深圳东江华瑞科技有限公司
CN201010256101.7	2013.08.07	授权	格林美
CN201110220854.7	2013.08.07	授权	四川长虹电器股份有限公司
CN201010254840.2	2013.09.04	授权	格林美
CN201010507236.6	2013.09.04	授权	格林美
CN201010542308.0	2013.10.23	授权	格林美
CN201010522601.0	2013.10.30	授权	格林美
CN201010552543.6	2013.11.06	授权	扬州宁达贵金属有限公司
CN201110213524.5	2013.11.27	授权	格林美
CN201010507251.0	2013.12.04	授权	格林美
CN201210300550.6	2013.12.18	授权	四川长虹电器股份有限公司

续表

申请号	授权日	法律状态	权利人
CN201210216384.1	2013.12.25	授权	上海大学
CN201110059739.6	2014.01.01	授权	格林美
CN200910184773.9	2014.01.15	授权	扬州宁达贵金属有限公司
CN201110071759.5	2014.02.19	授权	华新绿源环保产业发展有限公司
CN201010254566.9	2014.02.26	授权	格林美
CN201110121413.1	2014.02.26	授权	格林美
CN201210017509.8	2014.03.12	授权	常州翔宇资源再生科技有限公司
CN201210017695.5	2014.03.12	授权	常州翔宇资源再生科技有限公司
CN201110304896.9	2014.03.26	授权	格林美
CN201110395016.3	2014.04.02	授权	四川长虹电器股份有限公司
CN201210421334.7	2014.04.02	授权	四川长虹电器股份有限公司
CN200910184772.4	2014.05.07	授权	扬州宁达贵金属有限公司
CN201110236266.2	2014.05.07	授权	格林美
CN201110248036.8	2014.06.04	授权	格林美
CN201210235602.6	2014.06.04	授权	昆山市千灯三废净化有限公司
CN201110432230.1	2014.06.11	授权	格林美
CN201210018380.2	2014.06.11	授权	湖北金科环保科技股份有限公司
CN201010506134.2	2014.07.02	授权	格林美
CN201110142263.2	2014.07.02	授权	格林美
CN201110223824.1	2014.07.02	授权	格林美
CN201110227297.1	2014.07.02	授权	格林美
CN201210017781.6	2014.07.16	授权	常州翔宇资源再生科技有限公司
CN201310028838.7	2014.07.16	授权	广东赢家环保科技有限公司
CN201110233513.3	2014.07.30	授权	格林美
CN201110254663.2	2014.07.30	授权	格林美
CN201310393537.4	2014.08.06	授权	中国石油大学（华东）& 四川省中明再生资源综合利用有限公司
CN201110292131.8	2014.08.20	授权	格林美
CN201110297722.4	2014.08.20	授权	格林美
CN201110246742.9	2014.08.27	授权	格林美
CN201110228748.3	2014.09.10	授权	格林美
CN201210003094.9	2014.09.17	授权	格林美
CN201110301467.6	2014.09.24	授权	格林美
CN201110140145.8	2014.10.01	授权	格林美
CN201110058349.7	2014.10.08	授权	格林美

续表

申请号	授权日	法律状态	权利人
CN201210141531.3	2014.12.10	授权	格林美
CN201310292820.8	2014.12.17	授权	湖南省同力电子废弃物回收拆解利用有限公司
CN201110249076.4	2014.12.31	授权	格林美
CN201110278293.6	2014.12.31	授权	格林美
CN201110326786.2	2014.12.31	授权	荆门市格林美新材料有限公司
CN201210489452.1	2014.12.31	授权	南京凯燕电子有限公司
CN201210100653.8	2015.01.21	授权	格林美
CN201210127064.9	2015.01.21	授权	格林美
CN201210141765.8	2015.01.21	授权	格林美
CN201310069004.0	2015.01.28	授权	中国电器科学研究院有限公司
CN201110117433.1	2015.03.04	授权	格林美
CN201110304900.1	2015.03.18	授权	格林美
CN201110349617.0	2015.03.18	授权	格林美
CN201210337634.7	2015.04.01	授权	四川长虹电器股份有限公司
CN201110396623.1	2015.04.08	授权	格林美
CN201210556536.2	2015.04.08	授权	盐城工学院 & 南京环务资源再生科技有限公司
CN201310058072.7	2015.04.15	授权	广东赢家环保科技有限公司
CN201110243034.X	2015.04.22	授权	格林美
CN201210508840.X	2015.04.22	授权	汨罗万容电子废弃物处理有限公司
CN201210540405.5	2015.04.22	授权	南京凯燕电子有限公司
CN201110204326.2	2015.04.29	授权	格林美
CN201110212720.0	2015.04.29	授权	格林美
CN201110226102.1	2015.04.29	授权	格林美
CN201110145768.4	2015.05.13	授权	格林美
CN201110394684.4	2015.05.13	授权	格林美
CN201110414821.6	2015.05.13	授权	格林美
CN201210228475.7	2015.05.20	授权	汨罗万容电子废弃物处理有限公司
CN201110448757.3	2015.06.03	授权	格林美
CN201210523740.4	2015.07.08	授权	桑德环境资源股份有限公司
CN201110221409.2	2015.08.05	授权	格林美
CN201110416360.6	2015.08.19	授权	格林美
CN201210220835.9	2015.08.19	授权	格林美
CN201110430450.0	2015.08.26	授权	华星集团环保产业发展有限公司
CN201110350720.7	2015.09.02	授权	格林美
CN201310638363.3	2015.09.16	授权	格林美

续表

申请号	授权日	法律状态	权利人
CN201210009187.2	2015.10.21	授权	格林美
CN201310416100.8	2015.10.21	授权	伟翔环保科技发展（上海）有限公司
CN201410401991.4	2015.10.28	授权	南京凯燕电子有限公司
CN201210045411.3	2015.11.04	授权	格林美
CN201410159247.8	2015.11.11	授权	四川省中明再生资源综合利用有限公司
CN201410078737.5	2015.11.18	授权	TCL奥博（天津）环保发展有限公司
CN201210556537.7	2015.11.25	授权	盐城工学院 & 南京环务资源再生科技有限公司
CN201210216652.X	2015.12.09	授权	格林美
CN201310544686.6	2015.12.09	授权	四川长虹电器股份有限公司
CN201310734992.6	2015.12.09	授权	湖北金科环保科技股份有限公司
CN201210047906.X	2016.01.13	授权	格林美
CN201210169617.7	2016.01.13	授权	格林美
CN201210592298.0	2016.01.13	授权	格林美
CN201410304271.6	2016.01.13	授权	格林美
CN201210556305.1	2016.01.20	授权	盐城工学院
CN201310205588.X	2016.01.20	授权	桑德环境资源股份有限公司
CN201310247172.4	2016.01.20	授权	四川长虹电器股份有限公司
CN201310538494.4	2016.01.20	授权	格林美
CN201210490376.6	2016.02.24	授权	格林美

通过表4-25可知，发明专利申请的授权率约为46.3%，存活率为99.3%，授权率并不算高，说明相关企业还应该加强专利相关知识的学习，提高授权率，减少不必要的资金和人力的浪费（如专利申请费用、代理人等）；基金补贴企业的发明专利存活率比较高，仅有一件（CN200710042763.2）因未缴纳年费终止，申请人为上海电子废弃物交投中心有限公司和上海大学，主要涉及一种废弃线路板的机械粉拆。分析其失效的原因，可能是因为所涉及的专利已经是落后工艺，现有的生产实践中已经不再使用该技术，因而继续缴费维持该专利对企业来说意义不大。

表4-26 实用新型获授权后因重复授权而放弃

申请号	放弃日期	法律状态	权利人
CN201420098405.9	2015.11.18	避免重复授权放弃专利权	TCL奥博（天津）环保发展有限公司
CN201420461326.X	2015.10.28	避免重复授权放弃专利权	南京凯燕电子有限公司
CN201120532719.1	2015.08.26	避免重复授权放弃专利权	华星集团环保产业发展有限公司
CN201020616838.0	2013.11.06	避免重复授权放弃专利权	扬州宁达贵金属有限公司
CN200720172470.1	2011.05.04	避免重复授权放弃专利权	格林美

表 4-27 实用新型专利权期满终止

申请号	专利权终止日	法律状态	权利人
CN200520067588.9	2015.12.23	专利权终止-有效期届满	格林美
CN200520067589.3	2015.12.23	专利权终止-有效期届满	格林美
CN200520067590.6	2015.12.23	专利权终止-有效期届满	格林美
CN200520067591.0	2015.12.23	专利权终止-有效期届满	格林美
CN200520067592.5	2015.12.23	专利权终止-有效期届满	格林美
CN200520067593.X	2015.12.23	专利权终止-有效期届满	格林美
CN200520118984.X	2015.10.28	专利权终止-有效期届满	格林美
CN02240300.0	2012.09.05	专利权终止-有效期届满	格林美
CN01271181.0	2012.01.04	专利权终止-有效期届满	格林美

表 4-28 实用新型未缴年费终止

申请号	专利权终止日	法律状态	申请人
CN200820057535.2	2011.06.22	专利权终止-未缴年费	上海大学，上海电子废弃物交投中心有限公司
CN200820057536.7	2011.06.22	专利权终止-未缴年费	上海大学，上海电子废弃物交投中心有限公司
CN200820055847.X	2012.05.02	专利权终止-未缴年费	上海大学，上海电子废弃物交投中心有限公司
CN201020206032.4	2012.07.25	专利权终止-未缴年费	上海大学，上海电子废弃物交投中心有限公司
CN201020206052.1	2012.07.25	专利权终止-未缴年费	上海大学，上海电子废弃物交投中心有限公司
CN201020187744.6	2014.07.02	专利权终止-未缴年费	湖北金科环保科技股份有限公司
CN201120192722.3	2014.08.06	专利权终止-未缴年费	青海云海环保服务有限公司
CN201120307326.0	2014.10.22	专利权终止-未缴年费	广东赢家环保科技有限公司
CN201120307356.1	2014.10.22	专利权终止-未缴年费	广东赢家环保科技有限公司
CN201120307404.7	2014.10.22	专利权终止-未缴年费	广东赢家环保科技有限公司
CN201120307416.X	2014.10.22	专利权终止-未缴年费	广东赢家环保科技有限公司
CN201220501078.8	2014.11.26	专利权终止-未缴年费	惠州市鼎晨实业发展有限公司
CN201220501414.9	2014.11.26	专利权终止-未缴年费	惠州市鼎晨实业发展有限公司
CN201220501481.0	2014.11.26	专利权终止-未缴年费	惠州市鼎晨实业发展有限公司
CN201220502609.5	2014.11.26	专利权终止-未缴年费	惠州市鼎晨实业发展有限公司
CN201020594348.5	2014.12.17	专利权终止-未缴年费	安徽首创环境科技有限公司
CN201020594349.X	2014.12.17	专利权终止-未缴年费	安徽首创环境科技有限公司
CN201020594350.2	2014.12.17	专利权终止-未缴年费	安徽首创环境科技有限公司
CN201020594366.3	2014.12.17	专利权终止-未缴年费	安徽首创环境科技有限公司
CN201020594367.8	2014.12.17	专利权终止-未缴年费	安徽首创环境科技有限公司
CN201020594368.2	2014.12.17	专利权终止-未缴年费	安徽首创环境科技有限公司
CN201120444258.2	2014.12.31	专利权终止-未缴年费	广东赢家环保科技有限公司
CN201120444286.4	2014.12.31	专利权终止-未缴年费	广东赢家环保科技有限公司

续表

申请号	专利权终止日	法律状态	申请人
CN201220701270.1	2015.02.04	专利权终止－未缴年费	安徽首创环境科技有限公司
CN201220702530.7	2015.02.04	专利权终止－未缴年费	安徽首创环境科技有限公司
CN201220703647.7	2015.02.04	专利权终止－未缴年费	安徽首创环境科技有限公司
CN201220705155.1	2015.02.04	专利权终止－未缴年费	安徽首创环境科技有限公司
CN201220705334.5	2015.02.04	专利权终止－未缴年费	安徽首创环境科技有限公司
CN201220707894.4	2015.02.04	专利权终止－未缴年费	盐城工学院，南京环务资源再生科技有限公司
CN201220709501.3	2015.02.04	专利权终止－未缴年费	安徽首创环境科技有限公司
CN201220711038.6	2015.02.04	专利权终止－未缴年费	安徽首创环境科技有限公司
CN201120563620.8	2015.02.18	专利权终止－未缴年费	广东赢家环保科技有限公司
CN200920059613.7	2015.08.19	专利权终止－未缴年费	惠州市鼎晨实业发展有限公司
CN200920059611.8	2015.08.26	专利权终止－未缴年费	惠州市鼎晨实业发展有限公司
CN200920059612.2	2015.08.26	专利权终止－未缴年费	惠州市鼎晨实业发展有限公司
CN200920060827.6	2015.09.02	专利权终止－未缴年费	惠州市鼎晨实业发展有限公司
CN200920061830.X	2015.09.16	专利权终止－未缴年费	惠州市鼎晨实业发展有限公司
CN200920061831.4	2015.09.16	专利权终止－未缴年费	惠州市鼎晨实业发展有限公司
CN200920061833.3	2015.09.16	专利权终止－未缴年费	惠州市鼎晨实业发展有限公司
CN200920061834.8	2015.09.16	专利权终止－未缴年费	惠州市鼎晨实业发展有限公司
CN200920061835.2	2015.09.16	专利权终止－未缴年费	惠州市鼎晨实业发展有限公司
CN200920061856.4	2015.09.16	专利权终止－未缴年费	惠州市鼎晨实业发展有限公司
CN201020578493.4	2015.12.09	专利权终止－未缴年费	惠州市鼎晨实业发展有限公司
CN201120469600.4	2016.01.13	专利权终止－未缴年费	南京环务资源再生科技有限公司
CN201320743804.1	2016.01.13	专利权终止－未缴年费	宁夏亿能固体废弃物资源化开发有限公司
CN201320797446.2	2016.01.20	专利权终止－未缴年费	森蓝环保（上海）有限公司
CN201320797450.9	2016.01.20	专利权终止－未缴年费	森蓝环保（上海）有限公司
CN201320797463.6	2016.01.20	专利权终止－未缴年费	森蓝环保（上海）有限公司
CN201320797472.5	2016.01.20	专利权终止－未缴年费	森蓝环保（上海）有限公司
CN201320798130.5	2016.01.20	专利权终止－未缴年费	森蓝环保（上海）有限公司
CN201320798663.3	2016.01.20	专利权终止－未缴年费	森蓝环保（上海）有限公司
CN201320798664.8	2016.01.20	专利权终止－未缴年费	森蓝环保（上海）有限公司
CN201320798691.5	2016.01.20	专利权终止－未缴年费	森蓝环保（上海）有限公司
CN201020689408.1	2016.02.10	专利权终止－未缴年费	惠州市鼎晨实业发展有限公司

通过表 4-26 至表 4-28 中数据可知,实用新型的授权率为 99.6%,存活率为 85.8%。就实用新型专利而言,补贴企业的存活率偏低,这也进一步说明部分企业申请专利仅仅是"凑数量",获得授权后就不再理会,第一年的年费都未缴纳,导致专利权失效。所申请的专利也不能转化为企业的效益,专利的价值较低。

从基金补贴企业的专利申请质量来看,在发明和实用新型授权方面都较为薄弱,发明授权率偏低,有效实用新型存活率较低;但可以看出,发明专利存活率较高,这也说明在申请发明专利的补贴企业对专利更为重视,企业的健康成长状态良好。

表 4-29　专利权质押合同登记的生效、变更及注销(发明)

申请号	法律状态公告日	法律状态信息	权利人
CN01139729.2	2013.03.27	专利权质押合同登记的变更 IPC(主分类):B23K　35/26 登记号:2007440000367 变更日:20130131 变更事项:质权人 变更前:国家开发银行 变更后:国家开发银行股份有限公司	格林美
CN01139729.2	2013.05.01	专利权质押合同登记的注销 IPC(主分类):B23K　35/26 授权公告日:20041124 申请日:20011127 登记号:2007440000367 出质人:深圳市格林美高新技术股份有限公司 质权人:国家开发银行股份有限公司 解除日:20130306	格林美
CN01139729.2	2013.09.18	专利权质押合同登记的生效 IPC(主分类):B23K　35/26 登记号:2013990000502 登记生效日:20130724 出质人:深圳市格林美高新技术股份有限公司 质权人:国家开发银行股份有限公司	格林美
CN200510101385.1	2013.09.18	专利权质押合同登记的生效 IPC(主分类):B29B　17/00 登记号:2013990000501 登记生效日:20130724 出质人:江西格林美资源循环有限公司 质权人:国家开发银行股份有限公司	格林美

续表

申请号	法律状态公告日	法律状态信息	权利人
CN200510101387.0	2013.09.18	专利权质押合同登记的生效 IPC（主分类）：B09B 3/00 登记号：2013990000502 登记生效日：20130724 出质人：深圳市格林美高新技术股份有限公司 质权人：国家开发银行股份有限公司	格林美
CN200710073036.2	2014.04.30	专利权质押合同登记的生效 IPC（主分类）：B22F 9/22 登记号：2014990000119 登记生效日：20140226 出质人：深圳市格林美高新技术股份有限公司 质权人：中国建设银行股份有限公司深圳市分行	格林美
CN200710073916.X	2014.04.30	专利权质押合同登记的生效 IPC（主分类）：C01C 1/16 登记号：2014990000119 登记生效日：20140226 出质人：深圳市格林美高新技术股份有限公司 质权人：中国建设银行股份有限公司深圳市分行	格林美
CN200710125489.5	2014.04.30	专利权质押合同登记的生效 IPC（主分类）：H01M 10/54 登记号：2014990000119 登记生效日：20140226 出质人：深圳市格林美高新技术股份有限公司 质权人：中国建设银行股份有限公司深圳市分行	格林美
CN201110092620.9	2014.04.30	专利权质押合同登记的生效 IPC（主分类）：C22B 7/00 登记号：2014990000119 登记生效日：20140226 出质人：深圳市格林美高新技术股份有限公司 质权人：中国建设银行股份有限公司深圳市分行	格林美
CN201110102410.3	2014.04.30	专利权质押合同登记的生效 IPC（主分类）：C22B 7/00 登记号：2014990000119 登记生效日：20140226 出质人：深圳市格林美高新技术股份有限公司 质权人：中国建设银行股份有限公司深圳市分行	格林美

表4-30 专利权质押合同登记的生效、变更及注销（实用新型）

申请号	法律状态公告日	法律状态信息	申请人
CN200520067588.9	2013.03.27	专利权质押合同登记的变更 IPC（主分类）：B09B 3/00 登记号：2007440000367 变更日：20130131 变更事项：质权人 变更前：国家开发银行 变更后：国家开发银行股份有限公司	格林美
CN200520067589.3	2013.03.27	专利权质押合同登记的变更 IPC（主分类）：B29B 17/04 登记号：2007440000405 变更日：20130131 变更事项：质权人 变更前：国家开发银行 变更后：国家开发银行股份有限公司	格林美
CN200520067591.0	2013.03.27	专利权质押合同登记的变更 IPC（主分类）：B29B 17/00 登记号：2007440000367 变更日：20130131 变更事项：质权人 变更前：国家开发银行 变更后：国家开发银行股份有限公司	格林美
CN200520067593.X	2013.03.27	专利权质押合同登记的变更 IPC（主分类）：B07B 7/01 登记号：2007440000405 变更日：20130131 变更事项：质权人 变更前：国家开发银行 变更后：国家开发银行股份有限公司	格林美
CN200520118984.X	2013.03.27	专利权质押合同登记的变更 IPC（主分类）：B22F 3/02 登记号：2007440000405 变更日：20130131 变更事项：质权人 变更前：国家开发银行 变更后：国家开发银行股份有限公司	格林美

续表

申请号	法律状态公告日	法律状态信息	申请人
CN200520067588.9	2013.05.01	专利权质押合同登记的注销 授权公告日：20070214 申请日：20051117 IPC（主分类）：B09B 3/00 登记号：2007440000367 出质人：深圳市格林美高新技术股份有限公司 质权人：国家开发银行股份有限公司 解除日：20130306	格林美
CN200520067589.3	2013.05.01	专利权质押合同登记的注销 授权公告日：20061101 申请日：20051117 IPC（主分类）：B29B 17/04 登记号：2007440000405 出质人：深圳市格林美高新技术股份有限公司 质权人：国家开发银行股份有限公司 解除日：20130306	格林美
CN200520067591.0	2013.05.01	专利权质押合同登记的注销 授权公告日：20070124 申请日：20051117 IPC（主分类）：B29B 17/00 登记号：2007440000367 出质人：深圳市格林美高新技术股份有限公司 质权人：国家开发银行股份有限公司 解除日：20130306	格林美
CN200520067593.X	2013.05.01	专利权质押合同登记的注销 授权公告日：20070103 申请日：20051117 IPC（主分类）：B07B 7/01 登记号：2007440000405 出质人：深圳市格林美高新技术股份有限公司 质权人：国家开发银行股份有限公司 解除日：20130306	格林美
CN200520118984.X	2013.05.01	专利权质押合同登记的注销 授权公告日：20061206 申请日：20050915 IPC（主分类）：B22F 3/02 登记号：2007440000405 出质人：深圳市格林美高新技术股份有限公司 质权人：国家开发银行股份有限公司 解除日：20130306	格林美

表4-29和表4-30统计了基金补贴企业的专利权质押的相关的法律状态。可以看出，所有的专利权质押都是由"格林美"系企业提出的，可见"格林美"系企业对专利权的运用非常充分，相关的专利知识也比较完备，这也与这些企业现阶段发展势头相吻合。以荆门市格林美新材料有限公司为例进行说明（见表4-31）。荆门格林美的的专利授权率非常高，已审专利中仅有1件被驳回，其余全部授权，可见其自主创新能力与专利撰写水平都属一流。虽然专利申请起步慢，但发展较快，技术具有创新高度。

表4-31 荆门格林美所申请发明专利的法律状态

法律状态	驳回	公开	实审生效	授权	专利权的转移	总计
专利数量/件	1	27	27	16	3	74

在补贴企业中，创新能力较强企业的专利申请量、分支、授权率、存活率数据都较好，专利适配度也较高，但这些企业在补贴企业中占比非常低。大量的补贴企业并无专利申请创新能力严重不足。补贴企业的专利申请，都与所处理产品密切相关，如拆解冰箱、电视的企业所申请专利主要涉及冰箱、电视的拆解，相关度较高，但从专利申请质量来看，实用新型占比较大，且存活率较低，整体上质量偏低，企业创新能力不足。

可以看出，补贴企业分化比较严重，创新能力较强的企业，专利适配度较高，其专利质量、专利布局都比较完备，甚至已有授权的专利进行了质押，将专利与经济高效地结合在一起。而创新能力较低的企业，专利质量较差，大量企业甚至没有专利申请，仅仅是围绕拆解生产本身。这些企业创新严重不足，可能会随着工艺的进步、经济政策的调整成为落后产能，继而被淘汰出局。这也提醒了补贴企业需要不断提高企业自身经营管理能力，转变发展模式。补贴企业以中小企业居多，它们多数都只注重企业的经济量的增长，难以客观地将长远发展考虑其中，不愿花费较多的资金用于的新技术的研发。建议这些中小企业可以提高企业自身创新技术能力，或者通过建立企业专利技术互助联盟帮助自身成长。这种互助联盟可以由大型企业带头建立，也可以由政府相关部门牵头建立，带动整体产业的发展。或者可以通过建立专利池形成技术共享，促进产业进步。为了鼓励互助联盟进步而不是故步自封，政府或企业应当定期对联盟的技术升级和改造进行考察，有研发热点、技术革新点的给予适当补贴。通过政府引导，以产业资本为主体，搭建产业平台、资本平台和技术平台，以市场化手段聚集社会资本，促进创新型企业发展，通过平台集聚国内外知识产权和金融资源，促进产业转型升级。

4.5 本章小结

1. 从专利申请量、协同创新情况、全球新进入者、专利运用活跃度等多纬度分析发现，线路板和电池处理是目前的技术热点

对废弃线路板处理技术分支再进一步细分，全球和中国的专利申请主要集中在金属提取方面,其余几个技术分支的专利申请量相对较少,没有出现迅速增长的情况。其中,阴极射线管处理领域申请量的主要贡献者来自中国,阴极射线管处理技术在中国掀起热潮,技术的发展比国外落后了近十年。

企业与科研机构间的协同创新有较好的环境和一定经验。除了电池和线路板技术分支,其余几个领域的协同创新比较少,在液晶领域甚至没有出现企业与科研机构之间的合作申请。这与国际上的协同创新情况是不同的,也显示出了该领域技术还存在合作开发的空白。

全球的新进入者来揭示出技术热点主要集中在废弃线路板和电池的处理,特别是韩国在线路板处理领域的新进入者比较多。这两个领域将面临比较大的竞争,新进入者想要进行技术创新的难度比较大,在专利侵权方面也容易遭遇风险。反而在其他领域,如液晶显示器的处理,新进入者不多,后来者相对较容易避开技术热点,作出一些技术改进。

通过专利运用活跃度揭示出技术热点依然是线路分支,该分支总体上对技术引进的意愿较强烈,专利交易市场活跃程度较高。通过专利交易不仅能引入技术采长补短,也有助于提高专利运营水平,实现专利运用的商业化。

2. 我国企业和科研机构已具备较好的产学研合作基础,建议不断探索实现有效的对接

在美欧日韩中,企业申请量和个人申请量分别占比83%和10%,表征产学研特征的企业/科研机构申请量占比为2%,有科研机构参与的申请量占比7%。其中,在有科研机构参与的专利申请中,韩国申请占比高达50.3%,日本、欧洲和美国分别占22.9%、15.1%和11.7%。关于技术分支,电池分支和线路板分支领域企业/科研机构合作申请占比较大,分别为65%和13%,液晶虽然申请量占比最少(为3%),但其企业/科研机构合作申请占比处于第三位,为11%。

在中国的专利申请人中,企业申请人占49%,科研机构申请人占30%,企业/科研机构合作申请较少,仅为3%。中国科研机构申请人主要涉及电池和线路板分支。电池分支在2005年之后有了持续稳定的增长,还处于成长壮大中。而线路板分支增长到2011年之后出现了下滑,申请量水平与之前增长期平均水平持平,说明线路板已发展到稳定状态。

结合国际发展经历来看,我国应该重视产学研的结合,首先应在技术上提高,才能有产业的健康发展。从各国产学研发展经验来看,电池和线路板分支是重点关注领域,液晶也是不容忽视的。

3. 废弃电器电子产品处理产业重要专利在中国申请较少,目前发生我国企业与国外企业侵权纠纷的概率不高。但随着企业投资和市场扩大,我国企业须谨防未来专利风险的发生

从美欧日韩多边专利申请技术分支来看,电池和线路板分支是两个重要领域,美欧日韩的国内专利申请也呈现同样的分布规律。从专利布局数量上来看,在整机、液晶、制冷剂和阴极射线管方面国内产业化时相对容易规避国外专利的保护。而电池和线路板是国外来华申请人重点布局的分支，对比国内申请人专利待审量和有效专利量，国外申请人有效和待审专利比例并不低，有一定风险。需要重点关注日本松下、住友等企业的专利和动向。

在中国的主要外籍申请人和专利权人集中在美、日和德三国，与这三国的技术发展水平、专利保护意识和专利维权意识有直接的联系。从专利状态分布来看，日本在待审量和专利权有效量中平衡发展，日本在此领域有成熟的长期的发展规划；美国和德国主要的是待审专利，说明两国加强了对中国市场的重视程度。

4. 我国该领域的技术空白点较多，企业核心专利主要围绕线路板处理技术分支，其他分支可以进行布局的空间较大，我国基金补贴企业可以进一步提升专利质量，加强对未来的专利布局

从技术空白点来看，补贴企业的废弃线路板处理技术与国际国内趋势相同，专利申请主要涉及线路板的粉拆破碎和金属提取，占比约91%，多数还是对现有工艺和设备的基础上作出一些改进，或者是现有技术的再组合，并未有明显的技术突破。废旧电池处理领域主要涉及分选切割分离，另有3件涉及火法回收，5件涉及湿法回收。事实上，火法、湿法都是电池传统的回收工艺，就废旧电池回收领域而言，急需解决的问题反而是回收问题。在整机拆分领域，主要还是以手工作业为主，自动化拆解技术的开发研究在国内还比较薄弱的。此外，液晶属于新兴领域产品，目前的技术空白还较大，国内企业应当尽早布局相关专利。

从专利技术演进来看，废弃线路板处理技术作为主要的专利技术，补贴企业的相关技术发展先后经历了脱焊、金属提取、制备复合材料的发展过程，并且朝着自动化处理的方向发展。同时，处理过程中产生的废气污染也引起了不少企业的关注。阴极射线管处理领域中，技术的发展主要围绕切割和荧光粉回收，近年还发展出了静音无尘处置系统。废旧冰箱处理技术的演进中，早期是综合处理，随后才出现技术细分，主要集中在对压缩机拆解和制冷剂回收。

废弃线路板处理技术是很多补贴企业的主要专利技术，并且在技术链上也有很好的布局，如格林美、翔宇等。补贴企业中只有格林美具有同族专利，进入日本、美国等多个国家，构成了企业的核心专利。

线路板、阴极射线管、液晶领域整体发展趋势呈 Ω 形，补贴企业在早期对线路板、液晶、阴极射线管的研发力度较大，随着经济政策的调整、科技产品的进步，相关企业已经减少了这三个领域的研发投入，而汽车回收、废旧电器处理技术开始增长，废弃手机、电脑处理技术近年才开始出现。

在110家补贴企业中，仅有42家（约38%）的企业进行了专利申请，补贴企业整体对专利的重视程度远远不够，大量补贴企业并未重视专利布局，还停留在利用既有工艺和设备进行拆解的初级阶段，自主创新能力严重不足，自主创新能力严重不足，亟需进一步提升专利质量，加强对未来的专利布局。

第 5 章　废弃电器电子产品处理行业专利导航结论及建议

5.1　废弃电器电子产品处理产业专利导航结论

基于专利数据的客观统计分析，得出专利风险、技术合作和研发方向等的导航建议，对废弃电器电子产品处理产业的转型升级有着重要的意义。本研究报告通过分析二十余年来废弃电器电子产品处理行业的技术发展和专利布局，归纳得出以下主要结论。

5.1.1　专利统计分析结论

1. 从全球来看，废弃电器电子产品处理产业的专利申请量增长平缓，自 2011 年后有逐渐降低的趋势，而中国该产业的专利申请量从 2002 年以后一直保持快速增长

本书研究的废弃电器电子产品处理行业的专利申请数量为 5557 件，中国专利库检索获得 2339 件，国际专利库检索获得 3218 件。在国际范围内，废弃电器电子产品处理行业技术在 1992～2012 年以波浪式缓慢发展，2000 年达到波峰，为 190 件，2005 年重新回到波谷，为 129 件。1992～2001 年属于产业成长期，年申请人的数量和申请量迅速增加，2000 年达到最大，分别为 248 人次和 190 件。之后，从 2002 年开始申请人数量和专利申请数量都出现了下滑现象，处于成长末期的中等水平。从 2006 年开始产业又迎来了发展的春天，申请人数量和专利申请数量都有大幅增长，到 2008 年一举超过了成长期的最高点。之后呈现波浪式增长，2011 年之后出现减少趋势。

中国专利在 1992～2002 年申请量不大，从 2002 年以后快速增长，2011 年之后申请量呈现波动式平稳发展。与此同时，国外在华申请量仍然不大。韩国自 2004 年才开始有所申请。同时从时间分布上来看，外籍在华申请量以美、日、欧三者为主，也较均匀，没有明显坡度或洼值，从 2009 年以后日本籍申请量有上升趋势。

2. 全球专利申请量中以中国籍申请为主，日本籍紧随其后，体现了我国废弃电器电子产品处理产业对技术创新和知识产权保护的重视程度不断提升

全球范围内，2014 年后中国籍专利申请总量一举超过前期稳居第一的日本，达到了 2145 件，目前其总量占国际总量的 39%。现在日本籍专利申请数量紧随中国之后，达到了 1983 件，占总量的 36%。其后依次为美国（458 件，占 8%）、欧洲（380 件，占7%）、韩国（353件，占6%），其他国家和地区（占4%）。欧洲籍申请量呈V字形分布，在2002年达到最低点，仅有3件专利申请，两翼最高平均为33件。韩国籍专利申请量总体呈增长趋势，从1992年的3件到2011年达到最多的58件。美国籍在1992~2012年专利申请量较平稳，维持在21件。

全球主要专利申请人分别为日立、松下、夏普、索尼、住友、东芝和丰田，都属于日本籍。松下从1996年开始在废弃电器电子产品处理行业就有长期稳步发展，年申请量为8.4件。从2003年左右开始，索尼、日立与东芝专利申请量基本没有明显减少；而夏普、住友和丰田的申请量从2003年之后有了明显的增长，年均申请量为5件。日立、松下、夏普、索尼和东芝在至少五个分支领域都有涉及，且专利数量分布较均；丰田和住友主要关注电池分支领域，专利申请量分别占到了自身总量的95%以上。这七位申请人区域布局的专利量都较少，仅分别占到本国申请量的3%~18%。

中国专利以中国籍申请人为主，国外在华的申请并不多，总共只占有8%，其中日本相对较多，占比4%，而美国占2%，欧洲和韩国分别占1%。中国籍申请人在1992~2002年申请量不大，件数为个位数，从2002年以后呈现出快速增长，2013年申请量超过了300件。

广东省、北京市、江苏省、上海市、浙江省和湖南省在国内专利申请数量排名靠前。广东省占比最大，为总量的16%，其后依次为北京市和江苏省（9%）、上海市和浙江省（7%）以及湖南省（6%）。万荣、格林美、清华大学、广东工业大学、中南大学、北京工业大学、上海交通大学、合肥工业大学、鼎晨、比亚迪、邦普、华南师范大学、松下和住友的专利申请量在中国专利申请总量中排名靠前。其中松下和住友为日本籍，其他申请人均为中国籍。格林美是唯一在六个分支中都有涉及的申请人。

3. 从技术领域分布来看，废弃电池处理领域占全球专利申请量以及中国专利申请的最大比例，废弃液晶处理占比最少

废弃电池处理领域专利申请量占整个技术分支总量的45%，其后是线路板分支（占28%），整机分支、阴极射线管分支和制冷剂分支占比接近，约为9%，液晶分支专利申请量占比最少，仅为2%。在各技术分支中电池分支年申请量最多，中国在2013年达到173件，日本在2012年也达到了96件。

中国籍专利申请人单年申请量最大的为电池分支，于2013年达到了175件。液晶分支作为废弃电器电子产品处理行业新兴点，其专利申请出现的时间最晚为2002年，年平均申请量也仅为3件。在中国专利申请和中国籍专利申请中，电池和线路板分支申请量分别占到了45%和28%，这两个分支主要的技术关注点在于金属提取。中国专利申请的申请人类型主要为企业，占到50%以上。大学也是一支重要的主力军，合作申请的数量占比较小。中国、日本和欧洲申请人在六个分支领域都有涉及，中国申请人在电池和线路板分支领域申请量最大，分别达到了1034件和627件。除液晶分支外，日本的其他申请量都达到了两位数，电池分支是其主要关注重点，专利申请量达到了48件；美国申请人在电池和线路板分支相对较多，分别达到了18件和11件；欧洲申请人在电池分支上申请量相对其他分支也最多，达到了19件。

4. 我国基金补贴企业主要关注的领域是线路板处理装备和技术，有一定量的专利布局，但其中产学研合作还较少，并且对已获得的专利权的转化、运用和持续投入不够

本书共检索涉及基金补贴企业110家，共681件专利。补贴企业在废弃电器电子产品处理行业的专利申请趋势变化与全国总体变化趋势相同。2005年以前基金补贴企业专利申请量只有1件。2005~2007年稳步增加，2007年申请量为3件。2008年之后基金补贴企业专利申请数量显著增加，2012年达到极值141件，较前一年增长140%，2012年之后申请量回落到100件左右，但依然保持10%左右的增速。

补贴企业技术分支分布情况与中国整体专利申请分布相同，废弃线路板是其关注的重点，申请量为83件。部分企业形成了线路板处理生产线的专利布局，针对各技术点部署了一系列专利，如翔宇、鼎晨等。不少企业也在关注二次污染的问题，如对拆解过程中产生废气的处理，以及对塑料的二次利用等。在专利申请策略上，不少企业选择对相同主题的技术同时申请发明和实用新型，如宁达。同时补贴企业还主要涉及废旧电器电子产品的拆解，如废旧电器（47件）、阴极射线管（44件）、汽车（44件）、冰箱（40件）、电视（24件）、灯管（18件）的专利申请量也较高。格林美属于龙头企业，其专利申请数量是补贴企业中最多的，其企业地位与专利数量之间是匹配的，专利质量也表现出较高的水平，获得过中国专利奖，进行了专利质押，并且还提交有国际申请。

在各合作申请中，大学和企业的合作申请量占比达6%。从合作申请所属分支领域来看，主要集中于线路板和电池分支，占比达87%。最早出现合作申请密集期的是个人－个人的合作模式，比大学－企业合作模式的密集期2007年要早5年。结合国际发展经历来看，我国应该重视产学研的结合，首先应在技术上提高，才能有产业的健康发展。从各国产学研发展经验来看，电池和线路板分支是重点关注领域，液晶也是不容忽视的。

我国企业专利权的维持力度不够，出现专利授权后没有及时缴费而导致专利权失效等情况。不少企业只提交了申请，对后续的审查不再关注。例如，鼎晨的专利布局充分合理、可圈可点，但所有专利都处于无效状态，缺失了专利权保驾护航的作用。各主要申请人专利类型分布中实用新型专利占据大部分，能够最终获得授权的发明专利比较少。技术的发展与研究团队密切相关。翔宇通过与江苏技术师范学院的合作，完成较理想的专利布局。格林美各子公司之间相互合作，较好地促进技术交流发展。而鼎晨主要由公司老板一人申请，技术上显得后劲不足。

5.1.2 专利导航分析结论

1. 从专利申请量、协同创新情况、全球新进入者、专利运用活跃度等多纬度分析发现，线路板和电池处理是目前的技术热点

对废弃线路板处理技术分支再进一步细分，全球和中国的专利申请主要集中在金属提取方面，其余几个技术分支的专利申请量相对较少，没有出现迅速增长的情况。

其中，阴极射线管处理领域申请量的主要贡献者来自中国，阴极射线管处理技术在中国掀起热潮，技术的发展比国外落后了近十年。

企业与科研机构间的协同创新有较好的环境和一定经验。除了电池和线路板技术分支，其余几个领域的协同创新比较少，在液晶领域甚至没有出现企业与科研机构之间的合作申请。这与国际上的协同创新情况是不同的，也显示出了该领域技术还存在合作开发的空白。

全球的新进入者来揭示出技术热点主要集中在废弃线路板和电池的处理，特别是韩国在线路板处理领域的新进入者比较多。这两个领域将面临比较大的竞争，新进入者想要进行技术创新的难度比较大，在专利侵权方面也容易遭遇风险。反而在其他领域，如液晶显示器的处理，新进入者不多，后来者相对较容易避开技术热点，作出一些技术改进。

通过专利运用活跃度揭示出技术热点依然是线路分支，该分支总体上对技术引进的意愿较强烈，专利交易市场活跃程度较高。通过专利交易不仅能引入技术采长补短，也有助于提高专利运营水平，实现专利运用的商业化。

2. 我国企业和科研机构已具备较好的产学研合作基础，建议不断探索实现有效的对接

在美欧日韩中，企业申请量和个人申请量分别占比83%和10%，表征产学研特征的企业/科研机构申请量占比为2%，有科研机构参与的申请量占比7%。其中，在有科研机构参与的专利申请中，韩国申请占比高达50.3%，日本、欧洲和美国分别占22.9%、15.1%和11.7%。关于技术分支，电池分支和线路板分支领域企业/科研机构合作申请占比较大，分别为65%和13%，液晶虽然申请量占比最少（为3%），但其企业/科研机构合作申请占比处于第三位，为11%。

在中国的专利申请人中，企业申请人占49%，科研机构申请人占30%，企业/科研机构合作申请较少，仅为3%。中国科研机构申请人主要涉及电池和线路板分支。电池分支在2005年之后有了持续稳定的增长，还处于成长壮大中。而线路板分支增长到2011年之后出现了下滑，申请量水平与之前增长期平均水平持平，说明线路板已发展到稳定状态。

结合国际发展经历来看，我国应该重视产学研的结合，首先应在技术上提高，才能有产业的健康发展。从各国产学研发展经验来看，电池和线路板分支是重点关注领域，液晶也是不容忽视的。

3. 废弃电器电子产品处理产业重要专利在中国申请较少，目前发生我国企业与国外企业侵权纠纷的概率不高。但随着企业投资和市场扩大，我国企业须谨防未来专利风险的发生

从美欧日韩多边专利申请技术分支来看，电池和线路板分支是两个重要领域，美欧日韩的国内专利申请也呈现同样的分布规律。从专利布局数量上来看，在整机、液晶、制冷剂和阴极射线管方面国内产业化时相对容易规避国外专利的保护。而电池和线路板是国外来华申请人重点布局的分支，对比国内申请人专利待审量和有效专利量，国外申请人有效和待审专利比例并不低，有一定风险。需要重点关注日本松下、住友等企业的专利和动向。

在中国的主要外籍申请人和专利权人集中在美、日和德三国，与这三国的技术发展水平、专利保护意识和专利维权意识有直接的联系。从专利状态分布来看，日本在待审量和专利权有效量中平衡发展，日本在此领域有成熟的长期的发展规划；美国和德国主要的是待审专利，说明两国加强了对中国市场的重视程度。

4. 我国该领域的技术空白点较多，企业核心专利主要围绕线路板处理技术分支，其他分支可以进行布局的空间较大，我国基金补贴企业可以进一步提升专利质量，加强对未来的专利布局

从技术空白点来看，补贴企业的废弃线路板处理技术与国际国内趋势相同，专利申请主要涉及线路板的粉拆破碎和金属提取，占比约91%，多数还是对现有工艺和设备的基础上作出一些改进，或者是现有技术的再组合，并未有明显的技术突破。废旧电池处理领域主要涉及分选切割分离，另有3件涉及火法回收，5件涉及湿法回收。事实上，火法、湿法都是电池传统的回收工艺，就废旧电池回收领域而言，急需解决的问题反而是回收问题。在整机拆分领域，主要还是以手工作业为主，自动化拆解技术的开发研究在国内还比较薄弱的。此外，液晶属于新兴领域产品，目前的技术空白还较大，国内企业应当尽早布局相关专利。

从专利技术演进来看，废弃线路板处理技术作为主要的专利技术，补贴企业的相关技术发展先后经历了脱焊、金属提取、制备复合材料的发展过程，并且朝着自动化处理的方向发展。同时，处理过程中产生的废气污染也引起了不少企业的关注。阴极射线管处理领域中，技术的发展主要围绕切割和荧光粉回收，近年还发展出了静音无尘处置系统。废旧冰箱处理技术的演进中，早期是综合处理，随后才出现技术细分，主要集中在对压缩机拆解和制冷剂回收。

废弃线路板处理技术是很多补贴企业的主要专利技术，并且在技术链上也有很好的布局，如格林美、翔宇等。补贴企业中只有格林美具有同族专利，进入日本、美国等多个国家，构成了企业的核心专利。

线路板、阴极射线管、液晶领域整体发展趋势呈Ω形，补贴企业在早期对线路板、液晶、阴极射线管的研发力度较大，随着经济政策的调整、科技产品的进步，相关企业已经减少了这三个领域的研发投入，而汽车回收、废旧电器处理技术开始增长，废弃手机、电脑处理技术近年才开始出现。

在110家补贴企业中，仅有42家（约38%）的企业进行了专利申请，补贴企业整体对专利的重视程度远远不够，大量补贴企业并未重视专利布局，还停留在利用既有工艺和设备进行拆解的初级阶段，自主创新能力严重不足，自主创新能力严重不足，亟需进一步提升专利质量，加强对未来的专利布局。

5.2 "十三五"废弃电器电子产品处理产业发展对策建议

5.2.1 政府层面

1. 加大对重点技术创新方向的支持力度，促进废弃电器电子产品处理产业战略升级

节能环保科技及产业仍然是"十三五"规划战略性新兴产业的重点关注领域，废弃电器电子产品处理产业是其中重要的一环。战略性新兴产业是以重大技术突破和重大发展需求为基础，对经济社会全局和长远发展具有重大引领带动作用，知识技术密集、物质资源消耗少、成长潜力大、综合效益好的产业。显然，知识技术密集的特点决定了科技创新是驱动战略性新兴产业发展的核心要素。虽然废弃电器电子产业处理产业属于环保产业，很大程度上依赖国家环保政策的支持，但技术创新仍将在产业战略升级中起到核心的作用。

通过对全球废弃电器电子产品处理产业专利数据分析可知，目前专利技术主要集中于废弃电池和线路板的处理，两者专利申请量分别占废弃电器电子产品处理专利总量的45%和28%。电池和线路板再生技术主要涉及深处理技术，即金属等成分的提取技术，是应当重点发展的方向。这些技术分支需要得到政府层面的重点支持，促进产业战略升级。

可以围绕废弃电器电子产品处理产业的重点技术创新方向，加大产业政策的支持力度，引领废弃电器电子产品处理产业，通过提高核心技术的创新水平，掌握影响产业发展的关键技术和关键装备，驱动废弃电器电子产品处理产业整体战略升级。

"十三五"时期是全面建成小康社会的决战时期，"十三五"规划要继续为战略性新兴产业和产业升级提供全方面的政策支持，政府要为产业战略升级提供发展平台。因此，在协助"十三五"规划中有关"绿色发展"的落实时，规划一批契合产业技术创新发展方向的重大工程和重点项目，通过重大技术创新工程和重点项目的引领作用，促进废弃电器电子产品处理产业的战略升级。

2. 吸收国外废弃电器电子产品处理产业的法规政策经验，结合产业实际，完善相关法规，强化法制化建设

通过对欧洲、日本、美国等世界主要发达国家和地区废弃电器电子产品处理产业政策的研究，可以看出主要发达国家和地区从循环经济、可持续发展的理念出发，制定和实施了一系列有效的法规政策，有力地促进了20世纪90年代废弃电器电子产品处理的迅速发展，其中主要的法规政策包括"生产者责任"和"消费者付费"制度。

"生产者责任"制度主要指在生产、生活的源头建立起废弃物的回收体系，实现对废弃物产生的全方位控制。这一制度的核心是要求生产厂家不仅要对产品的生产过程和消费过程负责，还要对消费后的废弃过程负责。例如，对于废弃电器电子产品回收，日本政府制定了《再循环法》对废弃电器电子产品实行管理卡制度，防止非法丢弃废弃电器电子产品。

与"生产者责任"制度相对应的是"消费者付费"制度，主要指废弃电器电子产品的回收和处理费用由消费者支付，即在产品销售时，销售价格中含有废弃物处理费。

欧洲国家、美国的多数州主要采取"生产者责任"制度，日本则采用"生产者责任"与"消费者付费"相结合的制度。例如，日本在废旧家电回收产业，针对各种废旧家电及各种配件都有完善的回收规定。1998年日本颁布的《家用电器循环利用法》中规定，家用电器制造商和进口商对电冰箱、电视机、洗衣机、空调这四种家用电器有回收和实施再资源化的义务；同时，实行"按产品类别统一价格，全国实行统一的收费标准"，消费者需要支付废旧家电回收处理的部分费用。

欧洲、美国和日本等发达国家在环保和资源循环利用方面立法远比我国早，在产业、技术方面的发展也早于我国，市场完善规范，环保意识深入人心，废弃电器电子产品处理产业利用率远远高于我国25%的水平。发达国家很早就通过立法成立专项基金，严格规定生产商必须对电器电子产品进行标注并承担相应回收费用，消费者也必须对垃圾进行分类甚至需要承担一定的回收费用；对某些塑料制品，还规定了必须使用一定比例的再生塑料。

废弃电器电子产品处理产业存在产业集中度不高、企业效益靠政府补贴等亟待解决的问题，可以由相关部门吸纳其他国家"生产者责任"与"消费者付费"相结合的产业政策，并加以完善。比如，由生产企业和消费者共同承担一定比例的废弃物的回收和处理费用，由政府委托具有规定的资质认证的企业进行回收处理，资质认证可由政府、行业协会、研究机构、评估机构和公众共同参与，按年度进行相关审核，不合规定的企业不予认证，从而减少再生处理企业的资金压力，并提高产业的规范化水平。

因此，在充分吸取发达国家在该产业的法规政策经验的基础上，制定符合我国产业实际的"生产者责任"和"消费者付费"有机结合的法规政策，明确生产者、销售商、消费者、回收处理企业的责任，同时加强制度执行力度的监管，才能提高废弃电器电子产品处理产业企业的积极性，促进行业健康发展。

3. 提升产业集聚，促进废弃电器电子产品处理产业做大做强

随着我国对可持续发展、循环经济和绿色经济的重视程度不断提高，近20年来，废弃电器电子产品处理产业在技术创新和产业规模方面也在加速发展。从之前对我国废弃电器电子产品处理产业专利分析可以看出，近20年来废弃电器电子产品处理产业的中国专利申请量总量为5557件。总体来看，这一领域的专利申请量呈上升趋势，由20世纪90年代每年不足100件专利申请逐步平稳发展为2008年之后每年上百件以上专利申请，这表明废弃电器电子产品处理产业的研发投入不断加强。

从历年专利申请量和申请人数量的变化趋势来看，除了1998年受到亚洲金融风暴冲击而出现负增长之外，申请量和申请人数量都基本保持了逐年增长趋势。与欧美等发达国家相比，中国废弃电器电子产品处理产业明显处于成长期，技术创新处于不断积累的阶段。然而，尽管申请量和申请人数量都在增长，但从申请人平均申请量来看，发展到2013年，申请人平均申请量仍然不到3件，这说明了废弃电器电子产品处理产

业技术较分散，进入门槛较低，产业集中度不高，产业发展还在处于初级阶段。

这种现状所带来的问题是，废弃电器电子产品处理产业整体竞争力不强，具有行业引领能力的龙头企业不足，整体技术研发水平不高。废弃电器电子产品处理产业存在从业者规模小、分布零散、技术实力较弱，不能形成规模经营的问题，这些都不利于产业的整体升级转型。因此，为促进废弃电器电子产品处理产业的发展，必须提升产业集聚，促进废弃电器电子产品处理产业做大做强。

通过产业集聚，能够促进资源再生产业在区域内的分工与合作，有助于上下游企业减少寻找原料的成本和交易费用，使产品生产成本降低。产业集聚形成企业集群，集群内企业为提高协作效率，对产业链进行细化分工，有助于推动企业群生产效率的整体提高。产业集聚使企业能够更有效率地得到配套的相关服务，及时了解本行业所需要的各方面信息。并且，由于产业集聚能够提供集中的就业机会，对省内外相关人才能够产生磁场效应，吸引高素质人才，降低企业招聘成本，提高企业效率。

为提升废弃电器电子产品处理产业集聚，在"十三五"期间，建议：

1）继续推进废弃电器电子产品处理产业园区的建设。以电器电子废物综合利用基地、资源再生工业基地、再生资源基地、废旧材料综合利用基地等产业集聚区的建设为基础，推动产业的规模化、集约化的发展。

2）突出重点企业在产业集聚中的引领作用。在全国范围内遴选出资源再生领域的龙头企业，在资金、技术、管理、研发等方面给予大力扶持，积极引导其打破地区、部门界限，实行跨地区、跨部门兼并重组改造企业，争取在全国范围内培育一批规模较大、技术水平较高、竞争力较强的再生资源企业和企业集团，提高我国废弃电器电子产品处理产业集中度和市场竞争力。

3）完善产业配套服务体系，发挥产业集聚优势。在产业集聚区内，建设和完善产业投融资、信息平台、知识产权中介、人才引进的相关配套服务体系，加快推进产业聚集区的高端技术服务业的发展，为废弃电器电子产品处理产业企业提供全面的配套服务。

4. 建立废弃电器电子产品处理产业产学研合作平台，引导企业通过产学研合作，加快提升技术水平

废弃电器电子产品处理产业的发展需要通过技术创新来推动，进行技术创新需要通过研发的投入。一方面，企业利用自身的研发能力，进行技术创新，例如企业内部的研发中心，由企业研发人员进行研发，然而目前废弃电器电子产品处理产业的现状是企业研发能力普遍较弱，仅仅依靠企业自身的研发能力难以驱动产业的整体技术进步。另一方面，国内现有大量的高校和科研机构，如国家级、省级重点实验室、重点工程研究中心等，这些机构在相关领域具有较强的科研能力，进行了大量的科研项目，但往往停留在实验室的阶段，没有充分地将技术转化为产业生产力，没有有效实现科研成果的高效利用。因此，企业和高校科研机构之间在技术创新方面的相互合作和信息交流存在一定的脱节，可以在促进企业与高校科研机构对接方面采取一些措施：

1）建立产学研合作信息平台，及时提供企业技术研发需求和高校科研机构信息，促进产业内企业与科研机构的信息对接。

2）对企业与科研机构合作进行的技术研发项目，政府给予一定项目资金支持，在审批研发项目时，明确技术成果和成果转化指标，将科研项目成果用于产业实际运用。

3）引导国内重点高校和科研机构进入产业集聚区，与产业集聚区共建工程研发中心、专业化实验室等，为产业集聚区提供技术支撑，整合产业集聚区研发资源。

4）对中小企业技术创新提供帮扶，引导部分国内重点高校科研机构，与具有发展潜力的中小企业进行科研合作。

5. 建立废弃电器电子产品处理产业知识产权交易中心，促进知识产权的实际运用

知识产权是无形资产，通过许可、转让等市场交易行为可以实现知识产权的商业价值，权利人不仅能收回研发投资，还能够获得超额收益，从而激发创新主体的热情，增强创新的动力。废弃资源再生循环利用产业的发展离不开创新，创新成果的转化收益能够促进企业和研发机构继续投入到创新中，使得产业形成良性的发展。

在中国总共5557件申请中，有139件发生了专利转让和许可，占总量的5.9%，其中63.7%至今仍然为有效专利。显然，在我国废弃电器电子产品处理产业专利交易频繁，市场活跃程度较高。其中，国内专利申请发生转让和许可共有125件，占比达到5.8%，市场活跃程度并未明显落后于美日欧等发达国家和地区，也表明了我国废弃电器电子产品处理产业对技术转移和知识产区交易有较大的需求。

因此，基于上述分析，建议建立专业化程度高的废弃电器电子产品处理产业知识产权交易中心，通过知识产权交易促进技术运用，提高专利运营和管理的水平。

1）废弃电器电子产品处理产业知识产权交易中心具有信息集聚的功能。知识产权交易中心提供了交易双方发布供求信息的平台，大量交易信息汇聚，从而增大了供给与需求相匹配的可能性，并为买卖双方提供了洽谈交流的平台，促进了交易活动的开展。

2）废弃电器电子产品处理产业知识产权交易中心具有节约交易成本的功能。因为大量交易价格信息向公众公开，使潜在的交易者对交易价格能做出合理的判断，从而降低了交易者判断价格的成本。同时，大量买方和卖方的竞争、互动关系约束了交易双方的议价幅度，也降低了交易双方的议价成本，从而降低双方的交易费用。

3）废弃电器电子产品处理产业知识产权交易中心具有规范知识产权交易制度的功能。交易中心为知识产权交易过程中所发生的各种行为提供规范，包括知识产权交易信息的形成与传递，创立公开交易行为制度，杜绝"暗箱操作"，创造公平、规范的交易环境。

总的来说，信息集聚、节约成本、制度规范的专业化废弃电器电子产品处理产业知识产权交易中心，与产业集聚区、产学研合作平台相结合，将大大强化知识产权的创造、运用和保护能力，促进废弃电器电子产品处理产业的技术升级和效益升级。

6. 加大对中小企业扶持力度，依靠专利质押融资促进中小企业将专利技术产业化

随着知识经济的发展，科技型中小企业已成为我国技术创新的主要载体和经济增长的重要推动力。通过中国专利数据分析表明，在废弃电器电子产品处理产业，规模化企业申请量不多，中小企业是主要的技术创新主体。

然而，中小企业的发展中面临融资难的问题，引起社会的广泛关注。专利质押融资就为该问题提供了一个全新的解决途径。专利权质押融资是专利运用的一种高级状态，通过专利权质押获得企业的发展资金，在此过程中专利的权属没有发生变化，只有当企业不能还款时，专利权才会发生改变。用于质押的专利一般为企业正在实施并已实现产业化的专利。国家知识产权局发布的《2015 年国家知识产权战略实施推进计划》明确提出建立完善专利权质押动态管理系统，鼓励担保机构、投资机构为中小企业专利权质押融资提供服务，推动开展专利执行保险、侵犯专利权责任保险、知识产权综合责任保险等险种业务。

专利权质押贷款作为一项先进的金融理念，既可以为破解中小企业融资难提供一条新的路径，又可以用金融手段促进中小企业的技术创新，帮助融资难的中小企业把所拥有的无形资产转化为有形资产，同时促进企业技术进步和专利产出，有利于我国知识产权意识的加强和自主创新战略的实施。地方知识产权局、科技部门、财政部门可以鼓励金融机构扩大专利质押贷款规模，推进知识产权证券化进程，支持中小企业进行债券融资，充分运用市场机制，鼓励社会资金投向专利运用创新创业活动，利用现有或新建的知识产权交易平台，为废弃资源再生循环利用领域的中小企业专利质押融资提供便利。

同时，根据国家知识产权局发布的 2012 年 8 月 1 日起实施的《发明专利申请优先审查管理办法》，涉及节能环保、节约资源等技术领域的重要专利申请可以优先审查，各省区市可对从事废弃电器电子产品处理的中小企业提交的优先审查请求予以审批，使中小企业加快获得专利权，尽快进行专利权质押融资。

7. 加强政策法规的执行力度，提高废弃电器电子产品处理产业准入门槛，规范市场竞争环境

本书课题组一方面通过专利技术分析来判断产业的技术发展趋势，另一方面也对多家企业实地调研，与产业界专家交流，从而分析产业发展存在的问题。通过调研我们发现，废弃电器电子产品处理产业的主要目的是保护环境、再生资源，实现环境和经济的双重效益，然而同时也存在大量无序竞争的情况。因此，亟须加强对废弃资源再生循环利用行业的政策法规执行力度，淘汰不符合政策法规的企业，规范市场竞争环境。以废弃电子电器产品为例，图 5-1 是国家及相关部门颁布的针对于废弃电器电子产品处理的相关政策法规。

上述法规 1《进口废物管理目录》将电子废弃物纳入"加工贸易进口禁止类商品清单"，并在 2000~2010 年每年进行更新。尽管官方明令禁止，电子废弃物仍然通过走私、临近国家或地区的中转以及和废五金一起运输等各种非法渠道进入中国。因此，有效的执法和监督机制对进一步落实该项政策而言必不可少。一些非正规企业通过上述各种渠道"引进"废弃电器电子产品作为处理的原料，应在此环节强化执法和监督。

对于电子废弃物的回收管理，上述法规 4 已经明确规定了持证处理企业的资格和要求，以便对他们进行集中管理。但是，该法律几乎没有触及非正规垃圾回收的问题。

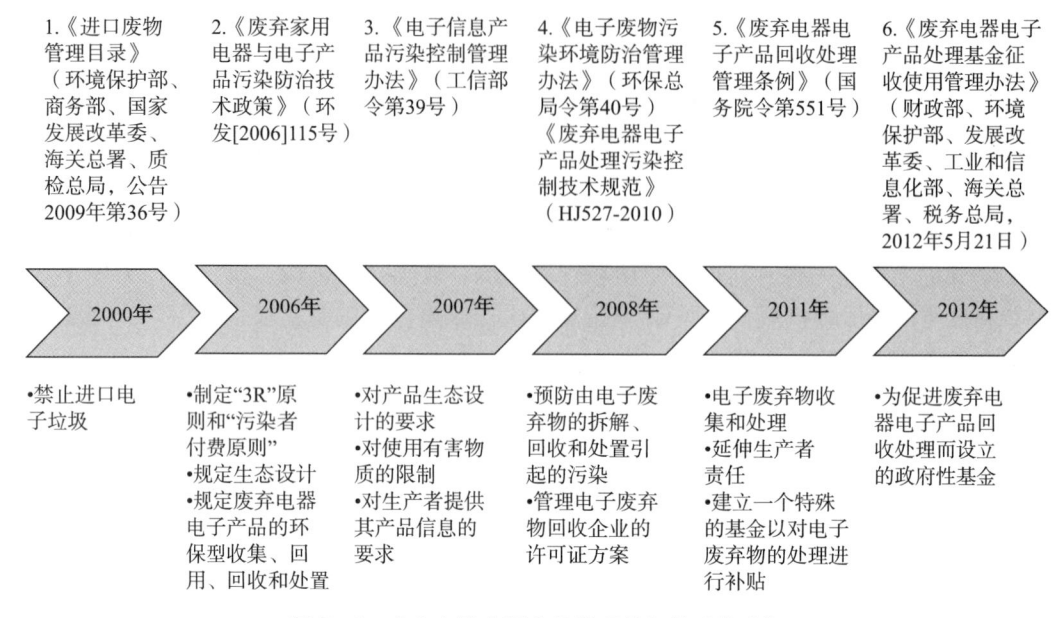

1.《进口废物管理目录》（环境保护部、商务部、国家发展改革委、海关总署、质检总局，公告2009年第36号）	2.《废弃家用电器与电子产品污染防治技术政策》（环发[2006]115号）	3.《电子信息产品污染防治管理办法》（工信部令第39号）	4.《电子废物污染环境防治管理办法》（环保总局令第40号）《废弃电器电子产品处理污染控制技术规范》（HJ527-2010）	5.《废弃电器电子产品回收处理管理条例》（国务院令第551号）	6.《废弃电器电子产品处理基金征收使用管理办法》（财政部、环境保护部、发展改革委、工业和信息化部、海关总署、税务总局，2012年5月21日）
2000年	2006年	2007年	2008年	2011年	2012年
•禁止进口电子垃圾	•制定"3R"原则和"污染者付费原则" •规定生态设计 •规定废弃电器电子产品的环保型收集、回用、回收和处置	•对产品生态设计的要求 •对使用有害物质的限制 •对生产者提供其产品信息的要求	•预防由电子废弃物的拆解、回收和处置引起的污染 •管理电子废物回收企业的许可证方案	•电子废弃物收集和处理 •延伸生产者责任 •建立一个特殊的基金以对电子废弃物的处理进行补贴	•为促进废弃电器电子产品回收处理而设立的政府性基金

图 5-1 废弃电器电子产品处理的相关政策法规

与正规处理企业相比，非正规处理商以小规模广泛存在。简单地禁止非正规回收活动而缺乏相应的监督引导，收效也并不理想。

在经营企业获取补贴方面，法规 6 第 20 条规定，"对处理企业按照实际完成拆解处理的废弃电器电子产品数量给予定额补贴。基金补贴标准为：电视机 85 元/台、电冰箱 80 元/台、洗衣机 35 元/台、房间空调器 35 元/台、微型计算机 85 元/台。上述实际完成拆解处理的废弃电器电子产品是指整机，不包括零部件或散件。"而在实际生产运营中，一些个体废品收集者通过将整机拆分，或电脑的主机和显示器不同时报废等情况，导致经营企业回收的废弃电器电子产品不满足整机要求，而依据该法所规定的"实际完成拆解处理的废弃电器电子产品是指整机，不包括零部件或散件"，处理企业并不能获得该废弃品的处理基金补贴。同时，该法规规定补助标准按处理量核算，而在实际生产经营中，企业较难获得该处理量的合法有效凭证，这会导致实际处理量大于有效补贴量，使其补贴金额对企业生产积极性造成了打击。

因此，虽然国家和地方层面出台了较多相应的政策法规，但目前废弃电器电子产品处理产业仍然存在执法力度不强，市场竞争不规范的问题。针对上述问题，建议加强对各项政策法规的执行力度，各分管部门加强合作执法，对于违反政策法规、多次产生公共安全和环境污染问题的企业，勒令限期整改乃至停产整顿。只有通过强化执法力度，切实规范市场竞争环境，才能保证废弃电器电子产品处理产业的良性发展。

8. 改善财税政策，促进废弃电器电子产品处理产业健康发展

废弃电器电子产品处理产业重要的价值是在资源的回收和利用，保护环境。废弃电器电子产品处理产业的发展仅依靠市场的力量是不够的。充分发挥政府公共职能，支持废弃电器电子产品处理产业发展，将大大加快废弃电器电子产品处理产业的发展进程，因此政府的财税政策至关重要。

本书课题组通过研究全球专利来判断国外产业的发展格局，同时也通过专家咨询以及资料收集研究发达国家的财税政策对于产业发展的支持与促进作用，借鉴发达国家的经验提出一些财税政策建议。

1）设立专项资金，财政补贴。专项资金可以来源于消费者以及生产商，各发达国家均采用了这一措施，我国目前也施行了这一措施，取得了较好成就。财政补贴是比较有效的财政激励政策，能够提高企业在市场竞争中的优势，有效推广资源循环利用，将环境保护落到实处。

2）政府采购和购买公共服务。美国《政府采购法》中明确规定，在政府采购（政府投资的所有项目）招投标中优先采用资源再生产品，甚至规定了采用环保型再利用产品的具体比例。1991年美国参、众两院通过《陆上综合运输经济法案》第1038条明确规定，政府投资或资助的道路建设必须采用胶粉改性沥青，并明确规定其使用量从1994年的5%要逐步增加，到1997年必须达到20%以上。政府采购是推广产品的有效代言人，对相关企业、行业发展具有很大的带动作用。通过扩大政府采购资源循环利用的产品的范围和力度，必要时采取强制采购制度，能有效的激励资源循环利用企业发展。

另外，针对废弃电器电子产品回收难的问题，借鉴日美欧等国的经验，政府可从专项资金中拨出经费购买公共服务，用于回收网点、回收物流的建设，建立定点、定时的废弃资源回收体系，帮助废弃资源回收企业降低前端回收成本。

3）建立奖惩制度。建立全方位的最终用途奖励项目，有选择地对个别项目提供特别的奖励，鼓励和推广废旧电器电子产品的使用，对列入年度计划的废旧电器电子产品再利用项目从专项基金中予以奖励。对于环境污染征收专门污染税。

4）税收减免和优惠。我国已经制定了一些税收优惠政策，如财税［2008］156号"资源综合利用产品增值税优惠政策"，按照优惠方式可分为免征、即征即退、先征后退等。但是这些规定仍然存在一些不足：增值税减免或退税方式较为复杂，导致企业实际操作的不便与困难；在具体实施过程中，部分行业由于缺乏或无法获取进项抵扣凭证，即使采用低税率，其实际税负率依然偏高。

同时，在税收方面还可以扩大优惠范围，如扩大到相应技术研发创新。为了提高资源的综合利用程度，就要依靠科技进步，大力开发和推广使用可节约资源、能源、减少废物排放的生产技术与工艺。对于企业在新产品、新技术、新工艺方面的研究和开发投入在计算企业所得税时在税前全额扣除的情况下，其各项费用增长幅度超过10%以上的部分，可以适当扩大实际发生额在应纳税所得额中扣除的比例，从而鼓励企业不断增加对新技术、新产品、新工艺开发的投入。企业为提高资源的综合利用效率采购的先进设备，税务机关在审核后允许其加快设备的折旧速度，从而鼓励企业更新改造旧设备。

目前各税种实施的税收优惠政策，一定程度上对循环经济发展起到了积极的推动作用，但仍需逐步推进改革力度。总体上而言，税收制度改革要本着区别对待的原则，专门制定适应循环经济发展要求的税收政策。

因此,为了促进废弃电器电子产品处理产业健康发展,除法律和行政手段外,还需要政府制定相应的财税政策来发挥作用。

5.2.2 产业层面

1. 积极与高校科研机构进行产学研合作

通过对废弃电器电子产品处理产业产学研合作专利分析,我们可以认识到,对于相关企业而言,应当积极寻求科研机构合作伙伴,以求在技术方面做出更大创新,提高企业在市场中的竞争能力。

在废弃电器电子产品处理产业方面,表5-1是中国专利申请数量排名靠前的科研机构申请人,从技术分支分布来看,各主要科研机构集于电池和线路板分支,因此表中所列科研机构也是企业较理想的产学研结合对象。

表5-1 中国主要科研机构技术分支分布　　　　　　　单位:件

主要科研机构	电池	线路板	液晶	阴极射线管	整机	制冷剂	参与企业合作数
北京工业大学	4	14		3			3
北京化工大学	9						
北京科技大学	4	8					
大连理工大学	5	3					
东华大学		8		1			1
东南大学	11	1					
广东工业大学		16					4
杭州电子科技大学		2		6			
合肥工业大学	4	10	4		4	1	
河南师范大学	10						2
华南师范大学	22			1			5
兰州理工大学	10						
清华大学	9	17		5	1		3
上海交通大学	2	14	1		2	1	
四川师范大学	16						
天津理工大学	7			1	1	1	
同济大学	7	2	1			1	1
中国科学院生态环境研究中心	1	5		2			
中国矿业大学		8					
中南大学	11	15		1			1
华中科技大学	8			2			2
浙江工业大学	7	1					4
华南理工大学		7					1

2. 加强知识产权管理，有效规避专利风险

通过对美日欧韩等国家和地区在中国的专利申请分析，废弃电器电子产品处理产业其他国家和地区的申请人在华的专利申请占比仅为8%，相对于国内申请数量并不占优势，但接近200件的专利对于国内企业来说也是需要注意规避的专利风险，并且其中申请人不乏知名外资跨国企业。

电池和线路板处理是国外来华申请的主要布局方向，尤其需要密切关注日本申请人，如松下、住友的专利申请和动向。住友与松下在华所建工厂尚未投产之前就提交了很多电池回收方面申请，目前均处于待审状态，需要引起业界的重视。

建议企业在加强知识产权管理和规避专利风险方面注重以下工作。

1）加强企业内部专利管理部门的建设，与研发部门密切合作，做好研发项目前期专利分析和预警工作。在进行市场投放之前，充分分析项目技术方向的专利现状，做好风险防控工作。

2）如果企业专利管理能力较弱，应积极与政府知识产权管理部门沟通，寻求知识产权援助。

3）企业之间积极建立专利联盟，加强知识产权合作，共享专利技术信息，共同避免专利风险，同时在国内企业之间进行专利许可和技术转移，提高再生资源循环利用产业的知识产权运用和管理水平。

3. 提高企业自身创新技术能力，建立"企业专利技术互助联盟"

废弃电器电子产品处理产业专利拥有量分布呈现金字塔分布趋势，不到总申请人数9%的申请人，拥有了占总申请量49.8%的申请量，换句话说，超过91%的申请人仅占约50%的专利申请量。从专利技术层面而言，中小企业对科技创新投入资金不足，科技创新缺乏必要的资金支持，无力购买先进的技术，也缺乏对科技创新的资金投入，自主创新能力不足。大多数中小企业缺少核心技术，技术创新能力薄弱，生产基本上靠模仿复制，市场上充斥着大量同质的产品，同行之间展开激烈的竞争。随着国家对专利技术和知识产权的保护加强，企业日后生产的与市场上相似的产品可能就要付费。即便有了高价值的专利技术，对于中小企业来说，其单独进行升级改造的成本也是巨大的，升级改造后的经营能力也与其现有的生产规模并不能完全匹配上，导致资源的浪费。针对这种现象，可以由多家企业建立"企业专利技术互助联盟"实现技术入股，可以进行共同的技术开发和引进，这样不仅可以分摊因技术研发和技术升级改造花费的成本，还有利于整个产业技术的革新和产业整体效率的提高。当然，该互助联盟可以由大型企业带头建立，也可以由政府相关部门牵头建立。为了鼓励互助联盟进步而不是固步自封，相关领导部门应定期对联盟的技术升级和改造进行考察，如有前进势头的给予适当补贴。通过政府引导，产业资本为主体，搭建产业平台、资本平台和技术平台，以市场化手段聚集社会资本，促进创新型企业发展，通过平台集聚效应吸引国内外知识产权和金融资源，促进废弃资源再生循环利用产业的转型升级。

积极对专利技术空白点进行研发。对于有研发基础的技术领域，要充分发挥自身

优势，积极开展全球专利保护网络建设；对于不占优势的技术领域，企业应及时调整研发方向，跟踪技术发展趋势，集中力量力求重点突破。对现有专利技术的空白点或外围技术进行二次开发。例如，利用国外已经比较成熟的 CRT 处理技术以及失效专利进行改进；废弃电器电子产品部件精细化检测、拆解和修复翻新技术等。

附　　录

附录 A　废弃电器电子产品处理检索式

1. 中文库检索
（1）整机拆分

编号	所属数据库	命中记录数	检索式
1	CNABS	49446	（B09B5 or B09B3 or B08B15 or B25H1 or B23P21 or B02C）/ic/ec
2	CNABS	8008	（电视 or 显示器 or 显像器 or 显示设备 or 显像设备 or 电脑 or PC）S（拆 or 分解 or 破碎 or 粉碎 or 撕碎）
3	CNABS	153	1 and 2　电视、电脑、显示器拆分
4	CNABS	63599	（B09B3 or B09B5 or B02C or B01D5 or B23Q9 or B65G15 or B08B3）/ic/ec
5	CNABS	6971	（冰箱 or 冰柜 or 冷柜 or 冷箱 or 冻柜 or 制冷机 or 冷却机 or 冷冻机 or 制冷器 or 冷冻器 or 空调 or 冷暖 or 控温）S（拆 or 分解 or 碎）
6	CNABS	196	4 and 5　冰箱、空调拆分
7	CNABS	304	（洗衣机 or 洗衣器 or 洗衣设备 or 洗衣装置 or 干洗机 or 干洗器 or 干洗设备 or 洗涤设备）10D（拆卸 or 拆解 or 拆分 or 分解 or 破碎 or 解离 or 粉碎 or 撕碎 or 切割）
8	CNABS	83006	（B09B3 or B09B5 or B02C or B01D5 or B23Q9 or B65G15 or B08B3 or B65G47）/ic/ec
9	CNABS	21	7 and 8　洗衣机拆分

（2）线路板

编号	所属数据库	命中记录数	检索式
10	CNABS	27032	（线路板 or 主板 or 电板 or 电子卡 or 板卡 or 印刷板 or 电路块 or 线路块）5D（磨 or 碎 or 粉 or 拆 or 分）
11	CNABS	38935	（B02C or B09B5 or B09B3）/ic/ec
12	CNABS	247	10 and 11　线路板拆分

续表

编号	所属数据库	命中记录数	检索式
13	CNABS	11637	（线路板 or 电子卡 or 板卡 or 印刷板 or 电路块 or 线路块）S（选 or 分离）
14	CNABS	55294	（B07 or B03 or B01D50/00 or B09B3 or B09B5）/ic/ec
15	CNABS	275	13 and 14　　线路板分选
16	CNABS	48926	（C22B or C25C or B09B3 or B09B5 or B22F3 or B22F9 or B22F8）/ic/ec
17	CNABS	43652	（线路板 or 电子卡 or 板卡 or 印刷板 or 电路块 or 线路块）S（稀土 or 金 or 银 or 铂 or 钯 or 铜 or 锡 or 铑 or 铁 or 铝 or 铅）
18	CNABS	37974	蚀刻 or 微蚀
19	CNABS	598	16 and 17
20	CNABS	498	19 not 18　线路板金属回收
21	CNABS	108	（线路板 or 电子卡 or 印刷板 or 电路块 or 线路块）5D（热解 or 裂解 or 干馏 or 气化 or 燃烧 or 焚烧 or 焚化）
22	CNABS	59431	（C01B31 or C10G1 or B29B17 or C08J11 or C10G7 or F23G5 or F23G7 or C10G53 or C10B53 or B09B or C22B）/ic/ec
23	CNABS	11161	（线路板 or 电子卡 or 印刷板 or 电路块 or 线路块）S（热解 or 裂解 or 干馏 or 气化 or 燃烧 or 焚烧 or 焚化 or 熔融 or 熔化 or 熔融 or 熔化 or（高 3D 温）or 辐射 or 加热）
24	CNABS	235	22 and 23
25	CNABS	296	24 or 21
26	CNABS	8144	（B23K1 or B23K3）/ic/ec
27	CNABS	3057	（线路板 or 电子卡 or 印刷板 or 电路块 or 线路块）P（熔融 or 熔化 or 辐射 or 加热）P（脱 or 卸 or 除 or 解 or 拆）
28	CNABS	193	26 and 27
29	CNABS	465	25 or 28　　线路板热处理
30	CNABS	623	（线路板 or 主板 or 电板 or 电子卡 or 板卡 or 印刷板 or 印刷电路）S（（焊 or 锡）4D（拆 or 卸 or 脱 or 解））
31	CNABS	140	26 and 30　　线路板卸焊处理

（3）阴极射线管

编号	所属数据库	命中记录数	检索式
32	CNABS	22150	（C03B33 or H01J9/52 or C09B3 or C09B5 or B26F3 or B26D5 or B26D7 or B26D1）/ic/ec
33	CNABS	20502	（阴极射线 3D 管）or CRT? or（屏 5D 锥）or（平 5D 锥）
34	CNABS	106	32 and 33　　CRT 瓶锥处理

续表

编号	所属数据库	命中记录数	检索式
35	CNABS	47273	（H01J9/52 or H01J9/50 or B09B3 or B09B5 or B08B15 or B08B3 or C22B or C09K11/01）/ic/ec
36	CNABS	35427	（荧光 or 发光材料 or 汞）S（CRT or 阴极射线管 or 显示 or 显像 or 灯 or 放电管）
37	CNABS	195	35 and 36 荧光回收
38	CNABS	38120	（C22B or B09B3 or B09B5 or H01J9/50 or H01J9/52 or C01B33 or C01G21 or C01B39/02）/ic/ec
39	CNABS	2370	玻璃 8d 铅
40	CNABS	46	38 and 39 铅回收
41	CNABS	110	（CRT or 阴极射线管 or 显示器 or 显示屏 or 显示管 or 显像器 or 显像管 or 显像屏）S 铅 S（回收 or 收集 or 再利用 or 资源化 or 提取 or 分离 or 浸） 铅回收

（4）制冷剂

编号	所属数据库	命中记录数	检索式
42	CNABS	17583	（B09B3 or B09B5 or F25B45 or B01D5 or C07C19/08 or C07C17 or F25B43/04 or C07C19/10 or C07C19/12）/ic/ec
43	CNABS	3834	（回收 or 收集 or 再利用 or 资源化 or 提 or 抽 or 吸 or 无害）S（氟利昂 or CFC+ or 制冷剂 or 制冷液 or 冷媒 or 氟氯烃）S（废 or 弃 or 旧 or 使用 or 坏 or 损 or 破 or 待修 or 泄露）
44	CNABS	260	42 and 43
45	CNABS	742	回收 3D（氟利昂 or CFC+ or 制冷剂 or 制冷液 or 冷媒 or 氟氯烃 or 制冷媒介）
46	CNABS	204	42 and 45
47	CNABS	356	44 or 46 制冷剂回收
48	CNABS	125	（氟利昂 or CFC？+or 氟氯？烃 or 氯氟？烃）S（分解 or 无害 or 热解 or 燃烧 or 干馏 or 降解 or 水解 or 再利用 or 再使用 or 重复利用 or 重复使用 or 焚烧 or 等离子） 制冷剂处理
49	CNABS	406750	（B01D or F27B or C01B or A62D3 or B01J or C02F or F23 or B09B）/ic/ec
50	CNABS	35	48 and 49
51	CNABS	90	48 not 50

（5）电池

编号	所属数据库	命中记录数	检索式
52	CNABS	62895	（C22B or B09B or C01D or C01F or C01G or C25C）/ic/ec
53	CNABS	1319	电池 S（金 or 稀土 or 过渡 or 镍 or 钴 or 锂 or 石墨 or 铜 or 铅 or 铬 or 镉 or 砷 or 铝 or 银 or 锌 or 锰 or 镓 or 铟 or 锗 or 锡）S（回收 or 提取 or 浸 or 分离 or 萃取 or 沉降 or 沉淀 or 吸附 or 生物 or 过滤 or 再利用 or 资源化）S（废 or 弃 or 旧 or 失效）
54	CNABS	693	52 and 53
55	CNABS	14184	（H01M10/54 or H01M6/52 or B09B3 or B09B5 or C22B7/00 or C22B19/28 or C22B19/30 or C22B25/06）/ic/ec
56	CNABS	10506	电池 S（金 or 稀土 or 过渡 or 镍 or 钴 or 锂 or 石墨 or 铜 or 铅 or 铬 or 镉 or 砷 or 铝 or 银 or 锌 or 锰 or 镓 or 铟 or 锗 or 锡）S（回收 or 提取 or 浸 or 分离 or 萃取 or 沉降 or 沉淀 or 吸附 or 生物 or 过滤 or 再利用 or 资源化）
57	CNABS	965	55 and 56
58	CNABS	1071	54 or 57　电池金属回收
59	CNABS	533	电池 S（废 or 弃 or 旧 or 失效）S（粉碎 or 破碎 or 拆解 or 分切 or 锯切 or 切割）
60	CNABS	4465	电池 S（粉碎 or 破碎 or 拆解 or 分切 or 锯切 or 切割）
61	CNABS	442	60 and 55
62	CNABS	628	59 or 61
63	CNABS	239	62 not 58　电池破碎

（6）液晶

编号	所属数据库	命中记录数	检索式
64	CNABS	1350	（液晶 or LCD or LCP）10D（回收 or 提取 or 收集 or 资源化 or 再利用 or 无害 or 浸 or 置换 or 交换 or 吸附 or 萃取 or 分解 or 热解 or 燃烧）
65	CNABS	354436	（B01D or C10B or C22B or C08L or B09B or C07C or C09K19/00 or B25H1）/ic/ec
66	CNABS	134	64 and 65　液晶回收

（7）手机

编号	所属数据库	命中记录数	检索式
67	CNABS	5856	（手机 or 移动电话）P（拆 or 分解 or 破碎 or 粉碎 or 撕碎）
68	CNABS	101676	（B09B5 or B09B3 or B08B15 or B25H1 or B23P19 or B02C or B25B27 or B29B17）/ic/ec

续表

编号	所属数据库	命中记录数	检索式
69	CNABS	62	67 and 68　手机拆解
70	CNABS	64732	（C22B or B09B or C01G or C25C）/ic/ec
71	CNABS	223466	手机 or 移动电话
72	CNABS	283	70 and 71
73	CNABS	341	（金 or 银 or 铂 or 钯 or 铑 or 铜 or 铅 or 汞 or 镉 or 铬 or 锑 or 铍 or 镍 or 锌 or 锰 or 稀土 or 重金属 or 镓 or 铟 or 锗 or 锡）S（手机 or 移动电话）S（回收 or 提取 or 浸 or 分离 or 再利用 or 资源化）
74	CNABS	640103	废 or 旧 or 弃 or 回收 or 再利用 or 资源化
75	CNABS	87	73 and 74
76	CNABS	351	72 or 75　手机金属回收

2. 外文库检索

（1）整机拆分

编号	所属数据库	命中记录数	检索式
1	VEN	417348	4D004+/ft or（v05-l07e6 or X25-w04）/mc or（B09B5 or B09B3 or H01J9/50 or H01J9/52 or C03B33 or C09B3 or C09B5 or B26F3 or B26D1 or B26D5 or B26D7 or B02C）/ic/ec
2	VEN	2442	（television? or TV? or（thin W film transistor?）or TFT? or LCD? or（liquid crystal D display?）or（plasma D display?）or CRT? or（cathode W ray tube?）or braun tube? or（plasma W display?）or display apparatu? or flat panel display? or electroluminescent display?）S（dismantl+ or disassembl+ or recycl+）
3	VEN	3377	（television? or TV or monitor? or computer? or PC or（thin W film transistor?）or TFT or LCD or（liquid crystal D display?）or（plasma D display?）or CRT or（cathode W ray tube?）or braun tube? or（plasma W display?）or display apparatu? or flat panel display? or electroluminescent display?）S（dismantl+ or disassembl+）
4	VEN	4420	2 or 3
5	VEN	539	1 and 4
6	VEN	450	5 not cn/pn　电视、电脑、显示器
7	VEN	392382	（X25-W01 or X25-W04）/MC or 4D004/FT or（B09B5 or B09B3 or B02C or B26F3 or B26D1 or B26D5 or B26D7）/ic/ec
8	VEN	5793	（frig? or refrigerator? or freezer? or icebox? or refrigeratory? or（ice W chamber?）or ice chest? or（air D condition+））S（dismantl+ or disassembl+ or cut or cutting）

续表

编号	所属数据库	命中记录数	检索式
9	VEN	151	7 and 8
10	VEN	102	9 not cn/pn 冰箱、空调
11	VEN	394455	(X25－W01 or X25－W04)/MC or 4F401/FT or (B09B5 or B09B3 or B02C or B26F3 or B26D1 or B26D5 or B26D7)/ic/ec
12	VEN	4803	(washer? or wash??? machine? or laundry machine?)S(dismantl＋or disassembl＋or cut or cutting)
13	VEN	177	11 and 12
14	VEN	129	13 not cn/pn 洗衣机
15	VEN	661	6 or 10 or 14

(2) 线路板

编号	所属数据库	命中记录数	检索式
1	VEN	6348	(V04－R15 or V04－X01C or V04－R15B or X25－W04 or X25－W01)/mc
2	VEN	240946	(B02C or B09B3 or B09B5)/ic/ec
3	VEN	245515	1 or 2
4	VEN	19183	(circuit board? or circuit card? or PCB? or PWA? or PWB? or wiring assembl??? or wiring board?)S(crush＋or breaking or breaked or shred or grind＋or cut＋or break up or crack＋or broken or split or dismantl＋or disassembl＋)
5	VEN	555	3 and 4
6	VEN	2803	polychlorinated biphenyl?
7	VEN	482	5 not 6
8	VEN	208	7 not cn/pn 线路板拆分
9	VEN	1879	(V04－R15 or V04－X01C or V04－R15B)/mc
10	VEN	39642	4D004＋/FT
11	VEN	289101	(B03 or B07B or B09B3 or B09B5)/ic/ec
12	VEN	295407	9 or 10 or 11
13	VEN	30895	(separat＋or select＋or isolat＋)S(circuit board? or circuit card? or PCB? or PWA? or PWB? or wiring assembl??? or wiring board?)
14	VEN	632	12 and 13
15	VEN	386	14 not cn/pn 线路板分选
16	VEN	288994	(C22B or C25C or B09B3 or B09B5 or B22F8)/ic/ec
17	VEN	43370	(V04－R15 or V04－X01C or V04－R15B or X25－W04)/mc or 4D004＋/FT

续表

编号	所属数据库	命中记录数	检索式
18	VEN	296770	16 or 17
19	VEN	95104	(circuit board? or circuit card? or PCB? or wiring board? or PWB? or wiring assembl?? or PWA?) S ((rare W earth) or gold or Au or aurum or argentum or silver or Ag or platinum or platina or Pt or palladium or Pd or copper or cuprum or Cu or stannum or tin or Sn or rhodium or Rh or ferro or ferrum or ferrumiron or iron or Fe or alumin﹢um or Al or plumbean or lead or Pb or nickel or Ni or zinc or zincum or Zn or chrome or chromium or Cr or metal?)
20	VEN	1244	18 and 19
21	VEN	1142	42 not polychlorinated biphenyl?
22	VEN	653	43 not cn/pn 线路板金属回收
23	VEN	6352	(J09－C or V04－R15 or V04－R15B) /mc
24	VEN	39642	4D004＋/ft
25	VEN	468212	(C01B31 or C10G1 or B29B17 or C08J11 or C10G7 or F23G5 or F23G7 or C10G53 or C10B53 or B09B or C22B) /ic/ec
26	VEN	472733	23 or 24 or 25
27	VEN	15283	(circuit board? or circuit card? or PCB? or wiring board? or PWB? or wiring assembl?? or PWA?) S (pyroly＋ or crack＋ or ((decomposition＋ or dissociation＋ or breakdown) 2D (thermal or heat or pyrolytic or pyrogenic)) or thermolysis or (dry 2D distill＋) or carbonization or gasif＋ or combust＋ or incinerat＋ or fus??? or melt??? or molten or liquation or (high?? 2D temperature))
28	VEN	494	26 and 27
29	VEN	366	28 not polychlorinated biphenyl?
30	VEN	249	29 not cn/pn 线路板热处理

(3) 阴极射线管

编号	所属数据库	命中记录数	检索式
1	VEN	210433	4D004＋/ft or (v05－l07e6 or X25－w04) /mc or (C03B33 or C09B3 or C09B5 or B26F3 or B26D1 or B26D5 or B26D7) /ic/ec
2	VEN	15414	(CRT or (cathode W ray tube?) or braun tube?) and (separat＋ or cut ＋ or divid＋ or disintegrat＋)
3	VEN	280	1 and 2
4	VEN	226	3 not cn/pnCRT 切分
5	VEN	322557	V05－L07E6/mc or 4D004＋/ft or (C22B or B09B3 or B09B5 or H01J9/50 or H01J9/52 or C01B33 or C01G21 or C01B39/02) /ic/ec

续表

编号	所属数据库	命中记录数	检索式
6	VEN	13415	glass 5D（plumbum or plumbean or lead or Pb）
7	VEN	175	5 and 6
8	VEN	139	7 not cn/pn　CRT铅玻璃
9	VEN	257035	V05－L07E6/mc or 4D004＋/ft or（H01J9/52 or H01J9/50 or B09B3 or B09B5 or C22B or C09K11/01）/ic/ec
10	VEN	4962	（fluorescence or luminescence or fluorescent or phosphor powder or fluorescer or mercury or Hg or hydrargyrum or quicksilver or hydrargyri）S（CRT or（cathode W ray tube？）or braun tube？or electronray tube？or ERT or light？or lamp？）S（waste or recover＋or reclaim＋or retriev＋or abstract＋or extract＋or collect＋or purif＋or refin＋or recycle＋or seperat＋or regenerat＋）
11	VEN	417	9 and 10
12	VEN	342	11 not cn/pn　荧光物质回收
13	VEN	760	4 or 8 or 11

（4）制冷剂

编号	所属数据库	命中记录数	检索式
1	VEN	183528	E11－Q01/mc or（4F401/AD09 or 4F401/BB13 or 4F401/CA14 or 4F401/AA26）/FT or（B09B3 or B09B5 or F25B45 or B01D5 or C07C19/08 or C07C17 or F25B43/04 or C07C19/10 or C07C19/12）/ic/ec
2	VEN	1036	（freon？or dichlorodifluoromethane or chlorofluorocarbon？or CFC？or chloroflourocarbon？or halocarbon？or HCFC？or HFC？）S（recove＋or collect＋or recycl＋or trap＋）
3	VEN	519	1 and 2
4	VEN	744	（freon？or dichlorodifluoromethane or chlorofluorocarbon？or CFC？or chloroflourocarbon？or halocarbon？or HCFC？or HFC？）S（decompos＋or combust＋or pyroly＋or incinerat＋）
5	VEN	155	1 and 4
6	VEN	651	3 or 5
7	VEN	526	6 not cn/pn　制冷剂回收处理

（5）电池

编号	所属数据库	命中记录数	检索式
1	VEN	27118	（X16-M or L03-E06 or L03-J01）/mc or （4D004 or 5H031）/ft
2	VEN	489744	（C22B or B09B or C01D or C01F or C01G or C25C）/ic/ec
3	VEN	497578	1 or 2
4	VEN	11618	（cell? or battery or batteries）S（(rare W earth) or gold or Au or aurum or argentum or silver or Ag or copper or cuprum or Cu or alumin? um or Al or plumbean or lead or Pb or nickel or Ni or zinc or zincum or Zn or chrome or chromium or Cr or stannum or tin or Sn or cobalt or Co or lithium or Li or cadmium or Cd or arsenic or arsonium or As or manganese or Mn or manganous or graphite or plumbago or black lead or carbon or C or gallium or Ga or indium or In or germanium or Ge or metal?）S（waste or useless or abandon or obsolescence or antiquat+ or discard or disuse or trash or disaffirm or rubbish or garbage or scrap）
5	VEN	2567	3 and 4
6	VEN	103822	（H01M10/54 or H01M6/52 or B09B3 or B09B5 or C22B7/00 or C22B19/28 or C22B19/30 or C22B25/06）/ic/ec
7	VEN	112130	6 or 1
8	VEN	92592	（cell? or battery or batteries）S（(rare W earth) or gold or Au or aurum or argentum or silver or Ag or copper or cuprum or Cu or alumin? um or Al or plumbean or lead or Pb or nickel or Ni or zinc or zincum or Zn or chrome or chromium or Cr or stannum or tin or Sn or cobalt or Co or lithium or Li or cadmium or Cd or arsenic or arsonium or As or manganese or Mn or manganous or graphite or plumbago or black lead or carbon or C or gallium or Ga or indium or In or germanium or Ge or metal?）S（recover+ or collect+ or extract+ or recycl+ or refin+ or leach+）
9	VEN	3314	7 and 8
10	VEN	4560	9 or 5
11	VEN	2981	10 not cn/pn 电池金属回收
12	VEN	271746	（X16-M or L03-E06 or L03-J01）/mc or （4D004 or 5H031）/ft or （B02C or B09B3 or B09B5 or H01M10/54 or H01M6/52 or C22B7/00 or C22B19/28 or C22B19/30 or C22B25/06）/ic/ec
13	VEN	23171	（battery or batteries or cell?）5D（cut+ or crush+ or grind+ or dismantl+ or decompos+ or disassembl+）
14	VEN	510	（12 and 13）not 10
15	VEN	353	14 not cn/pn 电池破碎处理

· 195 ·

（6）液晶

编号	所属数据库	命中记录数	检索式
1	VEN	3064249	（L03－J01 or U11－C15Q）/mc or 4d004/ft or（B01D or C10B or C22B or C08L or B09B or C07C or C09K19/00 or B25H1）/ic/ec
2	VEN	10029	（liquid crystal? or LCD? or LCP? or glass substrate? or ITO or polarizer?）S（recove＋ or collect＋ or recycl＋ or reus＋ or extract＋）
3	VEN	842	1 and 2
4	VEN	636	3 not cn/pn 液晶回收处理

（7）手机

编号	所属数据库	命中记录数	检索式
1	VEN	420537	（B09B5 or B09B3 or B25H1 or B23P19 or B02C or B25B27 or B29B17）/ic/ec
2	VEN	8827	（phone or telephone）S（dismantl＋ or disassembl＋ or cut or cutting or crushing or crusher or cutter or detach）
3	VEN	90	1 and 2　手机处理